林徽因谈
中国建筑

林徽因　著
高钰琛　郑文霞　编

江苏凤凰科学技术出版社 · 南京

图书在版编目（CIP）数据

林徽因谈中国建筑 / 林徽因著 ； 高钰琛， 郑文霞编. 南京 ： 江苏凤凰科学技术出版社， 2025. 1. -- ISBN 978-7-5713-4735-2

Ⅰ. TU-53

中国国家版本馆 CIP 数据核字第 20249QJ403 号

林徽因谈中国建筑

著　　者	林徽因
编　　者	高钰琛　郑文霞
项目策划	凤凰空间
责任编辑	赵　研
责任设计编辑	蒋佳佳
特约编辑	段建娇　艾思奇　杨　畅
出版发行	江苏凤凰科学技术出版社
出版社地址	南京市湖南路 1 号 A 楼，邮编：210009
出版社网址	http：//www.pspress.cn
总　经　销	天津凤凰空间文化传媒有限公司
总经销网址	http：//www.ifengspace.cn
印　　刷	北京博海升彩色印刷有限公司
开　　本	710 mm × 1000 mm　1/16
印　　张	16.5
字　　数	190 000
版　　次	2025 年 1 月第 1 版
印　　次	2025 年 1 月第 1 次印刷
标准书号	ISBN　978-7-5713-4735-2
定　　价	79.80 元

图书如有印装质量问题，可随时向销售部调换（电话：022-87893668）。

前言

林徽因先生辞世近70年了，这70年里，为着纪念她或分享她的成就，出版了不少她的或关于她的著作。蔚为大观。林先生的形象，借了这些图书的“光”，也从影影绰绰的历史中走了过来，渐渐地仿佛越来越清晰了。这是真实的林徽因先生吗？大约是的。因文识人，相去不远。然而，什么是“她的”作品呢？在市面读到的那些建筑类的文字,署名合作的作品占了很大的比例，那其中，她的功劳到底占据怎样的份额，又反映了怎样的林徽因呢？这里有相当多的待解的问题。

经过研究与考证，《林徽因谈中国建筑》一书收集了林徽因先生几乎所有独立创作的建筑文章，为更准确地了解、理解林徽因先生提供了一个别样的蹊径。读者不必担心读到的段落到底是梁思成先生写的，抑或是刘敦桢、莫宗江先生写的，也不必费尽考订的心机。没错儿，您读到的，就是那个作为建筑师的林徽因。此心光明，亦复何言！

编者

2024年8月

代序 作为中国建筑学术先行者的林徽因*

2004年6月10日，是林徽因100周年诞辰的纪念日。各类纪念性的活动和文字再次大量涌现在各种媒体，林徽因实在是太让人牵挂了，可以出于各种理由。

试图为林徽因写一些文字的愿望，原本是在两年之前的2002年4月，林徽因的终身挚友费慰梅（Wilma Fairbank, 1910—2002，费正清之妻）与世长辞。她是与林徽因有特殊知遇的一个人物，她们两人之间的沟通是他人所无法替代的。我曾期望能与费慰梅面谈而得到一些活生生的“口述史”，然而，在她的那本《梁思成与林徽因，一对探索中国建筑史的伴侣》书中将林徽因说成是“徽是他（梁）建筑方面的助手，但她至今仍受人纪念的原因则在于她毕生所写的诗篇”[1]。这让我十分不平，不过我也不得不承认费慰梅说的几乎就是一种不合理的现实。具有讽刺意味的是，林徽因的墓碑上刻的是“建筑师林徽因”而不是“诗人林徽因”。

林徽因，作为中国近现代历史上一位光彩照人的奇才美女，已是今天的人们所熟知的了，作为梁思成的夫人、徐志摩的梦中情人和金岳霖心目中的“女神”，她的故事更是被演绎成各种通俗文学、影视作品。在“太平盛世”而脂粉气十足的当今文娱界，林徽因完全被人们歪曲成“粉红色”了。而在林徽因本行的建筑界，由于其丈夫梁思

---

*原载于：东亚建筑遗产的历史和未来：东亚建筑文化国际研讨会·南京2004优秀论文集.南京：东南大学出版社，2004.；建筑史：第21辑.北京：清华大学出版社，2005.

1 费慰梅.作者前言//费慰梅.梁思成与林徽因，一对探索中国建筑史的伴侣.曲莹璞，关超，等，译.北京：中国文联出版公司，1997.（Wilma Fairbank. Liang and Lin，Partners in Exploring China’s Architectural Past. Philadelphia：University of Pennsylvania Press，1994.）

成在中国建筑学术体系中的首要地位，而使得林徽因总是被作为梁思成的合作者来提及的。多年来，一直有知情者呼吁要重新发现与评价林徽因对中国建筑学术事业的重大贡献。但是，至今为止，大部分的言论多为回忆性的文字，在学术上都还是将她与梁思成相提并论的。如果今天问及林徽因在建筑学专业上的贡献，我们似乎总难以自信地如谈她的诗、文那般一一数来，往往难免将她与梁思成混为一谈，也极易使读者得到“夫唱妇随”的联想。

在笔者看来，这种状况与林徽因对中国建筑学术的重大贡献很不相符，也很不利于我们对林徽因、梁思成等学者的正确理解，尽管这些都是并不算久远的历史，却非常容易被人们误解。为此，今天我们在纪念她的时候，有必要对林徽因对中国建筑学术事业的先行者意义作一重新评价。笔者希望通过以下对她的建筑学术的思想、她的特殊个性以及与梁思成的学术性格比较三个方面来进行讨论。

一、思想者，林徽因

长期以来，林徽因在中国建筑学术方面的成就都是与梁思成联系在一起的。尽管连梁思成本人在内都强调了梁思成的建筑学术成就中的林徽因之重要意义，抑或是梁思成在建筑界的地位一直过分显赫，抑或是林徽因在文学方面更早、更全面地被人们认可，抑或是梁具备建筑学方面更权威的专业学历，抑或是中国人“重男轻女”的传统意识之作用，梁思成的建筑学术成就被聚焦在“光环”中的同时，林徽因却被笼罩在了“阴影”之中。然而，如果我们把由中国近代首批建筑学者建立起来的中国建筑学术体系之核心，定义为中国建筑的历史与理论的话，也就是中国学者对中国建筑作出的建筑学专业的诠释，我们应该认识到：林徽因正是真正对中国建筑历史与理论最早作出主要贡献的学者，她是这一学科的奠基者，她是在思想上的先行者。

1.《论中国建筑之几个特征》——中国建筑历史与理论的奠基

中国学者对中国建筑的专业研究始于20世纪30年代的中国营造学社，在该学术团体的研究成果中，呈现出首批由中国学者对传统的中国建筑进行的理论性诠释工作，基本上都是林徽因之作。尽管作者之名常常冠以梁思成与林徽因，甚至梁思成更多见于“第一作者”。

在《中国营造学社汇刊》第三卷第一期上，林徽因发表了《论中国建筑之几个特征》，这应该是首次由中国专业学者发表的关于论述中国建筑的理论性文章。在这一重要的理论性论述中，林徽因显然针对西方学者对中国建筑诠释中的一些误解，提出了相应的符合中国民族主义情结的价值判断。在数年之后正式发表的为梁思成的《清式营造则例》所作的“绪论”中，林徽因再次较完整地归纳了她的理论框架。这虽然是两篇独立的论文，但是从其所涉及的内容以及写作的时间[1]等诸因素来看，都反映了林徽因当时对中国建筑的理论认识，可以作为一份统一的论文来看待。从中国学术的角度来看，这两篇文章是全然不同于以往的中国文人士大夫们对建筑的表述，而是充分运用了当时国际上的艺术史的观念与方法，将中国建筑作为世界文明体系中一种独特的系统来进行论述、评价。我们知道，营造学社在梁思成、刘敦桢等加入之前，虽然有朱启钤、陶湘等传统文人士大夫的热心倡导“整理国故”，但由于缺乏建筑学专业学者的研究而只能是一群清末遗老遗少们的好事之作。梁思成加入之后使得这种局面首先得到了全面的改观，而林徽因的这一重要的论文则应被视为这种新局面的代表；从世界的角度来看，林徽因的论述则明显地澄清了一些西方学者

---

1 《论中国建筑之几个特征》一文发表于1932年3月，《清式营造则例》的出版时间则是1934年1月，但是该书完稿于1932年3月，在完稿之前林徽因有过修改。参见：曹汛先生注//梁从诫.林徽因文集：建筑卷.天津：百花文艺出版社，1998：92.

对中国建筑的曲解和误读，力图奠定适应于西方的理论框架又不同于西方的中国建筑的理论基础。尽管时至今日，我们的学术理论体系已经有了很大的发展，而应该可以重新看待林徽因在70年前的研究，但是我们也必须看到这几十年来我们用于分析评价中国建筑的理论要点和基本框架，多半都基于这两篇文字。这主要反映为以下几个方面：

首先，林徽因运用了由古罗马建筑师维特鲁威（Marcus Vitruvius Pollio, 公元前90—前20）所定义的，也是国际所公认的建筑三项基本原则——“实用、坚固、美观”来评价中国的传统建筑体系，并明确声明：“中国建筑，不容疑义的，曾经包含过以上三种要素。”这是以中文首次运用这一国际建筑学公认的原则来评审中国建筑,就此，国际的建筑学术理论与中国的传统建筑体系发生了直接的关系，其理论上的价值必然是极大的。

其次，林徽因以艺术发展史的基本阶段理论来讨论中国建筑。也就是以作为近代艺术史奠基人的德国艺术史学家温克尔曼（Johann Joachim Winckelmann，1717—1768）的“循环理论”[1]，认为中国建筑也有其“尝试”“成熟”以及“因袭”“堕落”，并在《清式营造则例》的“绪论”里已经提出了关于中国建筑大约在唐朝已经达到最为成熟时期，而宋后至清朝趋向于退化。这种基本的中国建筑历史发展定义，显然在梁思成的《图像中国建筑史》中得到了进一步的完善[2]。

再次，林徽因首次在理论上定义了中国建筑的木框架结构体系的基本特征。这一点的意义是更为重大的。因为在此之前的西方建

1 温克尔曼在《古代艺术史》一书中将艺术史的发展阶段规律定义为：“起源”“发展”“变化”和“衰亡”。见：邵宏．美术史的观念．杭州：中国美术学院出版社，2003：10.

2 在《图像中国建筑史》中，这一历史阶段论被发展为三个时期，即：唐宣宗大中至宋仁宗天圣末年的“豪劲时期”；宋英宗治平，中经元代，至明太祖洪武末的“醇和时期”；明成祖永乐年间直至清末的“羁直时期”。见：梁思成．图像中国建筑史．天津：百花文艺出版社，2001：155-158.

筑史学家都曾对中国建筑的诠释之中产生的一些误解，基本上都是在这一点上没有清楚的认识。这与西方的古典建筑多以砖石建造及垒砌结构有关，框架结构方法被建筑师们很好地理解一般要到近代的铸铁及钢筋混凝土结构之后。这些误解在早期西方建筑师在中国所做的所谓“中国建筑文艺复兴”（Chinese Architectural Renaissance）一类的教会建筑中，被反映得尤其明显。以此可见林徽因对建筑的专业知识的深入了解，尽管她在美国宾夕法尼亚大学（以下简称“宾大”）就学的专业是美术而非建筑。至今为止，这一基本认识仍然被证明是十分正确的，并不断被发扬光大。其实仅仅凭这一点，我们足以将林徽因定为中国建筑历史与理论的奠基者与先驱者。

在以上最重要的三点理论性的贡献之外，林徽因在这两篇文章之中还分别论述了中国建筑卓有特色的几个要素，分别为“屋顶”“斗栱”“台基”“平面布置”这几个方面，这些论述以后都成了中国建筑的形式构成的基本要素，多见于各种研究和论述之中。在此基础之上，林徽因还分析了她所认为的中国建筑的几个弱点：主要集中在对木料的断面比例合理性、梁架体系的缺乏三角形受力关系以及中国木构的地基肤浅的问题。

在国际建筑理论有了极大发展的今天，我们再回头来看林徽因当时所做的理论性工作，难免可以认识到其中的许多不足之处。然而，笔者以为这并不应影响我们对她所作出的基础性贡献的认同。相反，我们应该就此认识到，她结合国际先进理论对中国建筑作出的诠释这种学术精神与方法，实际上很值得我们后人来学习借鉴。

2.《平郊建筑杂录》与“建筑意”——建筑审美价值的创造性定义

在1932年11月出版的《中国营造学社汇刊》第三卷第四期上，有另一篇署名“梁思成、林徽音”的《平郊建筑杂录》。该文的特殊学术价值，在1991年由吴良镛先生的启发性论文中重点提出后，引起了不少学者的重视。其主要的意义被一再强化的是该文中所提倡的“建筑意”的概念，此说曾经被不少学者提出重新评价的要求[1]。

笔者以为，关于“建筑意”这一概念究竟应该如何来定义和理解，确实是很值得讨论的理论问题。其中十分值得我们注意的是，“建筑意”作为一个具有原创性的中国建筑美学概念，确实体现了作者的一种对建筑特有的深刻理解。不过，笔者在此希望论证的主要是，这一概念应该是来自林徽因的思想火花。同时无可否认地，梁思成可以作为林徽因建筑思想的忠实支持者。

我们首先可以从该文的文风和意趣方面来明显地感知林徽因的笔墨风格：“顽石会不会点头，我们不敢有所争辩，那问题怕要牵涉到物理学者，但经过大匠之手泽，年代之磋磨，有一些石头的确是会蕴含生气的。天然的材料经人的聪明建造，再受时间的洗礼，成美术与历史地理之和，使它不能不引起赏鉴者一种特殊的性灵的融合，神志的感触，这话或者可以算是说得通。”[2]这些文字与我们常见的建筑

---

1 吴良镛先生在1990年发表的“发扬光大中国营造学社所开创的中国建筑研究的事业”（《建筑学报》，1990年第12期）中重点提出了“建筑意”，并认为此说即为后世挪威著名建筑理论家舒尔兹（Christian Norberg-Schulz）所提出的“场所精神”（genius loci）。吴先生后来还在其他的文中提到，并为“建筑意”加英文注为“architecturesque”。侯幼斌先生则专门撰文讨论过“建筑意”，见：侯幼斌．建筑意象与建筑意境——对梁思成、林徽因“建筑意”命题的阐释 // 建筑师：50．北京：中国建筑工业出版社，1993.

2 梁思成、林徽音．平郊建筑杂录．中国营造学社汇刊．第三卷第四期．

历史论文是迥然不同的，是优美的散文。既有浓烈丰富的热情和想象，又有精炼准确的词汇和定义，充满着生动的气韵和敏感的灵气。这种文字在梁思成的文章中是见不到的，却可以在林徽因的一些激情之作见到。

夏铸九先生曾有评价："林徽因的建筑史写作，文字动人，使得一种技术性的写作，也满了热情，以带有深情之语句、肯定的口气，鼓舞读者之感情。譬如说，林徽因用字精要，段落分明，尤喜于段落结尾以肯定性之语句，简捷地完成段之叙述目的。"[1]笔者在赞同夏先生的这些评价的同时，也认为这些评价完全适用于这篇《平郊建筑杂录》。

要说明这以"梁思成、林徽音"署名的《平郊建筑杂录》一文为林徽因之作，我们还可以从该文的由来谈起。1929年8月，林徽因在她的女儿梁再冰出生之后不久，她年轻时曾一度患过的肺病复发了。东北的严寒显然十分不利于她的这种呼吸系统顽症。在多位朋友和医生的劝告之下，1930年，林徽因离开了沈阳的东北大学回到北京，住进了位于西郊香山的双清别墅休养。这是一段对林徽因的文学创作意义十分深远的时期，香山的优美环境和景色陶冶了她的性情。其间有不少朋友经常去探望她，其中就包括诗人徐志摩。这一切都十分有益于林徽因的身心和文学创作，后来所知林徽因的首批重要的诗作与小说都创作于此时[2]。如梁从诫所言："香山的'双清'也许是母亲诗作的发祥之地。她留下来的最早的几首诗都是那时在这里写成的。清静幽深的山林，同大自然的亲近，初次做母亲的快乐特别是北平朋

---

1 夏铸九．营造学社——梁思成建筑史论述构造之理论分析．台湾社会研究季刊：1990年春季号，第三卷第一期．

2 林徽因创作于此时的作品有：诗歌《谁爱这不息的变幻》《笑》《情愿》《深夜里听到的乐声》《仍然》《激昂》，小说《窘》。引自：陈钟英，陈宇．林徽因年表//陈钟英，陈宇．中国现代作家选集：林徽因．北京：人民文学出版社，1992.

友们的真挚友情，常使母亲心里充满了宁静的欢悦和温情，也激起了她写诗的灵感。”[1]

正是由于这段特殊的经历，使得林徽因对这片山水情有独钟，充斥于其间的一些古迹、遗构更是成为这山水景色的一部分而令她难以忘怀。一年之后的1932年夏日，她与梁思成再次来到北京西郊的这一带考察游历，对于林徽因来说应该是故地重游了，想必触动女诗人的文思。《平郊建筑杂录》正是真实地记述了她的感受，虽然应是建筑学术的议论，但是面对培育她文学创作的“诗情画意”之地，林徽因实不能满足于一般建筑学论述“技术性的写作”。于是，她所具有“文学复兴色彩”的思绪导致林徽因创造性地去用中文定义特定的建筑美学价值，这便是“建筑意”的产生。在笔者看来，“建筑意”正是林徽因所彻悟的“诗意”在建筑范畴之延伸，其含义似乎要比一般的建筑学的美学概念要更广一些。

纵观营造学社先辈们的有关建筑学术方面的论文，《平郊建筑杂录》显然是其中最充满激情优美文字的。将该文及“建筑意”的创作者为林徽因这情况理清楚，有助于我们很好地去理解各位先辈们的学术思想，从而有助于我们今天的研究思路。

3. 关注“民居”——对中国人本主义文化特色建筑学的回归

作为以人本为核心的中国文化，民居原本就应该是中国建筑的最基本和最主要的内容。然而，中国建筑学术体系的奠基者们对中国建筑的诠释工作，都是以关注尊贵建筑开始的。这与他们的学术

1 梁从诫．倏忽人间四月天——我的母亲林徽因 // 梁从诫．林徽因文集：文学卷．天津：百花文艺出版社，1998：76.

研究目的是为建立能与西方抗衡的中国古典主义（Chinese Classicism Architecture）有相当大的关系。[1]

中国建筑学者对本土建筑文化中的民居建筑之关注，是经过长期的积累到20世纪50年代最终转变为真正规模意义上的重视，并主动引入建筑设计创作之中。而在早期对民居建筑表示关注的建筑师中，有后来均有相关出版物而被人们熟知的刘敦桢、刘致平等[2]。然而，我们应该注意到，林徽因事实上是他们之中极重要的一位，并且很有可能与刘敦桢、刘致平等共享了这方面的研究兴趣。林徽因在这方面的贡献长期以来未受到足够的重视，这是完全不应该的。

凭着她艺术家的敏锐眼光，林徽因显然在她所参与的早期营造学社的考查之中就开始注意各地民居的那种丰富的形态环境了。在那次与费正清夫妇等共同赴山西峪道河避暑兼考察晋汾古建筑之行中，林徽因特别关注了山西的民居，并且在由她执笔的《晋汾古建筑预查纪略》中描述了那些民居的状况[3]。这应该是最早出现在《中国营造学社汇刊》上的关于民居实物的描述之一。从一些学者的回忆中都提到过这一点，其中比较有意思的是王其明、茹竞华二人的回忆文章提到一种说法："林先生很早便对民间建筑很重视了。听到有这样一件往事，梁、林两先生只有一台照相机，梁先生要照斗栱，林先生要照民居，时常为此争执不下，后来还是林先生做了让步。"[4]尽管笔者至今未

1 参见：赵辰."民族主义"与"古典主义"——梁思成建筑理论体系的矛盾性与悲剧性之分析//第六次中国近代建筑史研究讨论会论文集.北京：中国建筑工业出版社，2001：6.

2 刘敦桢后来完成了《中国住宅概说》（中国建筑工业出版社，1957），刘致平则完成了《中国居住建筑简史》（中国建筑工业出版社，1990）。

3 林徽因，梁思成.晋汾古建筑预查纪略.中国营造学社汇刊，第五卷第三期.费慰梅曾记载，这次的考察报告是由林徽因来写的。参见：费慰梅.梁思成与林徽因，一对探索中国建筑史的伴侣.曲莹璞，关超，等，译.北京：中国文联出版公司，1997.（Wilma Fairbank. Liang and Lin，Partners in Exploring China's Architectural Past. Philadelphia：University of Pennsylvania Press，1994：75.）

4 王其明，茹竞华.怀念我们的老师林徽因先生//建筑师：20期.北京：中国建筑工业出版社，1984.

能为此事得到可证实的材料，但是从后来林对民居建筑的具体研究和倡导来看，相对于梁思成来说，她对这一重要主题的关注应该是由来已久的。

1945年，在克服了千难万苦而出版发行的最后一期《中国营造学社汇刊》第七卷第二期上，林徽因发表了《现代住宅设计的参考》一文，该文是林在翻译凯瑟林·保尔（Cartherin Bauer）的住宅研究成果基础之上，针对中国建筑现实的一项研究。在以清一色的古建筑、文献等研究论文为面貌的《中国营造学社汇刊》中，显得十分的突出而显出作者的独特眼光。

1949年，在北平解放之后的清华大学建筑系里，林徽因首次开设了“住宅概论”的专题课，为研究生系统地教授现代的住宅建筑设计理论。某种意义上讲，这是中国第一代精英式的建筑理论家对中国建筑文化的核心之回归。1951年的清华大学毕业论文中，林徽因指导王其明、茹竞华两位女同学完成了《圆明园附近清代营房的调查分析》。[1]当时的林徽因通过梁思成自美国了解的战后新兴的城市规划理论，尤其针对“邻里单位”和社区等新概念来从中国传统的聚落规划中作出对应的研究，这显然是相当有远见的一种探索。可惜这种探索在后来的中国建筑研究中却甚为鲜见，以至于中国建筑的研究似乎只能与国际上的理论隔离才能进行。

笔者以为，从深层次来看，林徽因先于其他中国建筑学者而对中国传统民居及现实住宅有所关注和热爱，应该还缘自另外两个特殊因素：一是她作为一位具有敏锐观察生活眼光的文学家之缘故；二是她作为一位因战时而不得不从事乡间家务劳动的女主人的缘故。这两点实际上意味着，民居对于她来说，超出一般建筑师将之作为一种纯粹的建筑形态的意义。

---

1 王其明，茹竞华．怀念我们的老师林徽因先生 // 建筑师：20．北京：中国建筑工业出版社，1984.

作为中国近代文学史上卓有贡献的女性作家，林徽因的人本主义思想原本就是她的核心文学思想[1]。这在她的许多文学作品中被充分地反映出来，林徽因的个人魅力也在很大程度上出自这一点，这种注重人和生活本身的“文学”眼光在建筑学方面的体现必然会有极大意义的。梁再冰认为既为建筑师又为文学家的母亲是特别关注建筑中的“人”的问题：“作为建筑师的妈妈一向重视‘人’和建筑物的关系。她的建筑设计思维的一个特点就是，总是认真细致地考虑各种建筑物中人的方便和审美需求。所以，她对住各种房子（无论是古代的，还是现代的）里的人的物质和精神生活都比较注意。”[2]林徽因在她的文学作品中会自然地描写这种“人”与建筑的关系，在她的《昆明即景·小楼》中，有这样的文字：

张大爷临街的矮楼，
半藏着，半挺着，立在街头，
瓦覆着它，窗开一条缝，
夕阳染红它，如写下古远的梦。

根据梁从诚的记叙，这段的前一句原来为“那上七下八临街的矮楼”，而这正是昆明当地沿街常有的矮楼民居底层高八尺，二楼高七尺[3]。笔者每每在昆明老街巷里见到这类典型民居矮楼就会联想到林的诗句，并为之感悟民居在“人”的尺度上对这位前辈的触动，这触动对林徽因先生来讲想必是十分深刻的。就如当年柯布西耶（Le

1 蓝棣之．林徽因的文学成就与文学地位 // 清华大学建筑学院．建筑师林徽因．北京：清华大学出版社，2004：159.

2 梁再冰．我的妈妈林徽因 // 清华大学建筑学院．建筑师林徽因．北京：清华大学出版社，2004：70.

3 梁从诫．建筑家的眼睛，诗人的心灵 // 梁从诫．林徽因文集：文学卷．天津：百花文艺出版社，1998：70.

Corbusier, 1887—1965）在他的“东方之旅”中从希腊、土耳其民居中得到对现代建筑模度（Module）的灵感，实在是十分类似的。

这种关注“人”与建筑物的关系的思维特点应该最易在居住建筑中反映出来。在《现代住宅设计的参考》一文中，林徽因明确指出随着时代的发展，以往建筑学不重视住宅的情况必将改变，这种情况也会明显体现在战后的社会发展之中：“现在的时代不同了，多数国家都对于人民个别或集体的住的问题极端重视，认为它是国家或社会的责任。以最新的理想与技术合作，使住宅设计，不但是美术，且成为特种的社会科学。”[1] 在当时建筑学术界多以大型公共建筑和古代尊贵建筑为主要关注对象的情形下，这种非常有见地的学术眼光，显然与她重视“人”的文学家思维有相当的关系。

如果我们回顾中国建筑学术界对民居的研究历程，抗战时期实际上是这项工作的真正起始。费慰梅在描述营造学社抗战时期在西南地区的工作生活时道：“直到此时为止，学社对研究民居建筑只给予很少的注意。……然而，从北京到昆明穿越一千五百英里的内地乡村，晚上就宿在村里，在艰苦和疲惫的条件下的旅行打开了研究人员的眼界，使他们认识到中国民居在建筑学上的特殊重要性，这种住所的特色，它们因住户生活方式的关系以及它们在中国各个不同地区的变化，忽然一下子变得显而易见而有意思了。”[2] 对中国的民居研究起到集大成作用的刘敦桢先生之《中国住宅概论》正是起始于这段时间的调研[3]，刘致平先生的中国居住建筑的研究也基本上始于同一时期。

---

1 林徽因．现代住宅设计的参考．中国营造学社汇刊，第七卷第二期．

2 费慰梅．梁思成与林徽因，一对探索中国建筑史的伴侣．曲莹璞，关超，等，译．北京：中国文联出版公司，1997.（Wilma Fairbank. Liang and Lin，Partners in Exploring China's Architectural Past. Philadelphia：University of Pennsylvania Press，1994：110.）

3 刘敦桢：“大约从对日抗战起，在西南诸省看见许多住宅的平面布置很灵活自由，外观和内部装修也没有固定格局，感觉已往只注意宫殿陵寝庙宇而忘却广大人民的住宅建筑是一件错误事情。”引自：刘敦桢．前言 // 刘敦桢．中国住宅概论．北京：中国建筑工业出版社，1957.

同样是在抗战的逃难时期，林徽因比营造学社其他男性社员更为深切地体会中国民居的意义，这是因为在这段她一生中最为艰辛的日子里，她已经从京城的“小姐”彻底沦落为一位困苦的主妇：“我一起床就开始洒扫庭院和做苦工，然后是采购和做饭，然后是收拾和洗刷，然后就跟见了鬼一样，在困难的三餐中间根本没有时间感知任何事物，最后我浑身痛着呻吟着上床，我奇怪自己干嘛还活着。这就是一切。”[1] 原本就具有极高的艺术眼光和修养以及专业的建筑学的技能的她，经历这样的生活之磨难，林徽因所能理解的作为建筑与生活之关系为基本要义的住宅，想必应该比其他人更为至深至切。于是，当他们在 1940 年春天终于在昆明郊区龙头村，住进了由他们自己设计并参与建造的简陋农舍之后，林徽因对之欣赏应该是发自内心的：“无论如何，我们现在已经完全住进了这所新房子，有些方面它也颇有些美观和舒适之处。我们甚至有时候还挺喜欢它呢。”[2] 林在这里表达的正是“居者有其屋”理想实现之时的一种审美心理，应该是与身居都城、养尊处优的小姐偶尔下乡时对农舍美景而发的观感有着天壤之别。梁再冰也回忆道：“建房期间，特别是上梁和立柱时，妈妈常要我和弟弟到工地去看看，了解中国房子的建造过程。”[3] 这种特殊的建筑学课程却也承托了如同乡村农妇般的对自己的居所之希冀。作为一位有着这样经历的女建筑师，林徽因对民房的热衷必然超出了一般建筑艺术的意义范畴。

还是同样在抗战时期的昆明，林徽因还为当时的云南大学设计了

---

1 费慰梅 . 梁思成与林徽因，一对探索中国建筑史的伴侣 . 曲莹璞，关超，等，译 . 北京：中国文联出版公司，1997.（Wilma Fairbank. Liang and Lin，Partners in Exploring China’s Architectural Past. Philadelphia：University of Pennsylvania Press，1994：111.）

2 同上。

3 梁再冰 . 我的妈妈林徽因 // 清华大学建筑学院 . 建筑师林徽因 . 北京：清华大学出版社，2004：64.

女生宿舍[1]，那是因当时云南省的军政长官龙云之妻顾映秋的捐款而命名的映秋院。而值得注意的是，她在该设计中创造性地运用了一定的民居的手法和风格。最明显的特点是，使用了不对称和院落组合的布局，还使用了游廊和望楼这两种中国民居中的要素作为该建筑的水平与垂直交通空间的构成。该建筑虽然已于1987年被拆重建，幸而新建之映秋院还基本按照了原建筑的形态，使得笔者在造访之时(1997年)还是辨认出了作者的良苦之心[2]。笔者以为，映秋院的意义是表明了林徽因在当时已经开始重视民居与现实建筑的内在关系，这与前面提到的她对民居的特殊关注有着必然的联系；也想向我们证明中国建筑师对建筑创作中借鉴民居的探索之起始，比一般认为的陈植先生设计的上海鲁迅纪念馆（1956年）实际上要早很多。因此，这一难得的林徽因的建筑设计作品，今天应该引起我们的重视。笔者在造访映秋院时的感想是，林徽因对中国建筑学术的贡献，其实正如这个映秋院一样没有受到足够的重视。

林徽因还是在中国建筑界率先提出要保护民间建筑的学者。根据罗哲文先生的回忆，在1953年由北京市政府召开的“关于首都文物建筑保护问题座谈会”上，林徽因特别提出了要保护民居住宅建筑：“北京市保护旧文物建筑多半属于宫殿、庙宇，对民间建筑便没有注意。艺术从来有两个系统，一个是宫殿艺术，一个是民间艺术，后者包括一些住宅和店面，有些手法非常好，如何保存这些是非常重要的。”[3]她的发言得到了时任国家文物局局长也是著名作家、文学史家的郑振铎的支持，

---

1 陈钟英，陈宇．林徽因年表 // 陈钟英，陈宇．中国现代作家选集：林徽因．北京：人民文学出版社，1992.

2 笔者曾于1997年专程造访映秋院，已经能够辨认出映秋院建筑的特殊意匠。后来又从云南大学档案馆的资料中得到了证实。

3 罗哲文．难忘的记忆，深刻的怀念 // 清华大学建筑学院．建筑师林徽因．北京：清华大学出版社，2004：147.

从而受到了许多专家学者的重视，对以后的古建文物保护工作起到了极大的指导作用。从建筑学术的角度来看，如此明确地提出对民居建筑遗产之保护，在当时来说即便是在国际上都是十分先进的[1]。

综上所述，我们应该能够认识到，林徽因基于她广博而深厚的中西学功底、“文艺复兴色彩”般的艺术气质、敏锐而准确的洞察力，为中国建筑学术作出了基础性的和发展方向性的重大贡献。她在理论上的作用完全不应低于任何一位与她同时期的建筑学者，她是一位真正意义上的先行者和思想者。

二、强者，林徽因

林徽因俊秀、纤柔的外表令人蒙生怜爱之心，加之她长期蒙受疾病煎熬之苦的病躯，更是容易使人将她视为娇柔不可自立的，只能依附于家庭及丈夫才能在社会上生存的女子。

事实上，林徽因是一位内心极为坚强，具有良好组织能力和社会感召力的强者。

1946年，在清华大学建筑系成立之初，梁思成即赴美国考察。对于这一新建的建筑系的所有计划、组织工作实际上都由林徽因来承担了。当时虽然有吴良镛等年轻助教的大力协助，但是从白手起家创办建筑学专业，所需要的组织能力应该是极高的，除林徽因之外，当时并没有其他人能够具备这种能力并真正起到这样的作用。然而，要知道当时的林徽因的肺结核与肾炎进入极严重的时期，基本上是卧床的状况下而从容地指挥了这一日后在中国建筑学术事业中举足轻重的建筑系的新建过程。吴良镛先生回忆道：“以后的许多事都说明，林

1 国际上关于民间建筑的研究主要开始于20世纪50年代至60年代。

徽因虽然经常卧病在床，却能运筹帷幄，是一位事业的筹划者，指挥者……”[1]有意思的是，当时的林徽因并不具备清华大学建筑系的正式教职，更无一官半职。即使是梁思成回来后主持的整个工作，仍然在很大程度上受到了林徽因的策划的影响。根据朱自煊先生的回忆，在1950年之后的那段重要的清华建筑系发展时期，他们经常在梁、林的家里召开系务会，而林徽因经常提出对建筑系发展的建议和看法;“常常是我们在梁家西边客厅开会，林先生卧室在东面，隔着过道喊‘思成’，梁先生听到后马上赶过去，过一会儿回来转达林先生的意见和建议”[2]。梁思成虽然作为清华建筑系的主要负责人主持着这个系的发展工作，但是对于林徽因的建议显然是言听计从的，这自然是尊重她的那种能力和权威的表现。事实上，林徽因的行政管理能力一直就是极强的，这可以从她的家庭管理之中体现出来。在与梁思成结亲之后的家庭生活中，由于他们各自来自较复杂的大家庭，而导致林必须处理许多烦琐的家政事务。尤其是抗战期间，林徽因的身体已处于极为糟糕的境地之中，却常常要在梁思成不在的时候自行处理这些麻烦事。这些在费慰梅的书中以及梁再冰和梁从诫的回忆文章中都有所表达，其中最有意思的是一段在林给费慰梅的信中以纽约中央车站来形容他们家中的杂事：“思成是个慢性子，愿意一次只做一件事，最不善处理杂七杂八的家务，但杂七杂八的事却像纽约中央车站任何时候都会到达的各线火车一样冲他驶来。我也许仍是站长，但他却是车站！我也许会被辗死，他却永远不会。……”[3]这显然是一个很形象的比喻，

1 吴良镛 . 林徽因最后的十年追忆 // 清华大学建筑学院 . 建筑师林徽因 . 北京：清华大学出版社，2004：111.

2 朱自煊 . 忆林徽因先生二三事 // 清华大学建筑学院 . 建筑师林徽因 . 北京：清华大学出版社，2004：173.

3 林徽因 . 致费正清、费慰梅 // 梁从诫 . 林徽因文集：文学卷 . 天津：百花文艺出版社，1998：380.

作为一个火车站，纽约的中央车站是十分特殊的。在这个位于地下的火车站，来自四面八方的列车不断地到站和发站，景象十分繁忙，给人们很强烈的中央处理能力重要性的印象。以此，林徽因表达的显然是，当时大量的杂事尽管都是冲着梁思成而来的，却都需要她来处理。也表明了相对于梁的容纳能力，林徽因的处事的果断和不妥协。

在笔者看来，无论从能力方面还是从心力方面来看，林徽因都不是所谓的柔弱女子，而应该是一个强者，是一个有着极大的抱负和才能的女中豪杰。

在梁、林的家中，林徽因不但一直扮演着“家长”的角色，并且常常显示出比梁思成更具社会感召力。最为明显的就是他们家的“午后家聚”，从来就是以林为中心的，尽管参加者是来自各种背景的文化人，以至于那篇著名的带有醋意的杂文也正是以“太太”来点题。事实上,“午后家聚”这种典型的英国人习惯就应该是林徽因及徐志摩、金岳霖从英国的生活之中领教来的，这一活动的主导者实际上也必然是林徽因。

同时，林徽因也是一位性格刚强和意志坚韧的女子，梁从诫曾回忆到幼时得到林作为母亲的教诲，多为英雄气的古诗文，而从来没有“小白兔、大灰狼”之类的童稚故事。[1]当面临战争之时，林徽因给女儿（当时仅七八岁）信中说：“我们希望不打仗事情就可以完，但是如果日本人要来占北平，我们都愿意打仗，……我觉得现在我们做中国人应该要顶勇敢，什么都不怕，什么都顶有决心才好。”[2]这样的气节大约在当时，绝不亚于军中的决心抗日将士之豪迈之情。更有

1 梁从诫．倏忽人间四月天——我的母亲林徽因//清华大学建筑学院．建筑师林徽因．北京：清华大学出版社，2004：96.

2 梁再冰．我的妈妈林徽因//清华大学建筑学院．建筑师林徽因．北京：清华大学出版社，2004：57.

甚之的是，当梁从诫问到若是日军打入四川而大家都没有退路怎么办时，林从容地答道："中国念书人总还有一条后路嘛，我们家门口不就是扬子江吗？"[1]林徽因的这种刚强和坚毅，与她娇柔的外表是难以吻合的，大概与今天温柔风极盛的中国文娱界也是极难协调的。于是，林徽因只能被通俗文学中描述成才貌双全的佳人来欣赏了。这实质上是对林徽因的极大误解。

关于"强者"的讨论似乎只是林徽因本人的个性问题，与建筑学术并无必然的关系。然而，笔者以为，中国的建筑学术事业在建立以来的发展之中，一直经受着不尽的磨难。尤其是梁思成、刘敦桢等人的营造学社之工作，在相当一段时期里处于战乱的困难之中。林徽因的"强者"性格对于促使他们坚持不懈而终成大器，有着无可替代的重要作用。最直接的作用就是使梁思成在战时的极端困苦之中得以完成其重要著作《图像中国建筑史》，关于这一点，梁思成应该是体会最为深刻的。为此他在《图像中国建筑史》的"前言"之中深切地表达了对林的钦佩："近年来，她虽罹重病，却仍葆其天赋的机敏与坚毅；在战争时期的艰难日子里，营造学社的学术精神和士气得以维持，主要应归功于她。"[2]可见，在梁思成的眼里，林徽因的"强者"风范，其作用不仅在于对他家庭的支撑，还在于对营造学社起到了至关重要的支撑作用。

---

1 梁从诫．倏忽人间四月天——我的母亲林徽因 // 清华大学建筑学院．建筑师林徽因．北京：清华大学出版社，2004：96.

2 梁思成．前言 // 梁思成．图像中国建筑史．天津：百花文艺出版社，2001：64.

三、“才女”与“拙匠”

虽然，林徽因与梁思成共同作为中国第一代建筑师和建筑史学家而被今天的建筑学者们纪念着。但是，在建筑界，林徽因地位显然是与梁思成不可同日而语的。在梁思成已经被推崇到了至高无上地位的同时，林徽因至多只能被人们称之为与梁公的成就之“不可分”。这难免使人联想为林是作为梁的事业的支持者，就如同大部分传统的全力支持丈夫的事业维系家庭的女主人一般。然而，笔者所理解的林徽因与梁思成在学术上的关系远非这样的林对梁的从属关系，或许反之则更恰当。

梁从诫曾评价他们俩各自的特点时道：“他们之间在对中国传统文化的珍爱和对造型艺术的趣味方面有着高度的一致性，但是在其他方面也有许多差异。父亲喜欢按部就班，有条不紊；母亲富有文学家式的热情，灵感一来，兴之所至，常常可以不顾其他，有时不免受情绪的支配。”[1] 他们俩这种各自不同的秉性，应该在很多情况下是有利于他们之间的合作的，并且已经在他们于宾大的学习期间就体现出来了。但是，林徽因个人在艺术创作方面的想象能力和灵感都是要强于梁思成的，再加之林的强悍的性格，以至于仍然有时出现不协调。梁再冰记述道：“我记得妈妈曾经说：有一次，他们的作业是设计一张圣诞卡，妈妈有一个比较新颖的灵感，爹爹也颇为赞赏，但认为此卡必须由他来画出，才能尽善尽美。妈妈不同意，她说同学们都认得他俩的画图风格，爹爹如代她画，别人一看就知道‘枪手’是谁。但爹爹仍坚持由他来画，为此两人吵了一架。”[2] 费慰梅也曾记叙述在

1 梁从诫．倏忽人间四月天——我的母亲林徽因 // 清华大学建筑学院．建筑师林徽因．北京：清华大学出版社，2004：96.

2 梁再冰．我的妈妈林徽因 // 清华大学建筑学院．建筑师林徽因．北京：清华大学出版社，2004：57.

宾大就学的时间里，林徽因由于不愿得到梁思成的过多照看而有过争执：“她已摆脱了她的家庭和文化的抑制，在新大陆旗开得胜。所以当思成由于觉得不仅爱她而且还对她负有责任而企图控制她的活动的时候，她当然坚决予以反击。”[1]

不过，林徽因中英文的出色文字功力和她那超人的敏锐和才思，一直得到了梁思成的衷心赞颂，以至于梁对自己的文字长期处于一种不自信的状态之中。

梁思成的早期中国建筑研究工作，主要专注了测绘和实物的考证，热衷于绘图和摄影。他在《清式营造则例》的“序”中强调了这“只是一部老老实实、呆呆板板的营造则例——纯粹于清代营造的则例”，而请林徽因作的“绪论”则是弥补历史与理论方面的不足。[2] 可见这位被今天认作为中国建筑历史与理论的先行者，当时并不很自信，并显然认为“内子林徽音”是更为合适的人选。同理，在梁的另一英文版的重要著作《图像中国建筑史》之中，虽然梁思成已经在林徽因的协助下从事了“历史与理论”的工作，但是他依然表达了这一自认的规范：“最初我曾打算完全不用释文，但在图纸绘成之后，又感到几句解说可能还是必要的，因此，才补写了这篇简单的文字。”[3] 而将书名定为“图像中国建筑史”，显然还是表明了这一点。

实际上，林徽因在世时，梁思成的所有学术性文字基本上都得到了林的修改和加工。而梁思成也是显然十分满足于这位名为内助实为老师的“神来之笔”。梁从诫写道：“父亲后来常常对我们说，他文章的‘眼睛’大半是母亲给‘点’上去的。这一点在‘文化大革命’

---

1 费慰梅．梁思成与林徽因，一对探索中国建筑史的伴侣．曲莹璞，关超，等，译．北京：中国文联出版公司，1997.（Wilma Fairbank. Liang and Lin，Partners in Exploring China’s Architectural Past. Philadelphia：University of Pennsylvania Press，1994：113.）

2 梁思成．前言 // 梁思成．清式营造则例．北京：中国建筑工业出版社，2001：64.

3 梁思成．前言 // 梁思成．图像中国建筑史．天津：百花文艺出版社，2001：61.

中却使父亲吃了不少苦头。因为母亲那些‘神来之笔’往往正是那些狂徒们所最不能容忍的段落。”[1]

关于林徽因的才情，我们可以看到太多的议论和口碑。诸如她的英文好到了费正清都羡慕，她的诗、文、画、戏剧、建筑各业无所不精，是中国近代出现的“文艺复兴色彩”人物，更早在20世纪30年代就被誉为“中国第一才女”。相比之下，梁思成则更认为自己应该是“拙匠”。

梁思成常常以“拙匠”自居，曾以“拙匠随笔”为名在20世纪60年代发表过一系列的小文章，并且多次谈论过其中的内涵：“我们建筑师就是匠人，‘匠’才能准确精细给人民盖房子，为他们造福，不应该把自己看成是主宰一切、再造乾坤的大师，宁‘匠’勿华，所以我取‘拙匠’……”[2]笔者以为，梁思成实际上是完全不缺乏才气的，从他年轻时的多才多艺和后来成就的一番事业都能看出他也是一位典型的具有“文艺复兴色彩”的人物。然而，只是相比于林徽因则确实在才气方面显得略逊一筹。因此，所谓梁思成的“拙”正是相对于林徽因的“才”而言的，这更能显示林的才情出众而已。以下的论述更应以此为前提尚可较好地理解。

梁思成晚年曾经向林洙透露过他自己对林徽因的才情之衷心赞许：“林徽因是个很特别的人，她的才华是多方面的。不管是文学、艺术、建筑乃至哲学她都有很深的修养。她能作为一个严谨的科学工作者，和我一同到林野僻壤去调查古建筑，测量平面爬梁上柱，做精确的分析比较；又能和徐志摩一起，用英语探讨英国古典文学或我国

1 梁从诫．倏忽人间四月天——我的母亲林徽因 // 清华大学建筑学院．建筑师林徽因．北京：清华大学出版社，2004：96.

2 汪国瑜．缅怀梁、林二师 // 赵炳时，陈衍庆．清华大学建筑学院（系）成立五十周年纪念文集．北京：中国建筑工业出版社，1996：22.

新诗创作。她具有哲学家的思维和高度概括事物的能力。所以做她的丈夫很不容易。中国有句俗话‘文章是自己的好，老婆是人家的好’，可是对我来说，老婆是自己的好，文章是老婆的好。我不否认和林徽因在一起有时很累，因为她的思想太活跃，和她在一起必须和她同样地反应敏捷才行，不然就跟不上她。”[1]显然，梁思成正是经常被浸没于林徽因的才情之中而相形见“拙”的。而且，尽管他认为自己在才气方面有欠缺，确又因为有一位如此才情出众的妻子而更忠实地欣赏这种才气。汪国瑜先生曾回忆道：“有一次在他家，谈到书画品格，艺术风格等修养问题，他似乎很有感慨地说：文艺作品的气质与作者的爱好和素养看来也并非总是一致的。我本人很喜欢那种奔放豪爽的风格，特别欣赏那些‘帅’味的作品，有‘灵气’有气韵；不喜欢、不欣赏那些‘匠气’的东西。可是我自己的字和画，都工整有余，‘帅气’不足。自己想‘帅’也‘帅’不起来，眼高手低呗！”[2]笔者以为，这可以视为真实地反映梁思成欣赏他人的才气而自认“守拙”的意义所在，完全可以理解成他与林徽因在学术志趣方面的异与同。按费慰梅的理解，他们二人正因为此而应该有极佳的配合，并在宾大的就学期间就已经反映出来：“在大学生时代，他们性格上的差异就在工作作风上表现出来。满脑子创造性的徽因常常先画出一张草图或建筑图样。随着工作的进展，就会提出并采纳各种修正或改进的建议，它们自己又由于更好的意见的提出而被丢弃。当交图的最后限期快到的时候，就是在画图板前加班加点拼命赶工也交不上所要求的齐齐整整的设计图定稿了。这时候思成就参加进来，以他那准确和漂亮的绘图功

1 林洙．建筑师梁思成．天津：天津科学技术出版社，1996：164.

2 汪国瑜．缅怀梁、林二师 // 赵炳时，陈衍庆．清华大学建筑学院（系）成立五十周年纪念文集．北京：中国建筑工业出版社，1996：22.

夫，把那乱七八糟的草图变成一张清楚整齐能够交卷的成品。他们的这种合作，每个人都向建筑事业贡献出他的（或她的）特殊天赋，在他们今后共同的专业生涯中一直坚持着。”[1]

这样的合作关系确实是太美妙了。客观地说，才情与匠意都是好的建筑师所需具备的。正如阿尔瓦·阿尔托（Alva Aalto, 1898—1976）所认为的诗意与匠意皆备才是好的建筑师。然而，在建筑师工作的高级阶段，尤其是理论研究层面，才情应该是比匠意更重要的素质。因此，我们可以理解梁思成日后完成的大业有哪些能够离开林徽因的思想呢？“梁思成与林徽因是不能分的”，这样的话已经有多人言及。但是以此我们应该认识到他们在建筑学术上的“不能分”，正如作家卞之琳所慨言林徽因“是她的丈夫建筑学和中国建筑史名家梁思成的同行，表面上不过主要是后者的得力协作者，实际却是他灵感的源泉”[2]。事实上林徽因起码是在与梁思成共享了在建筑方面的学术之同时，又独享了在诗、文、戏剧甚至是工艺美术方面的艺术创造者。因此，在总体上看，林徽因在创作和思想上对梁思成的影响应该是更大的。这应该是“才女”与“拙匠”的良性关系。

四、结语

1932年农历正月初一，时年28岁的林徽因在写给胡适的一封信中情绪激动地流露了她对自己事业和生活的心声：“我自己也到了相当年纪，也没有什么成就，眼看得机会愈少……现在身体也不好，家

1 费慰梅．梁思成与林徽因，一对探索中国建筑史的伴侣．曲莹璞，关超，等，译．北京：中国文联出版公司，1997.（Wilma Fairbank. Liang and Lin，Partners in Exploring China’s Architectural Past. Philadelphia：University of Pennsylvania Press，1994：113.）

2 卞之琳．窗子内外——忆林徽因 // 陈钟英，陈宇．中国现代作家选集：林徽因．北京：人民文学出版社，1992.

常的负担也繁重，真是怕从此平庸处世，做妻生仔的过一世！我禁不住伤心起来。”[1] 我很想知道，林徽因当时所希望自己的成就究竟是什么？然而我所能知道的是，在林徽因被人们不断传颂和谈论的今天，她对中国建筑学术的巨大贡献却依然难以被建筑界认可。虽然，林徽因可以作为一位诗人被我们来永远纪念，但是我们毕竟知道她真正终生为之奋斗的是中国建筑学术事业。我很疑惑也很惭愧，作为建筑师，我们今天拿什么来纪念她呢？似乎人们都有所感悟，如作为文学家的萧乾先生所言：“我不懂建筑学，但我隐约觉得徽因更大的贡献，也许是在这一方面，而且她是位真正的无名英雄！”[2]

林徽因为何在建筑界只能是“无名英雄”呢？这其中是否因为太多的世俗的缘故呢？她似乎总是在梁思成之后成就建筑学方面的头衔或者没有头衔；不论是在东北大学还是在营造学社，或是在后来的清华；当然她没有机会成为院士（即便她活到那时也未必能成）；她没有独立完成自己的建筑学术著作或是“科研项目”；她也没有正宗的建筑学的学位；她还是一个女人……。正是由于受到这种世俗的桎梏，而使得我们在她已脱离了这种世俗近 50 年之后的纪念之时，仍然难以对她有正确的评价，这不是我们建筑学术的可悲之处吗？

不过，我也想用一个世俗的角度来反驳这些“缘故”，那就是，梁思成选择建筑学作为他的赴美留学专业（也是他的终生专业）是因为林徽因[3]。尽管梁思成的个人秉性与能力应该导向对建筑的兴趣。

---

1 林徽因 . 致胡适，四 // 梁从诫 . 林徽因文集：文学卷 . 天津：百花文艺出版社，1998：321. 笔者注：该信应该和后一封信“致胡适，五”是同一天写的，即 1932 年农历正月初一。林徽因的落款（二十年正月一日）与曹讯先生的注（本信写于 1931 年农历正月一日）均有误。原因有二：一是此信写于徐志摩去世（1931 年 11 月 19 日）之后；一是此信中有：“下午写了一信，今附上寄呈，……”

2 萧乾 . 才女林徽因（代序）// 梁从诫 . 林徽因文集：文学卷 . 天津：百花文艺出版社，1998：3.

3 关于这一点，有多位人士的回忆文字中提及。我们最起码能证明的是林徽因在随父留英之时就已决定要以建筑学为其终身业。参见：王贵祥 . 林徽因先生在宾夕法尼亚大学 // 清华大学建筑学院 . 建筑师林徽因 . 北京：清华大学出版社，2004：197.

但是，在与林徽因的热恋之中受到一位具有“文学复兴色彩”的，并且比他更早了解西方建筑学术的情人之影响，想必是比任何其他动力都要强大的。

我们原本不应这般世俗地谈论“学术”问题，然而，这些“世俗”的确左右着我们。

如果不是因为林徽因的缘故，梁思成确有可能不选择建筑学的话，我们中国的建筑学术事业岂不是要失去一位大师了？尽管大师不是完全由个人的因素成就的，尽管历史是不能够以假设为基础的……

南京大学建筑与城市规划学院教授　赵辰

2004 年 10 月三稿

目录

1

论中国建筑之几个特征 *

中国建筑为东方最显著的独立系统，渊源深远，而演进程序简纯，历代继承，线索不紊，而基本结构上又绝未因受外来影响致激起复杂变化者。不止在东方三大系建筑之中，较其他两系——印度及阿拉伯（伊斯兰建筑）——享寿特长，通行地面特广，而艺术又独臻于最高成熟点。即在世界东西各建筑派系中，相较起来，也是个极特殊的直贯系统。大凡一例建筑，经过悠长的历史，多掺杂外来影响，而在结构、布置乃至外观上，常发生根本变化，或循地理推广迁移，因致渐改旧制，顿易材料外观，待达到全盛时期，则多已脱离原始胎形，另具格式。独有中国建筑经历极长久之时间，流布甚广大的地面，而在其最盛期

* 本文原载于1932年3月《中国营造学社汇刊》第三卷第一期，署名林徽音。

中或在其后代繁衍期中，诸重要建筑物，均始终不脱其原始面目，保存其固有主要结构部分及布置规模，虽则同时在艺术工程方面，又皆无可置议地进化至极高程度。更可异的是：产生这建筑的民族的历史却并不简单，且并不缺乏种种宗教上、思想上、政治组织上的叠出变化；更曾经多次与强盛的外族或在思想上和平的接触（如印度佛教之传入），或在实际利害关系上发生冲突战斗。

这结构简单、布置平整的中国建筑初形，会如此的泰然，享受几千年繁衍的直系子嗣，自成一个最特殊、最体面的建筑大族，实是一桩极值得研究的现象。

虽然，因为后代的中国建筑，即达到结构和艺术上极复杂精美的程度，外表上却仍呈现出一种单纯简朴的气象，一般人常误会中国建筑根本简陋无甚发展，较诸别系建筑低劣幼稚。

这种错误观念最初自然是起于西人对东方文化的粗忽观察，常做浮躁轻率的结论，以致影响到中国人自己对本国艺术发生极过当的怀疑乃至鄙薄。好在近来欧美迭出深刻的学者对于东方文化慎重研究，细心体会之后，见解已迥异从前，积渐彻底会悟中国美术之地位及其价值。但研究中国艺术尤其是对于建筑，比较是一种新近的趋势。外人论著关于中国建筑的，尚极少好的贡献，许多地方尚待我们建筑家今后急起直追，搜寻材料考据，做有价值的研究探讨，更正外人的许多隔膜和谬解处。

在原则上，一种好建筑必含有以下三要点：实用、坚固、美观。实用者：切合于当时当地人民生活习惯，适合于当地地理环境。坚固者：不违背其主要材料之合理的结构原则，在寻常环境之下，含有相当永久性的。美观者：具有合理的权衡（不是上重下轻巍然欲倾，上大下小势不能支；或孤耸高峙或细长突出等违背自然律的状态），要呈现稳重、舒适、自然的外表，更要诚实的呈露全部及部分的功用，不事掩饰、不矫揉造作、勉强堆砌。美观，也可以说，即是综合实用、坚稳，两点之自然结果。

中国建筑，不容疑义的，曾经包含以上三种要素。所谓曾经者，是因为在实用和坚固方面，因时代之变迁已有疑问。近代中国与欧西文化接触日深，生活习惯已完全与旧时不同，旧有建筑当然有许多跟着不适用了。在坚稳方面，因科学发达结果，关于非永久的木料，已有更满意的代替，对于构造亦有更经济精审的方法。以往建筑因人类生活状态时刻推移，致实用方面发生问题以后，仍然保留着它的纯粹美术的价值，是个不可否认的事实。和埃及的金字塔、希腊的帕特农神庙（Parthenon）一样，北京的坛、庙、宫、殿，是会永远继续着享受荣誉的，虽然它们本来实际的功用已经完全失掉。纯粹美术价值，虽然可以脱离实用方面而存在，它却绝对不能脱离坚稳合理的结构原则而独立的。因为美的权衡比例，美观上的多少特征，全是人的理智技巧，在物理的限制之下，合理地解决了结构上所发生的种种问题的自然结果。

人工制造和天然趋势调和至某程度，便是美术的基本，设施雕饰于必需的结构部分，是锦上添花；勉强结构纯为装饰部分，是画蛇添足，足为美术之玷。

中国建筑的美观方面，现时可以说，已被一般人无条件地承认了。但是这建筑的优点，绝不是在那浅显的色彩和雕饰，或特殊之式样上面，却是深藏在那基本的、产生这美观的结构原则里，以及中国人的绝对了解控制雕饰的原理上。我们如果要赞扬我们本国光荣的建筑艺术，则应该就它的结构原则和基本技艺设施方面稍事探讨；不宜只是一味的、不负责任的，用极抽象或肤浅的诗意美谀，披挂在任何外表形式上，学那英国绅士罗斯金（Ruskin）对哥特式（Gothic）建筑，起劲的唱些高调。

建筑艺术是个在极酷刻的物理限制之下，老实的创作。人类由使两根直柱架一根横楣，而能稳立在地平上起，至建成重楼层塔一类作品，其间辛苦艰难的展进，一部分是工程科学的进境，一部分是美术思想的活动和增富。这两方面是在建筑进步的一个总题之下，同行并进的。虽然美术思想这边，常常背叛他们的共同目标——创造好建筑——脱逾常轨，尽它弄巧的能事，引诱工程方面牺牲结构上的诚实原则，来将就外表取巧的地方。在这种情形之下时，建筑本身常被连累，损伤了真的价值。在中国各代建筑之中，也有许多这样的证例，所以在中国一系列建筑之中的精品，也是极罕有难得的。

大凡一派美术都分有创造，试验、成熟、抄袭、繁衍、堕落诸期，建筑也是一样。初期作品创造力特强，含有试验性。至试验成功，成绩满意，达尽善尽美程度，则进到完全成熟期。成熟之后，必有相当时期因承相袭，不敢也不能逾越已有的则例；这期间常常是发生订定则例章程的时候。再来便是在琐节上增繁加富，以避免单调，冀求变换，这便是美术活动越出目标时。这时期始而繁衍，继则堕落，失掉原始骨干精神，变成无意义的形式。堕落之后，继起的新样便是第二潮流的革命元勋。第二潮流有鉴于以往作品的优劣，再研究探讨第一代的精华所在，便是考据学问之所以产生。

中国建筑的经过，用我们现有的、极有限的材料做参考，已经可以略略看出各时期的起落兴衰。我们现在也已走到应做考察研究的时代了。在这有限的各朝代建筑遗物里，很可以观察、探讨其结构和式样的特征，来标证那时代建筑的精神和技艺，是兴废还是优劣。但此节非等将中国建筑基本原则分析以后，是不能有所讨论的。

在分析结构之前，先要明了的是主要建筑材料，因为材料要根本影响其结构法的。中国的主要建筑材料为木，次加砖石瓦之混用。外表上一座中国式建筑物，可明显地分作三大部：台基部分、柱梁部分和屋顶部分。台基是砖石混用。由柱脚至梁上结构部分，直接承托屋顶者则全是木造。屋顶除少数用茅茨、竹片、泥砖之外，自然全是用瓦。而这三部分——台基、柱梁、屋顶——可以说是我们建筑最初胎形的基本要素。

《易经》里“上古穴居而野处，后世圣人易之以宫室，上栋下宇，以待风雨”。还有《史记》里“尧之有天下也，堂高三尺……”可见这“栋”“宇”以及“堂”（基）在最古建筑里便占定了它们的部分势力。自然最后经过繁重发达的是“栋”——那木造的全部，所以我们也要特别注意。

木造结构，我们所用的原则是“架构制”（Framing System），如图1-1。在四根垂直柱的上端，用两横梁、两横枋周围牵制成一“间架”（梁与枋根本为同样材料，梁较枋可略壮大。在“间”之左右称柁或梁，在“间”之前后称枋）。再在两梁之上筑起层叠的梁架以支横桁，桁通一“间”之左右两端，从梁架顶上“脊瓜柱”上次第降下至前枋上为止。桁上钉椽，并排栉比，以承瓦板，这是“架构制”骨干的最简单的说法。总之“架构制”之最负责要素是：一是那几根支重的垂直立柱；二是使这些立柱互相发生联络关系的梁与枋；三是横梁以上的构造：梁架、横桁、木椽及其他附属木造，完全用以支承屋顶的部分。

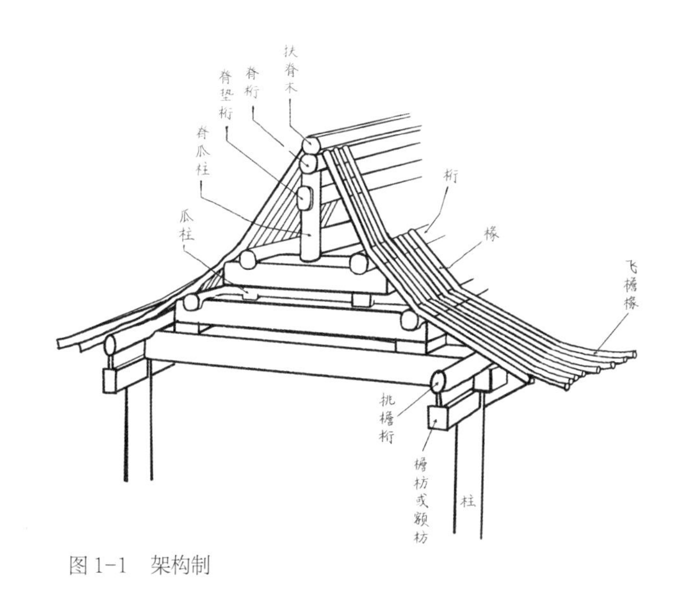

图1-1　架构制

“间”在平面上是一个建筑的最低单位。普通建筑全是多间的且为单数。有“中间”或“明间”“次间”“稍间”“套间”等称。

中国的“架构制”和别种制度（如哥特式之“砌拱制”，或西欧最普通之古典派“垒石”建筑）之最大分别：首先在支重部分之完全倚赖立柱，使墙的部分不负结构上重责，只同门窗隔屏等，尽相似的义务——间隔房间，分划内外而已；其次立柱始终保守木质，不似古希腊之迅速代之以垒石柱，且增加负重墙（Bearing wall）致脱离“架构”而成“垒石”制。

这架构制的特征影响至其外表式样的，有以下最明显的几点：一是高度无形地受限制，绝不出木材可能的范围；二是即极庄严的建筑，也是呈现绝对玲珑的外表，结构上既绝不需要坚厚的负重墙，除非故意为表现雄伟的时候，酌量增用外（如城楼等建筑），任何大建均不需墙壁堵塞部分；三是门窗部分可以不受限制，柱与柱之间可以完全安装透光线的细木作——门屏窗牖之类。实际方面，即在玻璃未发明以前，室内已有极充分光线。北方因气候关系，墙多于窗，南方则反是，可伸缩自如。

这不过是这结构的基本方面，自然的特征。还有许多完全是经过特别的美术活动，而成功的超等特色，使中国建筑占极高的美术位置的，而同时也是中国建筑之精神所在。这些特色最主要的便是屋顶、台基、斗栱、色彩和均称的平面布置。

屋顶本是建筑上最实际必需的部分，中国则自古，不殚烦难地，使之尽善尽美，使切合于实际需求之外，又特具一种美术风格。屋顶最初即不止为屋之顶，因雨水和日光的切要实题，早就扩张出檐的部分。使檐凸出并非难事，但是檐深则低，低则阻碍光线，且雨水顺势急流，檐下溅水问题因之发生。为解决这个问题，我们发明飞檐，用双层瓦檐，使檐沿稍翻上去，微成曲线。又因美观关系，使屋角之檐加甚其仰翻曲度。这种前边成曲线、四角翘起的“飞檐”，在结构上有极自然又合理的布置，几乎可以说它便是结构法所促成的。

如何是结构法所促成的呢？简单说：例如“庑殿”式的屋瓦，共有四坡五脊。正脊寻常称房脊，它的骨架是脊桁。那四根斜脊，称垂脊，它们的骨架是从脊桁斜角，下伸至檐桁上的部分，称由戗及角梁。桁上所钉并排的椽子虽像全是平行的，但因偏左右的几根又要同这“角梁平行”，所以椽的部位，乃由真平行而渐斜，像裙裾的开展。

角梁是方的，椽为圆径（有双层时上层便是方的，角梁双层时则仍全是方的）。角梁的木材大小几乎倍于椽子，到椽与角梁并排时，两个的高下不同，以致不能在它们上面铺钉平板，故此必须将椽依次地抬高，令其上皮同角梁上皮平，在抬高的几根椽子底下填补一片三角形的木板，称“枕头木”，如图 1–2。

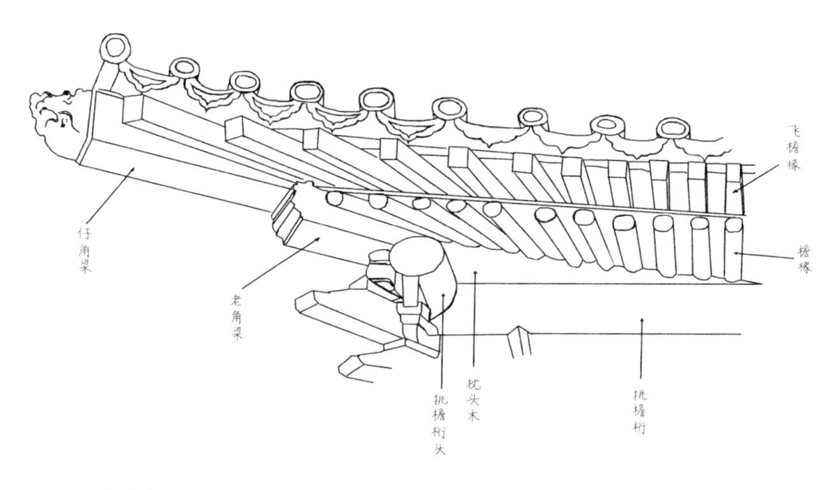

图 1–2　枕头木

这个曲线在结构上几乎不可信的简单和自然，而同时在美观方面不知增加多少神韵。飞檐的美，绝用不着考据家来指点的。不过注意那过当和极端的倾向常将本来自然合理的结构变成取巧与复杂。这过当的倾向，外表上自然也呈出脆弱、虚张的弱点，不为审美者所取，但一般人常以为愈巧愈繁必是愈美，无形中多鼓励这种倾向。南方手艺灵活的地方，过甚的飞檐便是这种例证。外观上虽是浪漫的姿态，容易引诱赞美，但到底不及北方的庄重恰当，合于审美的最真纯条件。

屋顶曲线不止限于挑檐，即瓦坡的全部也不是一片直坡倾斜下来，屋顶坡的斜度是越往上越增加，如图 1–3。

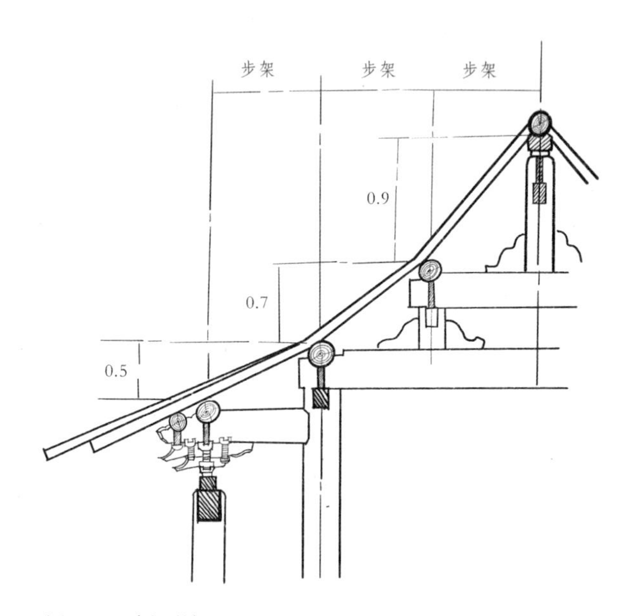

图 1–3　步梁举架图

这斜度之由来是依着梁架叠层的加高，这制度称作“举架法”。这举架的原则极其明显，举架的定例也极其简单，只是叠次将梁架上的瓜柱增高，尤其是要脊瓜柱特别高。

使檐沿作仰翻曲度的方法，再增加第二层檐椽，这层檐甚短，只驮在头檐椽上面，再出挑一节。这样则檐的出挑虽加远，而不低下阻蔽光线。

总的说起来，历来被视为极特异神秘之屋顶曲线，并没有什么超出结构原则和不自然造作之处，同时在美观实用方面均是非常的成功。这屋顶坡的全部曲线，上部巍然高举，檐部如翼轻展，使本来极无趣、极笨拙的屋顶部，一跃而成为整个建筑的美丽冠冕。

在“周礼”里发现有“上欲尊而宇欲卑，上尊而宇卑，则吐水，疾而霤远”之句。这句可谓明晰地写出实际方面之功效。

既讲到屋顶，我们当然还是注意到屋瓦上的种种装饰物。上面已说过，雕饰必是设施于结构部分才有价值，那么我们屋瓦上的脊瓦吻兽又是如何？

脊瓦可以说是两坡相联处的脊缝上一种镶边的办法，当然也有过当复杂的，但是诚实地来装饰一个结构部分，而不肯勉强地来掩饰一个结构枢纽或关节，是中国建筑最长之处。

瓦上的脊吻和走兽，无疑的，本来也是结构上的部分。现时的龙头形“正吻”（古称“鸱尾”），最初必是总管“扶脊木”和脊桁等部分的一块木质关键。这木质关键凸出脊上，略作鸟形，后来略加点缀竟然刻成鸱鸟之尾，也是很自然的变化。其所以为鸱尾者还带有一点象征意义，因有传说鸱鸟能吐水，拿它放在瓦脊上可制火灾。

走兽最初必为一种大木钉，通过垂脊之瓦，至“由戗”及“角梁”上，以防止斜脊上面瓦片的溜下，唐时已变成两座“宝珠”在今之“戗兽”及“仙人”地位上。后代鸱尾变成“龙吻”，宝珠变成“戗兽”及“仙人”，尚加增“戗兽”“仙人”之间一列“走兽”，也不过是雕饰上变化而已。

并且垂脊上戗兽较大，结束“由戗”一段，底下一列走兽装饰在角梁上面，显露基本结构上的节段，亦甚自然合理。

南方屋瓦上多加增极复杂的花样，完全脱离结构上任务，纯粹地显示技巧，甚属无聊，不足称扬。

外国人因为中国人屋顶之特殊形式，迥异于欧西各系，早多注意及之。论说纷纷，妙想天开。有说中国屋顶乃根据游牧时代帐幕者，有说象形蔽天之松枝者，有目中国飞檐为怪诞者，有谓中国建筑类儿戏者，有的全由走兽龙头方面，无谓的探讨意义，几乎不值得在此费时反证。总之这种曲线屋顶已经从结构上分析了，又从雕饰设施原则上审察了，而其美观实用方面又显著明晰，不容否认。我们结论实可以简单地承认它艺术上的大成功。

中国建筑的第二个显著特征，并且与屋顶有密切关系的，便是“斗栱”部分。最初檐承于椽，椽承于檐桁，桁则架于梁端。此梁端即是由梁架延长，伸出柱的外边。但高大的建筑物出檐既深，单指梁端支持，势必不胜，结果必产生重叠的木“翘”支于梁端之下。但单借木翘不够担全檐沿的重量，尤其是建筑物愈大，两柱间之距离也愈远，所以又生左右岔出的横“栱”来接受檐桁。这前后的木翘、左右的横栱，结合而成的“斗栱”全部（在栱或翘昂的两端和相交处，介于上下两层栱或翘之间的斗形木块称“斗”）。“昂”最初为又一种之翘，后部斜伸出斗栱后用以支“金桁”。如图 1-4。

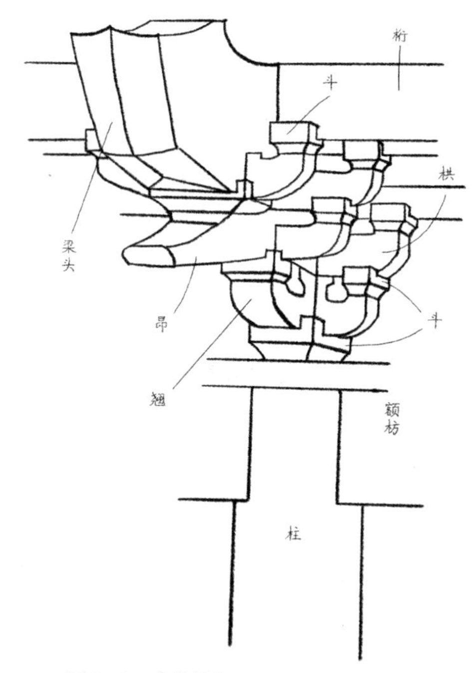

图 1-4　斗栱部分

斗栱是柱与屋顶的过渡部分，使支出的房檐的重量渐次集中下来直到柱的上面。斗栱的演化，每是技巧上的进步，但是后代斗栱（约略从宋元以后），便变化到非常复杂，在结构上已有过当的部分，部位上也有改变。本来斗栱只限于柱的上面（今称柱头斗），后来为外观关系，又增加一攒所谓“平身科”者，在柱与柱之间。明清建筑上平身科加增到六七攒，排成一列，完全成为装饰品，失去本来功用。“昂”之后部功用亦废除，只余前部形式而已。

不过当复杂的斗栱，的确是柱与檐之间最恰当的关节，集中横展的屋檐重量，到垂直的立柱上面，同时变成檐下的一种点缀，可做结构本身变成装饰部分的最好条例。可惜后代的建筑多减轻斗栱的结构上重要，使之几乎纯为奢侈的装饰品，令中国建筑失却一个优越的中坚要素。

斗栱的演进式样和结构限于篇幅不能再仔细述说，只能就它的极基本原则上在此指出它的重要及优点。

斗栱以下的最重要部分，自然是柱，及柱与柱之间的细巧的木作。魁伟的圆柱和细致的木刻门窗对照，又是一种艺术上的满意之点。不止如此，因为木料不能经久的原始缘故，中国建筑又发生了色彩的特征。涂漆在木料的结构上为的是：首先保存木质抵制风日雨水；其次可牢结各处接合关节；最后加增色彩的特征，这又是兼收美观实际上的好处，不能单以色彩作奇特繁华之表现。彩绘的设施在中国建筑上，非常之慎重，部位多限于檐下结构部分，在阴影掩映之中。主要彩色亦为“冷色”，如青蓝碧绿，有时略加金点。其他檐以下的大部分颜色则纯为赤红，与檐下彩绘正成反照。中国人的操纵色彩可谓轻重得当。设使滥用彩色于建筑全部，使上下耀目辉煌，必成野蛮现象，失掉所有庄严和调谐，别系建筑颇有犯此忌者，更可见中国人有超等美术见解。

至彩色琉璃瓦产生之后，连黯淡无光的青瓦，都成为片片堂皇的黄金碧玉，这又是中国建筑的大光荣，不过滥用杂色瓦，也是一种危险，幸免这种引诱，也是我们可骄傲之处。

还有一个最基本结构部分——台基——虽然没有特别可议论称扬之处，不过在全个建筑上看来，有如许壮伟巍峨的屋顶，如果没有特别舒展或多层的基座托衬，必显出上重下轻之势，所以既有那特种的屋顶，则必须有这相当的基座。架构建筑本身轻于垒砌建筑，中国又少有多层楼阁，基础结构颇为简陋。大建筑的基座加有相当的石刻花纹，这种花纹的分配似乎是根据原始木质台基而成，积渐施之于石。与台基连带的有石栏、石阶、辇道的附属部分，都是各有各的功用而同时又都是极美的点缀品。

最后的一点关于中国建筑特征的，自然是它的特种的平面布置。平面布置上最特殊处是绝对本着均衡相称的原则，左右均分地对峙。这种分配倒并不是由于结构，主要原因是起于原始的宗教思想和形式、社会组织制度、人民习俗，后来又因喜欢守旧仿古，多承袭传统的惯例。结果均衡相称的原则变成中国特有的一个固执嗜好。

例外于均衡布置建筑，也有许多。因庄严沉闷的布置，致激起故意浪漫的变化；此类若园庭、别墅、宫苑楼阁者是平面上极其曲折变幻，与对称的布置正相反其性质。中国建筑有此两种极端相反布置，这两种庄严和浪漫平面之间，也颇有混合变化的实例，供给许多有趣的研究，可以打消西人浮躁的结论，谓中国建筑布置上是完全的单调而且缺乏趣味。但是画廊亭阁的曲折纤巧，也得有相当的限制。过于勉强取巧的人工虽可令寻常人惊叹观止，却是审美者所最鄙薄的。

在这里我们要提出中国建筑上的几个弱点。首先中国的匠师对木料，尤其是梁，往往用得太费。他们显然不明了横梁载重的力量只与梁高成正比例，而与梁宽的关系较小。所以梁的宽度，由近代的工程眼光看来，往往嫌其太过。同时匠师对于梁的尺寸，因没有计算木力的方法，不得不尽量的放大，用极大的安全系数（Factor of safety），以保安全，结果是材料的大靡费。其次他们虽知道三角形是唯一不变动的几何形，但对于这原则极少应用。所以中国的屋架，经过不十分长久的岁月，便有倾斜的危险。我们在北平街上，到处可以看见这种倾斜而用砖墙或木桩支撑的房子。不唯如此，这三角形原则之不应用，也是屋梁费料的一个大原因，因为若能应用此原则，梁就可用较小的木料。最后地基太浅是中国建筑的大病。普通则例规定是台明高之一半，下面再垫上几点灰土。这种做法很不彻底，尤其是在北方，地基若不刨到结冰线（Frost Line）以下，建筑物的坚实方面，因地的冻冰，一定要发生问题。好在这几个缺点，在新建筑师的手里，并不成难题。我们只怕不了解，了解之后，要去避免或纠正是很容易的。

结构上的细部枢纽，在西洋诸系中，时常成为被憎恶部分。建筑家不惜费尽心思来掩蔽它们。大者如屋顶用女儿墙来遮掩，如梁架内部结构全部藏入顶棚之内；小者如钉、如合叶，莫不全是要掩藏的细部。独有中国建筑敢袒露所有结构部分，毫无畏缩遮掩的习惯，大者如梁、如椽、如梁头、如屋脊，小者如钉、如合叶、如箍头、莫不全数呈露外部，或略加雕饰，或布置成纹，使转成一种点缀。几乎全部结构各成美术上的贡献。这个特征在历史上，除西方哥特式建筑外，唯有中国建筑有此优点。

现在我们方在起始研究，将来若能将中国建筑的源流变化悉数考察无遗，那时优劣诸点极明了地陈列出来，当更可以慎重讨论，做将来中国建筑趋途的指导。省得一般建筑家，不是完全遗弃这以往的制度，则是追随西人之后，盲目抄袭中国宫殿，做无意义的尝试。

关于中国建筑之将来，更有特别可注意的一点：我们架构制的原则适巧和现代"洋灰铁筋架"或"钢架"建筑同一道理；以立柱横梁牵制成架为基本。现代欧洲建筑为现代生活所驱，已断然取革命态度，尽量利用近代科学材料，另具方法形式，而迎合近代生活之需求。若工厂、学校、医院及其他公共建筑等为需要日光便利，已不能仿取古典派之垒砌制，致多墙壁而少窗牖。中国架构制既与现代方法恰巧同一原则，将来只需变更建筑材料，主要结构部分则均可不有过激变动，而同时因材料之可能，更作新的发展，必有极满意的新建筑产生。

2

平郊建筑杂录 *

北平四郊近二三百年间建筑遗物极多，偶尔效游，触目都是饶有趣味的古建。其中辽、金、元古物虽然也有，但是大部分还是明清的遗构；有的是显赫的“名胜”，有的是消沉的“痕迹”；有的按期受成群的世界游历团的赞扬，有的只偶尔受诗人们的凭吊或画家的欣赏。

这些美的存在，在建筑审美者的眼里，都能引起特异的感觉，在“诗意”和“画意”之外，还使他感到一种“建筑意”的愉快。这也许是个狂妄的说法——但是，什么叫作“建筑意”？我们很可以找出一个比较近理的定义或解释来。

* 本文原载于 1932 年 11 月《中国营造学社汇刊》第三卷第四期，署名梁思成、林徽音。但据赵辰教授论证，本文实际主要为林徽因创作，“梁思成可以作为林徽因建筑思想的忠实支持者”（详见本书代序），故将本文收入。另外，原文附有若干照片，因年代久远，质量欠佳，故本书未刊出。——编者注。

顽石会不会点头，我们不敢有所争辩，那问题怕要牵涉到物理学家，但经过大匠之手艺，年代之磋磨，有一些石头的确是会蕴含生气的。天然的材料经人的聪明建造，再受时间的洗礼，成美术与历史地理之和，使它不能不引起赏鉴者一种特殊的性灵的融会，神志的感触，这话或者可以算是说得通。

无论哪一个巍峨的古城楼，或一角倾颓的殿基的灵魂里，无形中都在诉说，乃至于歌唱，时间上漫不可信的变迁；由温雅的儿女佳话，到流血成渠的杀戮。他们所给的"意"的确是"诗"与"画"的。但是建筑师要郑重地声明，那里面还有超出这"诗""画"以外的"意"存在。眼睛在接触人的智力和生活所产生的一个结构，在光影恰恰可人中，和谐的轮廓，披着风露所赐予的层层生动的色彩；潜意识里更有"眼看他起高楼，眼看他楼塌了"凭吊与兴衰的感慨；偶然更发现一片，只要一片，极精致的雕纹，一位不知名匠师的手笔，请问那时锐感，即不叫它作"建筑意"，我们也得要临时给它制造个同样狂妄的名词，是不？

建筑审美可不能势利的。大名显赫，尤其是有乾隆御笔碑石来赞扬的，并不一定便是宝贝；不见经传，湮没在人迹罕至的乱草中间的，更不一定不是一位无名英雄。以貌取人或者不可，"以貌取建"却是个好态度。北平近郊可经人以貌取舍的古建筑实不在少数。摄影图录之后，或考证它的来历，或由村老传说中推测他的过往——可以成一个建筑师为古物打抱不平的事业和比较有意思的夏假消遣。而他的报酬便是那无穷的建筑意的收获。

一、卧佛寺的平面

说起受帝国主义的压迫，再没有比卧佛寺委屈的了。卧佛寺的住持智宽和尚，前年偶同我们谈天，用"叹息痛恨于桓灵"的口气告诉我，他的先师老和尚，如何如何地与青年会订了合同，以每年100元的租金，把寺的大部分租借了20年，如同胶州湾（即《胶澳租界条约》），辽东半岛（即《马关条约》）的条约一样。

其实这都怪那佛一觉睡几百年不醒，到了这危难的关头，还不起来给老和尚当头棒喝，使他早早觉悟，组织个佛教青年会西山消夏团。虽未必可使佛法感化了摩登青年，至少可借以繁荣了寿安山……不错，那山叫寿安山……又何至等到今年五台山些少的补助，才能修葺开始残破的庙宇呢！

我们也不必怪老和尚，也不必怪青年会……其实还应该感谢青年会。要是没有青年会，今天有几个人会知道卧佛寺那样一个山窝子里的去处。在北方——尤其是北平——上学的人，大半都到过卧佛寺。一到夏天，各地学生们，男的、女的，谁不愿意来消消夏，爬山、游水、骑驴，多么优哉游哉。据说每年夏令会总成全了许多爱人们的心愿，想不到睡觉的释迦牟尼，还能在梦中代行月下老人的职务，也真是佛法无边了。

从玉泉山到香山的马路，快近北辛村的地方，有条岔路忽然转北上坡的，正是引导你到卧佛寺的大道。寺是向南，一带山屏障似的围住寺的北面，所以寺后有一部分渐高，一直上了山脚。在最前面，迎着来人的，是寺的第一道牌楼，那还在一条柏荫夹道的前头。当初这牌楼是什么模样，我们大概还能想象，前人做的事虽不一定都比我们强，却是关于这牌楼大概无论如何他们要比我们大方得多。现有的这座只说他不顺眼已算十分客气，不知哪一位和尚化来的酸缘，在破碎的基上，竖了四根小柱子，上面横钉了几块板，就叫它作牌楼。这算是经济萎衰的直接表现，还是宗教力渐弱的间接表现？一时我还不能答复。

顺着两行古柏的马道上去，骤然间到了上边，才看见另外的鲜明的一座琉璃牌楼在眼前。汉白玉的须弥座，三个汉白玉的圆门洞，黄绿琉璃的柱子，横额、斗栱、檐瓦。如果你相信一个建筑师的自言自语，“那是乾嘉间的做法”。至于《日下旧闻考》所记寺前为门的如来宝塔，却已不知去向了。

琉璃牌楼之内，有一道白石桥，由半月形的小池上过去。池的北面和桥的旁边，都有精致的石栏杆，现在只余北面一半，南面的已改成洋灰抹砖栏杆。这也据说是“放生池”，里面的鱼，都是“放”的。佛寺前的池，本是佛寺的一部分，用不着我们小题大作地讲。但是池上有桥，现在虽处处可见，但它的来由却不见得十分古远。在许多寺池上，没有桥的却较占多数。至于池的半月形，也是个较近的做法，古代的池大半都是方的。池的用途多是放生、养鱼。但是刘士能先生告诉我们南京附近有一处律宗的寺，利用山中溪水为月牙池，和尚们每斋都跪在池边吃，风雪无阻，吃完在池中洗碗。幸而卧佛寺的和尚们并不如律宗的苦行，不然放生池不唯不能放生，怕还要变成脏水坑了。

与桥正相对的是山门。山门之外，左右两旁，是钟鼓楼，从前已很破烂，今年忽然大大地修整起来。连角梁下失去的铜铎，也用21号的白铅铁焊上，油上红绿颜色，如同东安市场的国货玩具一样的鲜明。

山门平时是不开的，走路的人都从山门旁边的门道进入。入门之后，迎面是一座天王殿，里面供的是四天王——就是四大金刚——东西稍间各两位对面侍立，明间面南的是光肚笑嘻嘻的阿弥陀佛，面北合十站着的是韦驮。

再进去是正殿，前面是月台，月台上（在秋收的时候）铺着金黄色的老玉米，像是专替旧殿着色。正殿五间，供三位喇嘛式的佛像。据说正殿本来也有卧佛一躯，雍正还看见过，是旃檀佛像，唐太宗贞观年间的东西。却是到了乾隆年间，这位佛大概睡醒了，不知何时上哪儿去了。只剩了后殿那一位，一直睡到如今，还没有醒。

从前面牌楼一直到后殿，都是建立在一条中线上的。这个在寺的平面上并不算稀奇，罕异的却是由山门之左右，有游廊向东西，再折而向北，其间虽有方丈客室和正殿的东西配殿，但是一气连接，直到最后面又折而东西，回到后殿左右。这一周的廊，东西（连山门和后殿算上）十九间，南北（连方丈配殿算上）四十间，成一个大长方形。中间虽立着天王殿和正殿，却不像普通的庙殿，将全寺用“四合头”式前后分成几进，这是少有的。在这点上，本刊(《中国营造学社汇刊》)上期刘士能先生在智化寺调查记中说：“唐宋以来有伽蓝七堂之称。唯各宗略有异同，而同在一宗，复因地域环境，互相增省……”现在卧佛寺中院，除去最后的后殿外，前面各堂为数适七，虽不敢说这是七堂之例，但可借此略窥制度耳（图 2–1）。

这种平面布置，在唐宋时代很是平常，敦煌画壁里的伽蓝都是如此布置，在日本各地也有飞鸟、平安时代这种的遗例。在北平一带(别处如何未得详究),却只剩这一处唐式平面了。所以人人熟识的卧佛寺，经过许多人用帆布床“卧”过的卧佛寺游廊，是还有一点新的理由，值得游人将来重加注意的。

卧佛寺各部殿宇的立面（外观）和断面（内部结构）却都是清式中极规矩的结构，用不着细讲。至于殿前伟丽的娑罗宝树和树下消夏的青年们所给与你的是什么复杂的感觉，那是各人的人生观问题，建筑师可以不必参加意见。事实极明显的，如东院几进宜于消夏乘凉，西院的观音堂总有人租住，堂前的方池——旧籍中无数记录的方池——现在已成了游泳池，更不必赘述或加任何的注解。

“凝神映性”的池水，用来作锻炼身体之用，在青年会道德观之下，自成道理——没有康健的身体，焉能有康健的精神？——或许！或许！但怕池中的微生物杂菌不甚懂事。

池的四周原有精美的白石栏杆，已拆下叠成台阶，做游人下池的路。不知趣的、容易伤感的建筑师，看了又一阵心酸。其实这不算稀奇，中世纪的教皇们不是把古罗马时代的庙宇当石矿用，采取那石头去修“上帝的房子”吗？这台阶——栏杆——或也不过是将原来离经叛道“崇拜偶像者”的迷信废物，拿去为上帝人道尽义务。“保存古物”，在许多人听去当是一句迂腐的废话。“这年头！这年头！”每个时代都有些人在没奈何时，喊着这句话出出气。

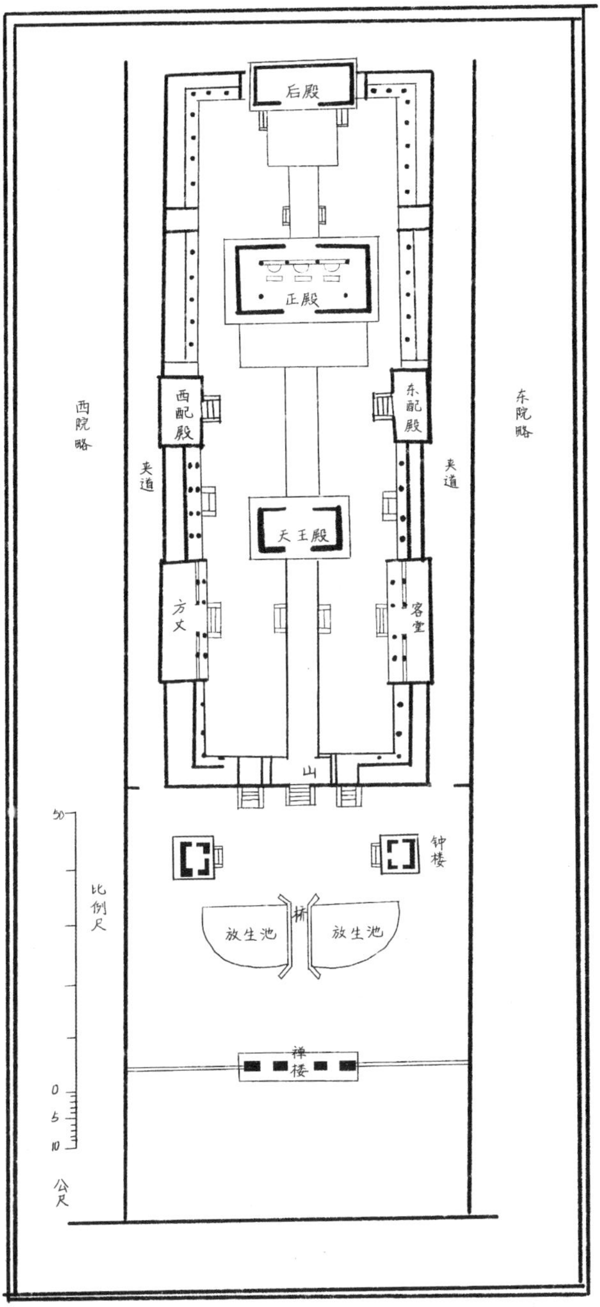

图 2-1　卧佛寺中院平面略写图

二、法海寺门与原先的居庸关

法海寺在香山之南，香山通八大处马路的西边不远。一个很小的山寺，谁也不会上那里去游览的。寺的本身在山坡上，寺门却在寺前一里多远山坡底下。坐汽车走过那一带的人，怕绝对不会看见法海寺门一类无关轻重的东西的。骑驴或走路的人，也很难得注意到在山谷碎石堆里那一点小建筑物。尤其是由远处看，它的颜色和背景非常相似。因此看见过法海寺门的人我敢相信一定不多。

特别留意到这寺门的人，却必定有。因为这寺门的形式是与寻常的极不相同：有圆拱门洞的城楼模样，上边却顶着一座喇嘛式的塔——一个缩小的北海白塔。这奇特的形式，不是中国建筑里所常见。

这圆拱门洞是石砌的。东面门额上题着“敕赐法海禅寺”，旁边陪着一行“顺治十七年夏月吉日”的小字。西面额上题着三种文字，其中看得懂的中文是“唵巴得摩乌室尼渴华麻列吽敍吒”，其他两种或是满蒙各占其一个。走路到这门下，疲乏之余，读完这一行题字也就觉得轻松许多！

门洞里还有隐约的画壁，顶上一部分居然还勉强剩出一点颜色来。由门洞西望，不远便是一座石桥，微拱地架过一道山沟，接着一条山道直通到山坡上寺的本身。

门上那座塔的平面略似十字形而较复杂。立面分多层，中间束腰石色较白，刻着生猛的浮雕狮子。在束腰上枋以上，各层重叠像阶级，每级每面有三尊佛像。每尊佛像带着背光，成一浮雕薄片，周围有极精致的琉璃边框。像脸不带色釉，眉目口鼻均伶俐秀美，全脸大不及寸余。座上便是塔的圆肚，塔肚四面四个浅龛，中间坐着浮雕造像，刻工甚俊。龛边亦有细刻。更上是相轮（或称刹），刹座刻作莲瓣，外廓微作盆形，底下还有小方十字座。最顶尖上有仰月的教徽。仰月徽去夏还完好，今秋已掉下。据乡人说是八月间大风雨吹掉的，这塔的破坏于是又进了一步。

这座小小带塔的寺门，除门洞上面一围砖栏杆外，完全是石造的。这在中国又是个少有的例。现在塔座上斜长着一棵古劲的柏树，为塔门增了不少的苍姿，更像是做它的年代的保证。为塔门保存计，这种古树似要移去的。怜惜古建的人到了这里真是彷徨不知所措；好在在古物保存如许不周到的中国，这忧虑未免神经过敏！

法海寺门特点却并不在上述诸点，石造及其年代，等等，主要的却是它的式样与原先的居庸关相类似。从前居庸关上本有一座塔的，但因倾颓已久，无从考其形状。不想在平郊竟有这样一个发现。虽然在《日下旧闻考》里法海寺只占了两行不重要的位置，一句轻淡的“门上有小塔”，在研究居庸关原状的立脚点看来，却要算个重要的材料了。

三、杏子口的三个石佛龛

由八大处向香山走，出来不过三四里，马路便由一处山口里开过。在山口路转第一个大弯，向下直趋的地方，马路旁边，微偻的山坡上，有两座小小的石亭。其实也无所谓石亭，简直就是两座小石佛龛。两座石龛的大小稍稍不同，而它们的背面却同是不客气的向着马路。因为他们的前面全是向南，朝着另一个山口——那原来的杏子口。

在没有马路的时代，这地方才不愧称作山口。在深入三四十尺的山沟中，一道唯一的蜿蜒险狭的出路；两旁对峙着两堆山，一出口则豁然开朗一片平原田壤，海似的平铺着，远处浮出同孤岛一般的玉泉山，托住山塔。这杏子口的确有小规模的“一夫当关，万夫莫敌”的特异形势。两石佛龛既据住北坡的顶上，对面南坡上也立着一座北向的、相似的石龛，朝着这山口。由石峡底下的杏子口往上看，这三座石龛分峙两崖，虽然很小，却顶着一种超然的庄严，镶在碧澄澄的天空里，给辛苦的行人一种神异的快感和美感。

现时的马路是在北坡两龛背后绕着过去，直趋下山。因其逼近两龛，所以驰车过此地的人，绝对要看到这两个特别的石亭子的。但是同时因为这山路危趋的形势，无论是由香山西行，还是从八大处东去，谁都不愿冒险停住快驶的汽车去细看这么几个石佛龛子。于是多数的过路车客，全都遏制住好奇爱古的心，冲过去便算了。

假若作者是个细看过这石龛的人，那是因为他是例外，遏止不住他的好奇爱古的心，在冲过便算了不知多少次以后发誓要停下来看一次的。那一次也就不算过路，却是带着照像机去专诚拜谒；且将车驶过那危险的山路停下，又步行到龛前后去瞻仰丰采的。

在龛前，高高的往下望着那刻着几百年车辙的杏子口石路，看一个小泥人大小的农人挑着担过去，又一个带朵鬓花的老婆子，夹着黄色包袱，弯着背慢慢地踱过来，才能明白这三座石龛本来的使命。如果这石龛能够说话，它们或不能告诉得完它们所看过经过杏子口底下的图画——那时一串骆驼正在一个跟着一个地，穿出杏子口转下一个斜坡。

北坡上这两座佛龛是并立在一个小台基上的，它们的结构都是由几片青石片合成——每面墙是一整片，南面有门洞，屋顶每层檐一片。西边那座龛较大，平面约 1 米余见方，高约 2 米。重檐，上层檐四角微微翘起，值得注意。东面墙上有历代的刻字，跑着的马、人脸的正面，等等。其中有几个年月人名，较古的有“承安五年四月廿三日到此”和“至元九年六月十五日□□□[1]贾智记”。承安是金章宗年号，五年是 1200 年。至元九年是元世祖的年号，元顺帝的至元到六年就改元了，所以是 1272 年。这小小的佛龛，至迟也是金代遗物，居然在杏子口受了七百多年以上的风雨，依然存在。当时巍然顶在杏子口北崖上的神气，现在被煞风景的马路贬到盘坐路旁的谦抑；但它们的老

1 原稿无法辨认。——编者注。

资格却并不因此减损，那种倚老卖老的倔强，差不多是傲慢冥顽了。西面墙上有古拙的画——佛像和马——那佛像的样子，骤看竟像美洲土人的 Totem–Pole（图腾柱）。

龛内有一尊无头趺坐的佛像，虽像身已裂，但是流利的衣褶纹，还有“南宋期”的遗风。

台基上东边的一座较小，只有单檐，墙上也没字画。龛内有小小无头像一躯，大概是清代补做的。这两座都有苍绿的颜色。

台基前面有宽 2 米长 4 米余的月台，上面的面积勉强可以叩拜佛像。

南崖上只有一座佛龛，大小与北崖上小的那座一样。三面做墙的石片，已成纯厚的深黄色，像纯美的烟叶，西面刻着双钩的“南”字，南面“无”字，东面“佛”字，都是径约 8 分米。北面开门，里面的佛像已经失了。

这三座小龛，虽不能说是真正的建筑遗物，也可以说是与建筑有关的小品。不止诗意画意都很充足，“建筑意”更是丰富，实在值得停车一览。至于走下山坡到原来的杏子口里往上真真瞻仰这三龛本来庄严峻立的形势，更是值得。

关于北平掌故的书里，还未曾发现有关于这三座石佛龛的记载。好在对于它们年代的审定，因有墙上的刻字，已没有什么难题。所可惜的是它们渺茫的历史无从参考出来，为我们的研究增些趣味。

3

闲谈关于古代建筑的一点消息 *
（附梁思成君通信四则）

在这整个民族和他的文化，均在挣扎着他们垂危的运命的时候，凭你有多少关于古代艺术的消息，你只感觉到说不出的难受！艺术是未曾脱离过一个活泼的民族而存在的；一个民族衰败湮没，他们的艺术也就跟着消沉僵死。知道一个民族在过去的时代里，曾有过丰富的成绩，并不保证他们现在仍然在活跃繁荣的。

但是反过来说，如果我们到了连祖宗传留下来的家产都没有能力清理或保护，乃至于让家里的至宝毁坏散失，或竟拿到旧货摊上去变卖，这现象却又恰恰证明我们这做子孙的没有出息，智力德行已经到了不能堕落的田地。睁着眼睛向旧有的文艺喝一声"去你的，咱们维

* 本文原载于 1933 年 10 月 7 日天津《大公报·文艺副刊》第 5 期，署名林徽音。可能是连载文体，故原标题末尾有"（一）"。——编者注。

新了，革命了，用不着再留丝毫旧有的任何知识或技艺了”。这话不但不通，简直是近乎无赖！

话是不能说到太远，题目里已明显地提过有关于古建筑的消息在这里，不幸我们的国家多故，天天都是迫切的危难临头，骤听到艺术方面的消息似乎觉到有点不识时宜，但是，相信我——上边已说了许多——这也是我们当然会关心的一点事，如果我们这民族还没有堕落到不认得祖传宝贝的田地。

这消息简单地说来，就是新近有几个死心眼的建筑师，放弃了他们盖洋房的好机会,卷了铺盖到各处测绘几百年前他们同行中的先进，用他们当时的一切聪明技艺，所盖惊人的伟大建筑物，在我投稿时候正在山西应县辽代的八角五层木塔前边。

山西应县的辽代木塔，说来容易，听来似乎也平淡无奇，值不得心多跳一下，眼睛睁大一分。但是西历[1]1056年到现在，算起来是整整的877年。古代完全木构的建筑物高到285尺[2]，在中国也就剩这一座，独一无二的应县佛宫寺塔了。比这塔更早的木构已经专家看到，加以认识和研究的，在国内的只不过五处[3]而已。

中国建筑的演变史在今日还是个灯谜，将来如果有一天，我们有相当的把握写部建筑史时，那部建筑史也就可以像一部最有趣味的侦探小说，其中主要人物给侦探以相当方便和线索的，左不是那几座现存的最古遗物。现在唐代木构在国内还没找到一个，而宋代所刊营造法式又还有困难不能完全解释的地方，这距唐不久，离宋全盛时代还早的辽代，居然遗留给我们一些顶呱呱的木塔、高阁、佛殿、经藏，

1 即现今的公历。——编者注。

2 即95米，今实测为67.31米。——编者注。

3 蓟州独乐寺观音阁及山门，辽统和二年，即984年；大同下华严寺薄伽教藏，辽重熙七年，即1038年；宝坻广济寺三大士殿，辽太平五年，即1025年；义县奉国寺大雄宝殿，辽开泰九年，即1020年。

帮我们抓住前后许多重要的关键，这在几个研究建筑的死心眼人看来，已是了不起的事了。

我最初对于这应县木塔似乎并没有太多的热心，原因是思成自从知道了有这塔起，对于这塔的关心，几乎超过他自己的日常生活。早晨洗脸的时候，他会说“上应县去不应该是太难吧”，吃饭的时候，他会说“山西都修有顶好的汽车路了”。走路的时候，他会忽然间笑着说，“如果我能够去测绘那应州塔，我想，我一定……”他话常常没有说完，也许因为太严重的事怕语言亵渎了。最难受的一点是他根本还没有看见过这塔的样子，连一张模糊的相片或翻印都没有见到！

有一天早上，在我们的少数信件之中，我发现有一个纸包，寄件人的住址却是山西应县 ×× 斋照相馆——这才是侦探小说有趣的一页——原来他想了这么一个办法，写封信“探投山西应县最高等照相馆”，弄到一张应州木塔的相片。我只得笑着说阿弥陀佛，他所倾心的幸而不是电影明星！这照相馆的索价也很新鲜，他们要一点北平的信纸和信笺作酬金，据说因为应县没有南纸店。

时间过去了三年，让我们来夸他一句“有志者事竟成”吧，这位思成先生居然在应县木塔前边——何止，竟是上边、下边、里边、外边——绕着测绘他素仰的木塔了。

通信（一）

……大同工作已完，除了华严寺处都颇详尽。今天是到大同以来最疲倦的一天，然而也就是最近于首途应县的一天了，十分高兴。明晨七时由此搭公共汽车赴岱，由彼换轿车“起早”，到即电告。你走后我们大感工作不灵，大家都用愉快的意思回忆和你各处同作的畅顺，悔惜你走得太早。我也因为想到我们和应塔特殊的关系，悔不把你硬留下同去瞻仰。家里放下许久实在不放心，事情是绝对没有办法，可恨。应县工作约四五日可完，然后再赴 × 县……

通信（二）

昨晨七时由同乘汽车出发，车还新，路也平坦，有时竟走到每小时五十里的速度，十时许到岱岳。岱岳是山阴县一个重镇，可是雇车费了两个钟头才找到，到应县时已八点。

离县二十里已见塔，由夕阳返照中见其闪烁，一直看到它成了剪影，那算是我对于这塔的拜见礼。在路上因车摆动太甚，稍稍觉晕，到后即愈。县长养有好马，回程当借匹骑走，可免受晕车苦罪。

今天正式的去拜见佛宫寺塔，绝对的“overwhelming”，好到令人叫绝，喘不出一口气来半天！

塔共有五层，但是下层有副阶（注：重檐建筑之次要一层，宋式谓之副阶），上四层，每层有平座，实算共十层，因梁架斗栱之间，每层须量俯视、仰视、平面各一；共20个平面图要画！塔平面是八角，每层须做一个正中线和一个斜中线的断面。斗栱不同者三四十种，工作是意外的繁多、意外的有趣，未来前的“五天”工作预算恐怕不够太多。

塔身之大，实在惊人，每面三开间，八面完全同样。我的第一个感触，便是可惜你不在此同我享此眼福，不然我真不知你要几体投地地倾倒！回想在大同善化寺暮色里面向着塑像瞪目咋舌的情形，使我愉快得不愿忘记那一刹那人生稀有的、由审美本能所触发的锐感。尤其是同几个兴趣同样的人，在同一个时候浸在那锐感里边。士能[1]忘情时那句“如果元明以后有此精品，我的刘字倒挂起来了”，我时常还听得见。这塔比起大同诸殿更加雄伟，单是那高度已可观。士能很高兴，他竟听我们的劝说没有放弃这一处，同来看看，虽然他要不待测量先走了。

应县是一个小小的城，是一个产盐区。在地下掘下不深就有咸水，可以煮盐，所以是个没有树的地方，在塔上看全城，只数到十四棵不很高的树！

1 指刘敦桢（1897—1968），字士能。

工作繁重，归期怕要延长很多，但一切吃住都还舒适，住处离塔亦不远，请你放心……

通信（三）

士能已回，我同莫君[1]留此详细工作，离家已将一月却似更久。想北平正是秋高气爽的时候。非常想家！

相片已照完，十层平面全量了，并且非常精细，将来誊画正图时可以省事许多。明天起，量斗栱和断面，又该飞檐走壁了。我的腿已有过厄运，所以可以不怕。现在做熟了，希望一天可以做两层，最后用仪器测各檐高度和塔刹，三四天或可竣工。

这塔真是个独一无二的伟大作品，不见此塔，不知木构的可能性到了什么程度。我佩服极了，佩服建造这塔的时代和那时代里不知名的大建筑师、不知名的匠人。

这塔的现状尚不坏，虽略有朽裂处。870余年的风雨它不动声色地承受，并且它还领教过现代文明：民国十六七年间冯玉祥攻山西时，这塔曾吃了不少的炮弹，痕迹依然存在，这实在叫我脸红。第二层有一根泥道栱竟为打去一节，第四层内部阑额内尚嵌着一弹，未经取出，而最下层西面两檐柱都有碗口大小的孔，正穿通柱身，可谓无独有偶。此外枪孔无数，幸而尚未打倒，也算是这塔的福气。现在应县人士有捐钱重修之议，将来回平后将不免为他们奔走一番，不用说动工时还须再来应县一次。

× 县至今无音信，虽然前天已发电去询问，若两三天内回信来，与大同诸寺略同则不去，若有唐代特征如人字栱（！）、鸱尾等，则一步一磕头也是要去的！……

1 指莫宗江（1916—1999）。

通信（四）

……这两天工作颇顺利，塔第五层（即顶层）的横截面已做了一半，明天可以做完。断面做完之后，将有顶上之行，实测塔顶相轮之高；然后做楼梯、栏杆、格扇的详样；然后用仪器测全高及方向；然后抄碑；然后检查损坏处，以备将来修理。我对这座伟大建筑物目前的任务，便暂时告一段落了。

今天工作将完时，忽然来了一阵“不测的风云”。在天晴日美的下午五时前后狂风暴雨，雷电交作。我们正在最上层梁架上，不由得不感到自身的危险，不单是在 280 多尺高将近千年的木架上，而且紧在塔顶铁质相轮之下，电母风伯不见得会讲特别交情。我们急着爬下，则见实测记录册子已被吹开，有一页已飞到栏杆上了。若再迟半秒钟，则十天的工作有全部损失的危险。我们追回那一页后，急步下楼——约 5 分钟——到了楼下，却已有一线骄阳，由蓝天云隙里射出，风雨雷电已全签了停战协定了。我抬头看塔仍然存在，庆祝它又避过了一次雷打的危险，在急流成渠的街道上回到住处去。

我在此每天除爬塔外，还到 ×× 斋看了托我买信笺的那位先生。他因生意萧条，现在只修理钟表而不照相了……

这一段小小的新闻，抄用原来的通信，似乎比较可以增加读者的兴趣，又可以保存朝拜这古塔的人的工作时的印象和经过，又可以省却写这段消息的人说出旁枝的话。虽然在通信里没讨论到结构上的专门方面，但是在那一部侦探小说里也自成一章，至少那 ×× 斋照相馆的事例颇有始有终，思成和这塔的“姻缘”也可算圆满。

关于这塔，我只有一桩事要加附注。在佛宫寺的全部平面布置上，这塔恰恰在全寺的中心，前有山门、钟楼、鼓楼、东西两侧配殿，后面有桥通平台，台上还有东西两配殿和大殿。这是个极有趣的布置，至少我们疑心古代的伽蓝有许多是如此把高塔放在当中的。

4

《清式营造则例》第一章 *
（绪论）

一

中国建筑为东方独立系统，数千年来，继承演变，流布极广大的区域。虽然在思想及生活上，中国曾多次受外来异族的影响，发生多少变异，而中国建筑直至成熟繁衍的后代，竟仍然保存着它固有的结构方法及布置规模；始终没有失掉它原始面目，形成一个极特殊、极长寿、极体面的建筑系统。故这系统建筑的特征，足以加以注意的，显然不单是其特殊的形式，而是产生这特殊形式的基本结构方法，和这结构法在这数千年中单纯顺序地演进。

---

* 本文是林徽因为梁思成《清式营造则例》写的绪论。梁思成先生在该书序中提道：“内子林徽音在本书上为我分担的工作，除绪论外……”——编者注。

所谓原始面目，即是我国所有建筑，由民舍以至宫殿，均由若干单个独立的建筑物集合而成；而这单个建筑物，由最古代简陋的胎形，到最近代穷奢极巧的殿宇，均始终保留着三个基本要素：台基部分，柱梁或木造部分及屋顶部分。在外形上，三者之中最庄严美丽、迥然殊异于他系建筑、为中国建筑博得最大荣誉的，自是屋顶部分。但在技艺上，经过最艰巨的努力、最繁复的演变，登峰造极，在科学美学两层条件下最成功的，却是支承那屋顶的柱梁部分，也就是那全部木造的骨架。这全部木造的结构法，也便是研究中国建筑的关键所在。

中国木造结构方法，最主要的就在构架之应用。北方有句通行的谚语，“墙倒房不塌”，正是这结构原则的一种表征。其用法则在构屋程序中，先用木材构成架子作为骨干，然后加上墙壁，如皮肉之附在骨上，负重部分全赖木架，毫不借重墙壁（所有门窗装修部分绝不受限制，可尽量充满木架下空隙，墙壁部分则可无限制地减少）；这种结构法与欧洲古典派建筑的结构法，在演变的程序上，互异其倾向。中国木构正统一贯享了3000多年的寿命，仍还健在。希腊古代木构建筑则在公元前十几世纪，已被石取代，由构架变成垒石，支重部分完全倚赖“荷重墙”（墙既荷重，墙上开辟门窗处，因能减损荷重力量，遂受极大限制；门窗与墙在同建筑中乃成冲突元素）。在欧洲各派建筑中，除去最现代始盛行的钢架法及钢筋水泥构架法外，唯有哥特式建筑，曾经用过构架原理；但哥特式仍是垒石发券作为构架，规模与单纯木架甚是不同。哥特式中又有所谓“半木构法”则与中国构架极相类似。唯因有垒石制影响之同时存在，此种半木构法之应用，始终未能如中国构架之彻底纯净。

屋顶的特殊轮廓为中国建筑外形上显著的特征，屋檐支出的深远则又为其特点之一。为求这檐部的支出，用多层曲木承托，便在中国构架中发生了一个重要的斗栱部分；这斗栱本身的进展，且代表了中国各时代建筑演变的大部分历程。斗栱不唯是中国建筑独有的一个部分，而且在后来还成为中国建筑独有的一种制度。就我们所知，至迟自宋始，斗栱就有了一定的大小权衡；以斗栱之一部为全部建筑物权衡的基本单位，如宋式之“材”“契”与清式之“斗口”。这制度与欧洲文艺复兴以后以希腊罗马旧物作则所制定的法式，以柱径之倍数或分数定建筑物各部一定的权衡极相类似。所以这用斗栱的构架，实在是中国建筑真髓所在。

斗栱后来虽然变成构架中极复杂之一部，原始却甚简单，它的历史竟可以说与华夏文化同长。秦汉以前，在实物上，我们现在还没有发现有把握的材料，供我们研究，但在文献里，关于描写构架及斗栱的词句，则多不胜载；如臧文仲之“山节藻棁”，鲁灵光殿“层栌磥垝以岌峨，曲枅要绍而环句……”等。但单靠文人的辞句，没有实物的印证，由现代研究工作的眼光看去极感到不完满。没有实物我们是永没有法子真正认识或证实，如“山节”“层栌”“曲枅”这些部分之为何物，但猜疑它们为木构上斗栱部分，则大概不会太谬误的。现在我们只能希望在最近的将来考古家实地挖掘工作里能有所发现，可以帮助我们更确实地了解。

实物真正之有“建筑的”价值者，现在只能上达东汉。墓壁的浮雕画像中往往有建筑的图形（图 4–1）；山东、四川、河南多处的墓

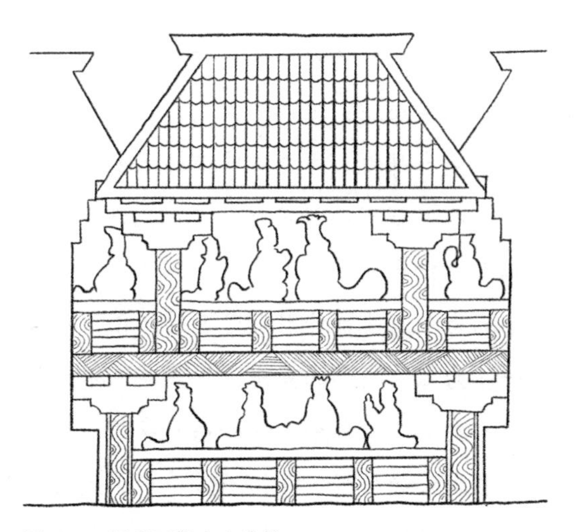

图 4–1　汉代画像中之建筑

阙，虽非真正的宫室，但是用石料摹仿木造的实物（早代木造建筑，因限于木料之不永久性，不能完整的存在到今日，所以供给我们研究的古代实物，多半是用石料明显的摹仿木造的建筑物。且此例不单限于中国古代建筑）。在这两种不同的石刻之中，构架上许多重要的基本部分，如柱、梁、额、屋顶、瓦饰，等等，多已表现；斗栱更是显著，与两千年后的，在制度、权衡、大小上，虽有不同，但其基本的观念和形体，却是始终一贯的。

在云冈、龙门、天龙山诸石窟，我们得见六朝遗物。其中天龙山石窟尤为完善，石窟口凿成整个门廊，柱、额、斗栱、椽、檐、瓦样样齐全。这是当时木造建筑忠实的石型，由此我们可以看到当时斗栱之形制，和结构雄大、简单疏朗的特征。

唐代给后人留下的实物最多是砖塔，垒砖之上又雕刻成木造部分，如柱，如阑额，斗栱。唐时木构建筑完整存在到今日，虽属可能，但在国内至今尚未发现过一个，所以我们常依赖唐人壁画里所描画的伽蓝、殿宇，来做各种参考。由西安大雁塔门楣上石刻——一幅惊人的清晰写真的描画——研究斗栱，知已较六朝更进一步（图 4-2）。在柱头的斗栱上有两层向外伸出的翘，翘头上已横栱厢栱。敦煌石窟中

图 4-2　西安大雁塔门楣石刻

唐五代的画壁，用鲜明准确的色与线，表现出当时的殿宇楼阁，凡是在建筑的外表上所看得见的结构，都极忠实的表现出来。斗栱虽是难于描画的部分，但在画里却清晰，可以看到规模。当时建筑的成熟实已可观。

全个木造实物，国内虽尚未得见唐以前物，但在日本则有多处，尚巍然存在。其中著名的，如奈良法隆寺之金堂、五重塔、和中门，乃飞鸟时代物，适当隋代，而其建造者乃由高丽东渡的匠师。奈良唐招提寺的金堂及讲堂乃唐僧鉴真法师所立，建于天平时代，适为唐肃宗至德二年。这些都是隋唐时代中国建筑在远处得流传者，为现时研究中国建筑演变的极重要材料，尤其是唐招提寺的金堂，斗栱的结构与大雁塔石刻画中的斗栱结构，几完全符合——一方面证明大雁塔刻画之可靠，一方面又可以由这实物一探当时斗栱结构之内部。

宋辽遗物甚多，即限于已经专家认识、摄影或测绘过的各处来说，最古的已有距唐末仅数十年时的遗物。近来发现又重新刊行问世的李明仲《营造法式》一书，将北宋晚年“官式”建筑，详细地用图样说明，乃是罕中又罕的术书。于是宋代建筑蜕变的程序，步步分明。使我们对这上承汉唐，下启明清的关键，已有十分满意的把握。

元明术书虽然没有存在的，但遗物可征者，现在还有很多，不难加以相当整理。清代于雍正十二年钦定公布《工程做法则例》，凡在北平的一切公私建筑，在京师以外许多的“敕建”建筑，都崇奉则例，不敢稍异。现在北平的故宫及无数庙宇，可供清代营造制度及方法之研究。优劣姑不论，其为我国几千年建筑的嫡嗣，则绝无可疑。不研究中国建筑则已，如果认真研究，则非对清代则例相当熟识不可。在年代上既不太远，术书遗物又最完全，先着手研究清代，是势所必然。有一近代建筑知识作根底，研究古代建筑时，在比较上便不至茫然无所依傍，所以研究清式则例，也是研究中国建筑史者所必须经过的第一步。

二

以现代眼光，重新注意到中国建筑的一般人，虽然尊崇中国建筑特殊外形的美丽，却常忽视其结构上之价值。这忽视的原因，常常由于笼统的对中国建筑存一种不满的成见。这不满的成见中最重要的成份，是觉到中国木造建筑之不能永久。其所以不能永久的主因，究为材料本身或是其构造法的简陋，却未尝深加探讨。中国建筑在平面上是离散的，若干座独立的建筑物，分配在院宇各方，所以虽然最主要雄伟的宫殿，若是以一座单独的结构，与欧洲任何全座负盛名的石造建筑物比较起来，显然小而简单，似有逊色。这个无形中也影响到近人对本国建筑的怀疑或蔑视。

中国建筑既然有上述两特征，以木材作为主要结构材料，在平面上是离散的独立的单座建筑物，严格的，我们便不应以单座建筑作为单位，与欧美全座石造繁重的建筑物作任何比较。但是若以今日西洋建筑学和美学的眼光来观察中国建筑本身之所以如是，和其结构历来所本的原则及其所取的途径，则这统系建筑的内容，的确是最经得起严酷地分析而无所惭愧的。

我们知道一座完善的建筑，必须具有三个要素：适用、坚固、美观。但是这三个条件都不是有绝对的标准的。因为任何建筑皆不能脱离产生它的时代和环境来讲的；其实建筑本身常常是时代环境的写照。建筑里一定不可避免的，会反映着各时代的智识、技能、思想、制度、习惯和各地方的地理气候。所以所谓适用者，只是适合于当时当地人民生活习惯、气候环境而讲。所谓坚固，更不能脱离材料本质而论，建筑艺术是产生在极酷刻的物理限制之下，天然材料种类很多，不一定都凑巧地被人采用，被选择采用的材料，更不一定就是最坚固，最容易驾驭的。既被选用的材料，人们又常常习惯地继续将就它，到极长久的时间，虽然在另一方面，或者又引用其他材料、方法，在可能范围内来补救前者的不足。所以建筑艺术的进展，大部也就是人们选择、驾驭、征服天然材料的试验经过。所谓建筑的坚固，只是不违背其所用材料之合理的结构原则，运用通常智识技巧，使其在普通环境之下——兵火例外——能有相当永久的寿命的。例如，石料本身比木料坚固，然在中国用木的方法竟达极高度的圆满，而用石的方法甚不妥当，且建筑上各种问题常不能独用石料解决，即有用石料处亦常发生弊病，反比木质的部分容易损毁。

至于论建筑上的美，浅而易见的，当然是其轮廓、色彩、材质等，但美的大部分精神所在，却蕴于其权衡中；长与短之比，平面上各大小部分之分配，立体上各体积各部分之轻重均等，所谓增一分则太长，减一分则太短的玄妙。但建筑既是主要解决生活上的各种实际问题，而用材料所结构出来的物体，所以无论美的精神多缥缈难以捉摸，建筑上的美，是不能脱离合理的、有机能的、有作用的结构而独立。能呈现平稳、舒适、自然的外象；能诚实的袒露内部有机的结构，各部的功用及全部的组织；不事掩饰；不矫揉造作；能自然的发挥其所用材料的本质的特性；只设施雕饰于必需的结构部分，以求更和悦的轮廓，更谐调的色彩；不勉强结构出多余的装饰物来增加华丽；不滥用曲线或色彩来求媚于庸俗；这些便是“建筑美”所包含的各条件。

中国建筑，不容疑义的，曾经具备过以上所说的三个要素：适用、坚固、美观。在木料限制下经营结构“权衡俊美的”，“坚固”的各种建筑物，来适应当时当地的种种生活习惯的需求。我们只说其“曾经”具备过这三要素，因为中国现代生活种种与旧日积渐不同。所以旧制建筑的各种分配，随着便渐不适用。尤其是因政治制度和社会组织忽然改革，迥然与先前不同，一方面许多建筑物完全失掉原来功用——如宫殿、庙宇、官衙、城楼，等等；一方面又需要因新组织而产生的许多公共建筑——如学校、医院、工厂、驿站、图书馆、体育馆、博物馆、商场，等等。在适用一条下，现在既完全地换了新问题，旧的答案之不能适应，自是理之当然。

中国建筑坚固问题，在木料本质的限制之下，实是成功的，下文分析里，更可证明其在技艺上有过极艰巨的努力，而得到许多圆满且可骄傲的成绩，如“梁架”，如“斗栱”，如“翼角翘起”种种结构做法及用材。直至最近代科学猛进，坚固标准骤然提高之后，木造建筑之不永久性，才令人感到不满意。但是近代新发明的科学材料，如钢架及钢骨水泥，作木石的更经济更永久的替代，其所应用的结构原则，却正与我们历来木造结构所本的原则符合。所以即使木料本身有遗憾，因木料所产生的中国结构制度的价值则仍然存在，且这制度的设施，将继续地应用在新材料上，效劳于我国将来的新建筑。这一点实在是值得注意的。

已往建筑即使因人类生活状态之更换，至失去原来功用，其历史价值不论，其权衡俊秀或魁伟，结构灵活或诚朴，其纯美术的价值仍显然绝不能讳认的。古埃及的陵殿、希腊的神庙、中世纪的堡垒、文艺复兴中的宫苑，皆是建筑中的至宝，虽然其原始作用已全失去。虽然建筑的美术价值不会因原始作用失去而低减，但是这建筑的“美”却不能脱离适当的、有机的、有作用的结构而独立的。

中国建筑的美就是合于这原则，其轮廓的和谐，权衡的俊秀伟丽，大部分是有机、有用的，结构所直接产生的结果。并非因其有色彩，或因其形式特殊，我们才推崇中国建筑；而是因产生这特殊式样的内部是智慧的组织，诚实的努力。中国木造构架中凡是梁、栋、檩、椽及其承托、关联的结构部分，全部袒露无遗；或稍经修饰、或略加点缀，大小错杂，功用昭然。

三

虽然中国建筑有如上述的好处，但在这三千年中，各时期差别很大，我们不能笼统地一律看待。大凡一种艺术的始期，都是简单的创造，直率的尝试；规模初具之后，才节节进步使达完善，那时期的演变常是生气勃勃的。成熟期既达，必有相当时期因承相袭，规定则例，即使对前制有所更改，亦仅限于琐节。单在琐节上用心“过尤不及”的增繁弄巧，久而久之，原始骨干精神必至全然失掉，变成无意义的形式。中国建筑艺术在这一点上也不是例外，其演进和退化的现象极明显的，在各朝代的结构中，可以看得出来。唐以前的，我们没有实物作根据，但以我们所知道的早唐和宋初实物比较，其间显明的进步，使我们相信这时期必仍是生气勃勃、一日千里的时期。结构中含蕴早期的直率及魄力，而在技艺方面又渐精审成熟。以宋代头一百年实物和北宋末年所规定的则例（宋李明仲《营造法式》）比看，它们相差之处，恰恰又证实成熟期到达后，艺术的运命又难免趋向退化。但建筑物地建造不易，且需时日，它的寿命最短亦以数十年、半世纪计算。所以演进退化，也都比较和缓转折。所以由南宋而元而明而清八百余年间，结构上的变化虽无疑的均趋向退步，但中间尚有起落的波澜，结构上各细部虽多已变成非结构的形式，用材方面虽已渐渐过当的不经济，大部骨干却仍保留着原始结构的功用，构架的精神尚挺秀健在。

现在且将中国构架中大小结构各部做个简单的分析，再将几个部分地演变略为申述，俾研究清式则例的读者，稍识那些严格规定的大小部分的前身，且知分别何者为功用的，魁伟诚实的骨干，何者为功用部分之堕落，成为纤巧非结构的装饰物。即引用清式则例之时，若需酌量增减变换，亦可因稍知其本来功用而有所凭借；或恢复其结构功用的重要，或矫正其纤细取巧之不适当者，或裁削其不智慧的奢侈的用材。在清制权衡上既知其然，亦可稍知其所以然。

构架 木造构架所用的方法，是在四根立柱的上端，用两横梁两横枋周围牵制成一间。再在两梁之上架起层叠的梁架，以支桁；桁通一间之左右两端，从梁架顶上脊瓜柱上，逐级降落，至前后枋上为止。瓦坡曲线即由此而定。桁上钉椽，排比并列，以承望板；望板以上始铺瓦作，这是构架制骨干最简单的说法。这“间”所以是中国建筑的一个单位，每座建筑物都是由一间或多间合成的。

这构架方法之影响至其外表式样的，有以下最明显的几点：

（一）高度受木材长短之限制，绝不出木材可能的范围。假使有高至二层以上的建筑，则每层自成一构架，相叠构成，如希腊、罗马之叠柱式。

（二）即极庄严的建筑，也呈现绝对玲珑的外表。结构上无论建筑之大小，绝不需要坚厚的负重墙，除非故意为表现雄伟时，如城楼等建筑，酌量的增厚。

（三）门窗大小可以不受限制，柱与柱之间可以全部安装透光线的小木作——门屏窗扇之类，使室内有充分的光线。不似垒石建筑门窗之为负重墙上的洞，门窗之大小与墙之坚弱是成反比例的。

（四）层叠的梁架逐层增高，成“举架法”，使屋顶瓦坡自然地、结构地获得一种特别的斜曲线。

斗栱 中国构架中最显著且独有的特征便是屋顶与立柱间过渡的斗栱。椽出为檐，檐承于檐桁上，为求檐伸出深远，故用重叠的曲木——翘——向外支出，以承挑檐桁。为求减少桁与翘相交处的剪力，故在翘头加横的曲木——栱。在栱之两端或栱与翘相交处，用斗形木块——斗——垫托于上下两层栱或翘之间。这多数曲木与斗形木块结合在一起，用以支撑伸出的檐者，谓之斗栱。

这檐下斗栱的职能，是使房檐的重量渐次集中下来直到柱的上面。但斗栱亦不限于檐下，建筑物内部柱头上亦多用之，所以斗栱不分内外，实是横展结构与立柱间最重要的关节。

在中国建筑演变中，斗栱的变化极为显著，竟能大部分地代表各时期建筑技艺的程度及趋向。最早的斗栱实物我们没有木造的，但由仿木造的汉石阙上看，这种斗栱，明显的较后代简单得多，由斗上伸出横栱，栱之两端承檐桁。不止我们不见向外支出的翘，即和清式最简单的“一斗三升”比较，中间的一升亦未形成（虽有，亦仅为一小斗介于栱之两端）。直至北魏、北齐，如云冈石窟、天龙山石窟前门，始有斗栱像今日的一斗三升之制。唐大雁塔石刻门楣上所画斗栱，给与我们证据，唐时已有前面向外支出的翘（宋称华栱），且是双层，上层托着横栱，然后承桁。关于唐代斗栱形状，我们所知道的，不只限于大雁塔石刻，鉴真所建奈良唐招提寺金堂，其斗栱结构与大雁塔石刻极相似，由此我们也稍知此种斗栱后尾的结束。进化的斗栱中最有机的部分——“昂”——亦由这里初次得见。

国内我们所知道最古的斗栱结构，则是思成前年在河北蓟县[1]所发现的独乐寺的观音阁，阁为北宋初年（984 年）物，其斗栱结构的雄伟、诚实，一望而知其为有功用、有机能的组织。这个斗栱中两昂斜起，向外伸出特长，以支深远的出檐，后尾斜削挑承梁底，如是故这斗栱上有一种应力；以昂为横杆，以大斗为支点，前檐为荷载，而使昂后尾下金桁上的重量下压维持其均衡。斗栱成为一种有机的结构，可以负担屋顶的荷载。

由建筑物外表之全部看来，独乐寺观音阁与敦煌的五代壁画极相似，连斗栱的构造及分布亦极相同。以此作最古斗栱之实例，向下跟着时代看斗栱演变的步骤，以至清代，我们可以看出一个一定的倾向，因而可以定清式斗栱在结构和美术上的地位。

图 4–3 是辽宋元明清斗栱比较图，不必细看，即可见其：一是由大而小。二是由简而繁。三是由雄壮而纤巧。四是由结构的而装饰的。五是由真结构的而成假刻的部分，如昂部。六是分布由疏朗而繁密。

图中斗栱 a 及 b 都是辽圣宗朝物，可以说是北宋初年的作品。其高度约占柱高之半至五分之二。f 柱与 b 柱同高，斗栱出跴较多一跴，按《工程做法则例》的尺寸，则斗栱高只及柱高之四分之一。而辽清间的其他斗栱如 c、d、e、f，年代愈后，则斗栱与柱高之比愈小。在

1 即如今的天津市蓟州区。——编者注。

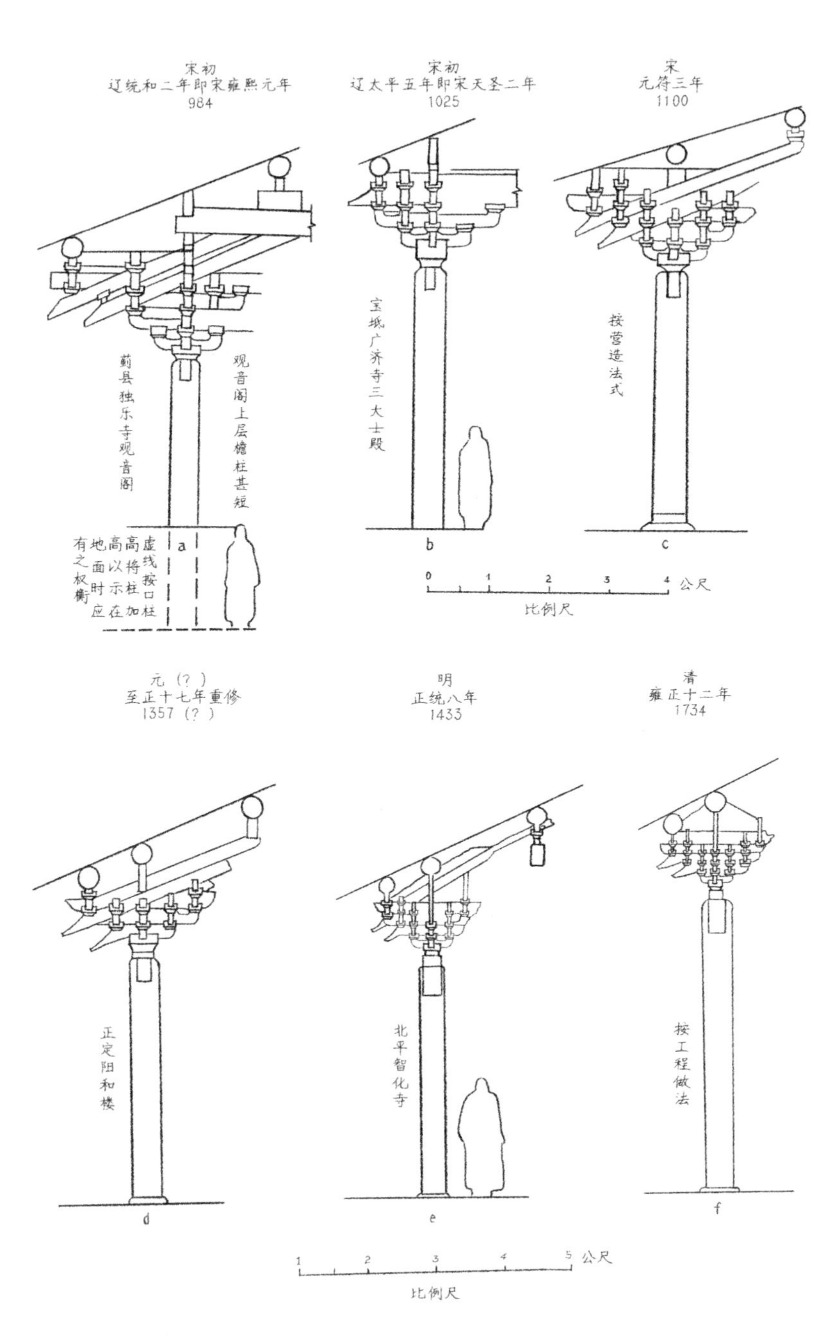

图4-3　宋元明清斗栱之比较

比例上如此，实际尺寸上亦如此。于是后代的斗栱，日趋繁杂纤巧，斗栱的功用，日渐消失；如斗栱原为支檐之用，至清代则将挑檐桁放在梁头上，其支出远度无所赖于层层支出的曲木（翘或昂）。而辽宋斗栱，如 a 至 d 各图，均为一种有机的结构，负责地承受檐及屋顶的荷载。明清以后的斗栱，除在柱头上者尚有相当结构机能外，其平身科已成为半装饰品了。至于斗栱之分布，在唐画中及独乐寺所见，柱头与柱头之间，率只用补间斗栱（清称平身科）一朵（攒）；《营造法式》规定当心间用两朵，次稍间用一朵。至明清以斗口十一分定攒档，两柱之间，可以用到八攒平身科，密密的排列，不止全没有结构价值，本身反成为额枋上重累，比起宋建，雄壮豪劲相差太多了。

梁架用材的力学问题，清式较古式及现代通用的结构法，都有个显著的大缺点。现代用木梁，多使梁高与宽作二与一或三与二之比，以求其最经济最得力的权衡。宋《营造法式》也规定为三与二之比。《工程做法则例》则定为十与八或十二与十之比，其断面近乎正方形，又是个不科学不经济的用材法。

屋顶　历来被视为极特异极神秘之中国屋顶曲线，其实只是结构上直率自然的结果，并没有什么超出力学原则以外和矫揉造作之处，同时在实用及美观上皆异常的成功。这种屋顶全部的曲线及轮廓，上部巍然高耸，檐部如翼轻展，使本来极无趣、极笨拙的实际部分，成为整个建筑物美丽的冠冕，是别系建筑所没有的特征。

因雨水和光线的切要实题，屋顶早就扩张出檐的部分。出檐远，檐沿则亦低压，阻碍光线，且雨水顺势急流，檐下亦发生溅水问题。为解决这两个问题，于是有飞檐的发明：用双层椽子，上层椽子微曲，使檐沿向上稍翻成曲线。到屋角时，更同时向左右抬高，使屋角之檐加甚其仰翻曲度。这“翼角翘起”，在结构上是极合理、极自然的布置，我们竟可以说：屋角地翘起是结构法所促成的。因为在屋角两檐相交处的那根主要构材——“角梁”及上段“由戗”——是较椽子大得很多的木材，其方向是与建筑物正面成 45° 的，所以那并排一列椽子，与建筑物正面成直角的，到了靠屋角处必须积渐开斜，使渐平行于角梁，并使最后一根直到紧贴在角梁旁边。但又因椽子同这角梁的大小悬殊，要使椽子上皮与角梁上皮平，以铺望板，则必须将这开舒的几根椽子依次抬高，在底下垫“枕头木”。凡此种种皆是结构上的问题适当的、被技巧解决了的。

这道曲线在结构上几乎是不可信的简单和自然，而同时在美观上不知增加多少神韵。不过我们须注意过当或极端的倾向，常将本来自然合理的结构变成取巧和复杂。这过当的倾向，表面上且呈出脆弱虚矫的弱点，为审美者所不取。但一般人常以愈巧愈繁必是愈美，无形中多鼓励这种倾向。南方手艺灵活的地方，飞檐及翘角均特别过当，外观上虽有浪漫的姿态，容易引人赞美，但到底不及北方现代所常见的庄重恰当，合于审美的真纯条件。

屋顶的曲线不只限于“翼角翘起”与“飞檐”，即瓦坡的全部，也是微曲的不是一片直的斜坡；这曲线之由来乃从梁架逐层加高而成，称为“举架”，使屋顶斜度越上越峻峭，越下越和缓。《周礼》“……轮人为盖……上欲尊而宇欲卑，上尊而宇卑，则吐水疾而霤远”，很明白地解释这种屋顶实际上的效用。在外观上又因这“上尊而宇卑”，可以矫正本来屋脊因透视而减低的倾向，使屋顶仍得巍然屹立，增加外表轮廓上的美。

至于屋顶上许多装饰物，在结构上也有它们的功用，或是曾经有过功用的。诚实地来装饰一个结构部分，而不肯勉强地来掩蔽一个结构枢纽或关节，是中国建筑最长之处；在屋顶瓦饰上，这原则仍是适用的。脊瓦是两坡接缝处重要的保护者，值得相当的注重，所以有正脊垂脊等部之应用。又因其位置之重要，略异其大小，所以正脊比垂脊略大。正脊上的正吻和垂脊上的走兽等，无疑的也曾是结构部分。我们虽然没有证据，但我们若假定正吻原是管着脊部木架及脊外瓦盖的一个总关键，也不算一种太离奇的幻想；虽然正吻形式的原始，据说是因为柏梁台灾后，方士说“南海有鱼虬，尾似鸱，激浪降雨”，所以做成鸱尾象，以厌火祥的。垂脊下半的走兽仙人，或是斜脊上钉头经过装饰以后的变形。每行瓦陇前头一块上面至今尚有盖钉头的钉帽，这钉头是防止瓦陇下溜的。垂脊上饰物本来必不如清式复杂，敦煌壁画里常见用两座“宝珠”，显然像木钉的上部略经雕饰的。垂兽在斜脊上段之末，正分划底下骨架里由戗与角梁的节段，使这个瓦脊上饰物，在结构方面又增一种意义，不纯出于偶然。

台基　台基在中国建筑里也是特别发达的一部，也有悠久的历史。《史记》里“尧之有天下也，堂高三尺”。汉有三阶之制，左碱右平；三阶就是基台，碱即台阶的踏道，平即御路。这台基部分如希腊建筑的台基一样，是建筑本身之一部，而不可脱离的。在普通建筑里，台基已是本身中之一部，而在宫殿庙宇中尤为重要。如北平故宫三殿，下有白石崇台三重，为三殿做基座，如汉之三阶。这正足以表示中国建筑历来在布局上也是费了精详地较量，用这舒展的基座，来托衬壮伟巍峨的宫殿。在这点上日本徒知摹仿中国建筑的上部，而不采用底下舒展的基座，致其建筑物常呈上重下轻之势。近时新建筑亦常有只注重摹仿旧式屋顶而摒弃底下基座的。所以那些多层的所谓仿宫殿式的崇楼华宇，许多是生硬的直出泥上，令人生不快之感。

关于台基的演变，我不在此赘述，只提出一个最值得注意之点来以供读清式则例时参考。台基有两种：一种平削方整的；另一种上下加枭混，清式称须弥座台基。这须弥座台基就是台基而加雕饰者，唐时已有，见于壁画，宋式更有见于实物的，且详载于《营造法式》中。但清式须弥座台基与唐宋的比较有个大不相同处：清式称“束腰”的部分，介于上下枭混之间，是一条细窄长道，在前时却是较大的主要部分——可以说是整个台基的主体。所以唐宋的须弥座基一望而知是一座台基上下加雕饰者，而清式的上下枭混与束腰竟是不分宾主，使台基失掉主体而纯像雕纹，在外表上大减其原来雄厚力量。在这一点上我们便可以看出清式在雕饰方面加增华丽，反倒失掉主干精神，实是个不可讳认的事实。

色彩 色彩在中国建筑上所占的位置，比在别式建筑中重要得多，所以也成为中国建筑主要特征之一。油漆涂在木料上本来为的是避免风日雨雪地侵蚀；因其色彩分配的得当，所以又兼收实用与美观上的长处，不能单以色彩作奇特繁杂之表现。中国建筑上色彩之分配，是非常慎重的。檐下阴影掩映部分，主要色彩多为“冷色”，如青、蓝、碧、绿，略加金点。柱及墙壁则以丹赤为其主色，与檐下幽阴里冷色的彩画正相反其格调。有时庙宇的柱廊竟以黑色为主，与阶陛的白色相映衬。这种色彩地操纵可谓轻重得当，极含蓄的能事。我们建筑既为用彩色的，设使这些色彩竟滥用于建筑之全部，使上下耀目辉煌，势必鄙俗妖冶，乃至野蛮，无所谓美丽和谐或庄严了。琉璃于汉代自罽宾传入中国，用于屋顶当始于北魏，明清两代，应用尤广，这个由外国传来的宝贵建筑材料，更使中国建筑放一异彩。本来轮廓已极优美的屋宇，再加以琉璃色彩的宏丽，那建筑的冠冕便几无瑕疵可指。但在瓦色的分配上也是因为操纵得宜；尊重纯色的庄严，避免杂色的猥琐，才能如此成功。琉璃瓦即偶有用多色的例，亦只限于庭园小建筑物上面，且用色并不过滥，所砌花样亦能单简不奢。既用色彩又能俭约，实是我们建筑术中值得自豪的一点。

平面 关于中国建筑最后还有个极重要地讨论：那就是它的平面布置问题。但这个问题广大复杂，不包括于本绪论范围之内，现在不能涉及。不过有一点是研究清式则例者不可不知的，当在此略一提到。凡单独一座建筑物的平面布置，依照清工部的《工程做法则例》所规定，虽其种类似乎众多不等，但到底是归纳到极呆板、极简单的定例。所有均以四柱牵制成一间的原则为主体的，所以每座建筑物中柱的分布是极规则的。但就我们所知道宋代单座遗物的平面看来，其布置非常活动，比起清式的单座平面自由得多了。宋遗物中虽多是庙宇，但其殿里供佛设座的地方，两旁供立罗汉的地方，每处不同。在同一殿中，柱之大小有几种不同的，正间、稍间柱的数目地位亦均不同的（参看中国营造学社各期《汇刊》辽宋遗物报告）。

所以宋式不止上部结构如斗栱斜昂是有机的组织，即其平面亦为灵活有功用的布置。现代建筑在平面上需要极端的灵活变化，凡是试验采用中国旧式建筑改为现代用的建筑师们，更不能不稍稍知道清式以外的单座平面，以备参考。

工程 现在讲到中国旧的工程学，本是对于现代建筑师们无所补益的，并无研究的价值。只是其中有几种弱点，不妨举出供读者注意而已。

（一）清代匠人对于木料，尤其是梁，往往用得太费。这点上文已讨论过。他们显然不明了横梁载重的力量只与梁高成正比例，而与梁宽的关系较小。所以梁的宽度，由近代工程学的眼光看来，往往嫌其太过。同时匠师对于梁的尺寸，因没有计算木力的方法，不得不尽量放大，用极高的安全率，以避免危险。结果不但是木料之大靡费，而且因梁本身重量太重，以致影响及于下部的坚固。

（二）中国匠师素不用三角形。他们虽知道三角形是唯一不变动几何形，但对于这原则却极少应用。在清式构架中，上部既有过重的梁，又没有用三角形支撑的柱，所以清代的建筑，经过不甚长久的岁月，便有倾斜的危险。北平街上随处有这种已倾斜而用砖礅或木柱支撑的房子。

（三）地基太浅是中国建筑的一个大病。普通则例规定是台明高之一半，下面垫几步灰土。这种做法很不彻底，尤其是在北方，地基若不刨到冰线以下，建筑物的安全方面，一定要发生问题。

好在这几个缺点，在新建筑师手里，根本就不成问题。我们只怕不了解，了解之后，去避免或纠正它是很容易的。

上文已说到艺术有勃起、呆滞、衰落，各种时期，就中国建筑讲，宋代已是规定则例的时期，留下《营造法式》一书；明代的《营造正式》虽未发见，清代的《工程做法则例》却极完整。所以就我们所确知的则例，已有将近千年的根基了。这900多年之间，建筑的气魄和结构之直率，的确一代不如一代，但是我认为还在抄袭时期；原始精神尚大部保存,未能说是堕落。可巧在这时间,有新材料新方法在欧美产生,其基本原则适与中国几千年来的构架制同一学理。而现代工厂、学校、医院及其他需要光线和空气的建筑,其墙壁门窗之配置,其钢筋混凝土及钢骨的构架,除去材料不同外,基本方法与中国固有的方法是相同的。这正是中国老建筑产生新生命的时期。在这时期,中国的新建筑师对于他祖先留下的一份产业实在应当有个充分地认识。因此思成将他所已知道的比较详尽的清式则例整理出来,以供建筑师们和建筑学生们的参考。他嘱我为作绪论,申述中国建筑之沿革,并略论其优劣,我对于中国建筑沿革所识几微,优劣的评论,更非所敢。姑草此数千言,拉杂成此一篇,只怕对《清式营造则例》读者无所裨益但乱听闻。不过我敢对读者提醒一声:规矩只是匠人的引导,创造的建筑师们和建筑学生们,虽须要明了过去的传统规矩,却不要盲从则例,束缚自己的创造力。我们要记着一句普通谚语:"尽信书不如无书。"

5

晋汾古建筑预查纪略 *

去夏乘暑假之便，做晋汾之游。汾阳城外峪道河，为山右绝好消夏的去处；地据白彪山麓，因神头有“马跑神泉”，自从宋太宗的骏骑蹄下踢出甘泉，救了干渴的三军，这泉水便没有停流过，千年来为沿溪数十家磨坊供给原动力，直至电气磨机在平遥创立了山西面粉业的中心，这源源清流始闲散的单剩曲折的画意。辘辘轮声既然消寂下来，而空静的磨坊便也成了许多洋人避暑的别墅。

说起来中国人避暑的地方，哪一处不是洋人开的天地，北戴河、牯岭、莫干山……所以峪道河也不是例外。其实去年在峪道河避暑的，

* 本文原载于 1935 年 3 月《中国营造学社汇刊》第五卷第三期，署名林徽因、梁思成。据梁林夫妇的挚友费慰梅记载，此文实际是林徽因写出的，故收入本书。详见本书代序作者赵辰教授的相关论述。另外，本篇原附有数十幅照片，因年代久远，质量欠佳，未予收入。——编者注。

除去一位娶英籍太太的教授和我们外，全体都是山西内地传教的洋人，还不能说是中国人避暑的地方呢。在那短短的十几天，令人大有“人何寥落”之感。

以汾阳峪道河为根据，我们曾向邻近诸县做了多次的旅行，计停留过八县地方，为太原、文水、汾阳、孝义、介休、灵石、霍县、赵城，其中介休至赵城间三百余里，因同蒲铁路正在炸山兴筑，公路多段被毁，故大半竟至徒步，滋味尤为浓厚。餐风宿雨，两周艰苦简陋的生活与寻常都市相较，至少有两世纪的分别。我们所参诣的古构不下三四十处，元明遗物随地遇见，现在仅择要记述。

汾阳县峪道河龙天庙

在我们住处，峪道河的两壁山崖上，有几处小小庙宇。东岩上的实际寺，以风景幽胜著名。神头的龙王庙，因马跑泉享受了千年的烟火，正殿前有拓黑了的宋碑，为这年代的保证，这碑也就是庙里唯一的“古物”。西岩上南头有一座关帝庙，几经修建，式样混杂，别有趣味。北头一座龙天庙，虽然在年代或结构上并无可以惊人之处，但秀整不俗，我们却可以当它作山西南部小庙宇的代表作品。

龙天庙在西岩上，庙南向，其东边立面，厢庑后背，钟楼及围墙成一长线剪影，隔溪居高临下，隐约白杨间。在斜阳掩映之中，最能引起沿溪行人的兴趣。山西庙宇的远景，无论大小都有两个特征：一是立体的组织，权衡俊美，各部参差高下，大小相依附，从任何视点望去均恰到好处；一是在山西，砖筑或石砌物斑彩淳和，多带红黄色，在日光里与山冈原野同醉，浓艳夺人，尤其是在夕阳西下时，砖石如染，远近殷红映照，绮丽特甚。在这两点上，龙天庙亦非例外。谷中外人30年来不识其名，但据这种印象，称这庙作“落日庙”并非无因的。

庙周围土坡上下有盘旋小路，坡孤立如岛，远距村落人家。庙前本有一片松柏，现时只剩一老松，孤傲耸立，缄默如同守卫将士。庙门镇日闭锁，少有开时，苟遇一老人耕作门外，则可暂借锁钥，随意出入。本来这一带地方多是道不拾遗、夜不闭户的，所谓锁钥亦只余一条铁钉及一种形式上的保管手续而已。这现象竟亦可代表山西内地其他许多大小庙宇的保管情形。

庙中空无一人，蔓草晚照，伴着殿庑石级，静穆神秘，如在画中。两厢为“窑”，上平顶，有砖级可登，天晴日美时，周围风景全可入览。此带山势和缓，平趋连接汾河东西区域；远望绵山峰峦，竟似天外烟霞，但傍晚时，默立高处，实不竟古原夕阳之感。近山各处全是赤土山级，层层平削，像是出自人工；农民多辟洞“穴居”，耕种其上。麦黍赤土，红绿相间成横层，每级土崖上所辟各穴，远望似平列桥洞，景物自成一种特殊风趣。沿溪白杨丛中，点缀土筑平屋小院及磨坊，更显错落可爱。

龙天庙的平面布置南北中线甚长（图 5–1），南面围墙上辟山门。门内无照壁，却为戏楼背面。山西中部、南部我们所见的庙宇多附属戏楼，在平面布置上没有向外伸出的舞台。楼下部为实心基坛，上部三面墙壁，一面开敞，向着正殿，即为戏台。台正中有山柱一列，预备挂上帏幕可分成前后台。楼左阙门，有石级十余可上下。在龙天庙里，这座戏楼正堵截山门入口处，成一大照壁。

转过戏楼，院落甚深，楼之北，左右为钟鼓楼，中间有小小牌楼，庭院在此也高起两三级划入正院。院北为正殿，左右厢房为砖砌窑屋各三间，前有廊檐，旁有砖级，可登屋顶。山西乡间穴居仍盛行，民居喜砌砖为窑（即券洞），庙宇两厢亦多砌窑以供僧侣居住。窑顶平台均可从窑外梯级上下。此点酷似墨西哥红印人之叠层土屋，有立体堆垒组织之美。钟鼓楼也以发券的窑为下层台基，上立木造方亭，台基外亦设砖级，依附基墙，可登方亭。全建筑物以砖造部分为主，与他省木架钟鼓楼异其风趣。

正殿前廊外尚有一座开敞的过厅，紧接廊前称“献食棚”。这个

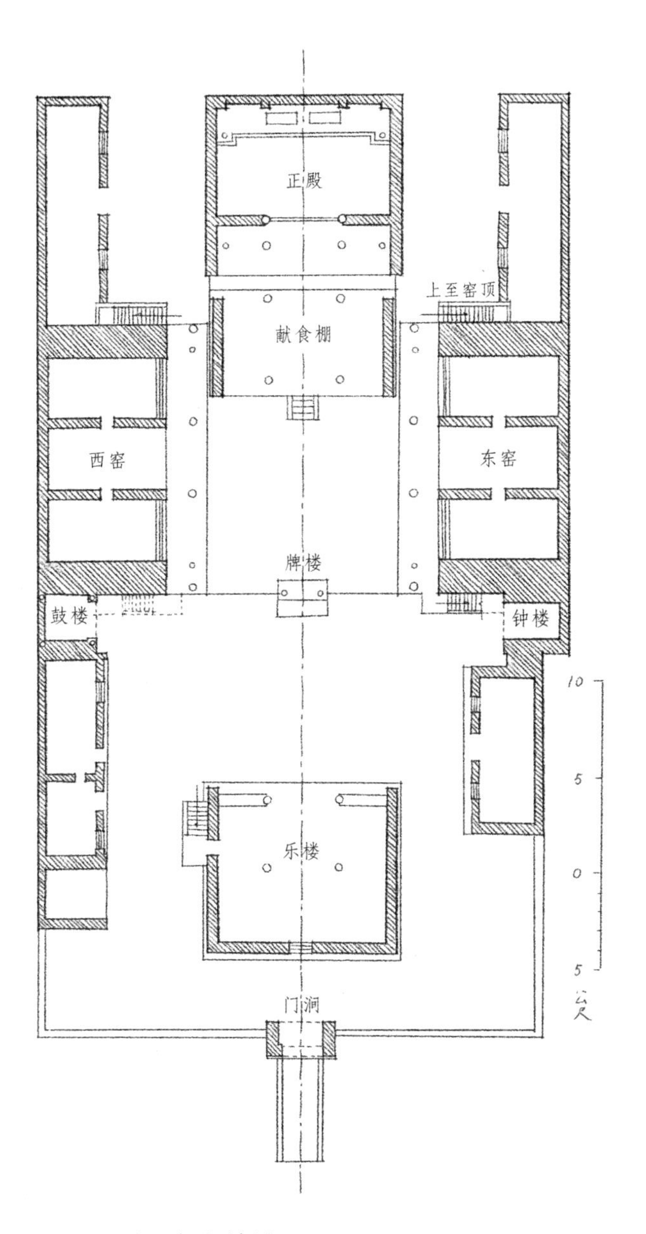

图 5-1　龙天庙平面布置

结构实是一座卷棚式过廊，两山有墙而前后檐柱间开敞，没有装修及墙壁。它的功用则在名义上已很明了，不用赘释了。在别省称祭堂或前殿的，与正殿都有相当的距离，而且不是开敞的，这献食棚实是祭堂的另一种有趣的做法。

龙天庙里的主要建筑物为正殿。殿三间，前出廊，内供龙天及夫人像。按廊下清乾隆十二年碑说：

> 龙天者，介休令贾侯也。公讳浑，晋惠帝永兴元年，刘元海……攻陷介休，公……死而守节，不愧青天。后人……故建庙崇祀……像神立祠，盖自此始矣。……

这座小小正殿，“前廊后无廊”，本为山西常见的做法，前廊檐下用硕大的斗栱，后檐却用极小乃至不用斗栱，将前后不均齐的配置完全表现在外面，是河北省所不经见的，尤其是在旁面看其所呈现象，颇为奇特。

至于这殿，按乾隆十二年《重增修龙天庙碑记》说：

> 按正殿上梁所志系元季丁亥元顺帝至正七年（1347 年）重建。正殿三小间，献食棚一间，东西厦窑二眼，殿旁两小房二间，乐楼三间。……鸠工改修，计正殿三大间，献食棚三间，东西窑六眼，殿旁东西房六间，大门洞一座……零余银备异日牌楼钟鼓楼之费。……

所以我们知道龙天庙的建筑，虽然曾经重建于元季，但是现在所见，竟全是乾、嘉增修的新构。

殿的构架，由大木上说，是悬山造，因为各檩头皆伸出到柱中线以外甚远；但是由外表上看，却似硬山造，因为山墙不在山柱中线上，而向外移出，以封护檩头。这种做法亦为清代官式建筑所无。

这殿前檐的斗栱，权衡甚大，斗栱之高，约及柱高之四分之一；

斗栱之布置，亦极疏朗，当心间用补间铺作一朵，次间不用。当心间左右两柱头并补间铺作均用45° 斜栱。柱身微有卷杀：阑额为月梁式；普拍枋宽过阑额。这许多特征，在河北省内唯在宋元以前建筑乃得见；但在山西，明末清初比比皆是，但细查各栱头的雕饰，则光怪陆离，绝无古代沉静的气味；两平柱上的丁头栱（清称雀替），且刻成龙头、象头等形状。

殿内梁架所用梁的断面，亦较小于清代官式的规定，且所用驼峰、替木、叉手等结构部分，都保留下古代的做法，而在清式中所不见的。

全殿最古的部分是正殿匾牌（图5-2）。这牌的牌首、牌带、牌舌，皆极奇特，与古今定制都不同，不知是否原物，虽然牌面的年代是确无可疑的。

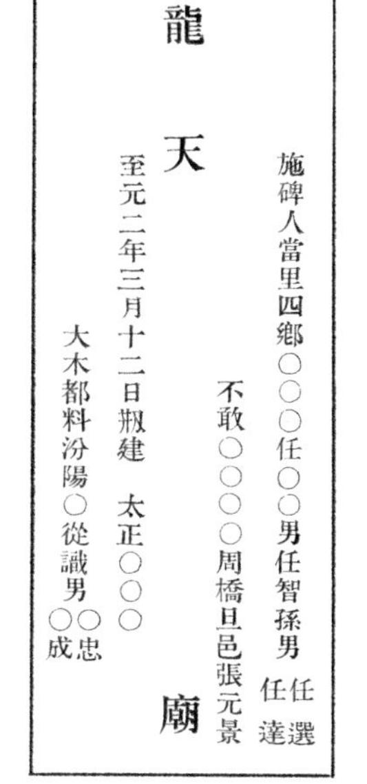

图 5-2　龙天庙正殿匾牌

汾阳县大相村崇胜寺

由太原至汾阳公路上，将到汾阳时，便可望见路东南百余米处，耸起一座庞大的殿宇，出檐深远，四角用砖筑立柱支着，引人注意。由大殿之东，进村之北门，沿寺东墙外南行颇远，始到寺门。寺规模宏敞，连山门一共六进。山门之内为天王门，天王门内左右为钟鼓楼，后为天王殿，天王殿之后为前殿、正殿（毗卢殿）及后殿（七佛殿）。除去第一进院之外，每院都有左右厢，在平面布置上完全是明清以后的式样，而在构架上则差不多各进都有不同的特征，明初至清末各种的式样都有代表“列席”。在建筑本身以外，正殿廊前放着一造像碑，为北齐天保三年物。

天王殿正中弘治元年（1488 年）碑说：

大相里横枕卜山之下……古来舍刹稽自大齐天保三年（552 年），大元延祐四年(1317 年)……奉敕建立后殿，增饰慈尊，额题崇胜禅寺，于是而渐成规模……大明宣德庚戌五年（1430 年），功竖中殿，廊庑翼如；周植树千本。……大明成化乙未十一年（1475 年）……构造天王殿，伽蓝宇祠，堂室俱备……

按现在情形看，天王殿与中殿之间，尚有前殿，天王殿前尚有钟楼、鼓楼，为碑文中所未及。而所"植树千本"，则一根也不存在了。

山门 山门三间，最平淡无奇；檐下用一斗三升斗栱，权衡甚小，但布置尚疏朗。

天王门 天王门三间，左右挟以斜照壁及掖门。斗栱权衡颇大，布置亦疏朗，每间用补间铺作二朵，角柱微生起，乍看确有古风。但是各栱昂头上过甚的雕饰，立刻表示其较晚的年代。天王门内部梁架都用月梁。但因前后廊子均异常的浅隘，故前后檐部斗栱的布置都有特别的结构，成为一个有趣的断面；前面用两列斗栱，高下不同，上下亦不相列，后檐却用垂莲柱，使檐部伸出墙外。

钟鼓楼 天王门之后，左右为钟鼓楼，其中钟楼结构精巧，前有抱厦，顶用十字脊，山花向前，甚为奇特。

天王殿 天王殿五间，即成化十一年所建，弘治元年碑，就立在殿之正中；天王像四尊，坐在东西稍间内。斗栱颇大，当心间用补间铺作两朵，次稍间用一朵，雄壮有古风。

前殿 前殿五间，大概是崇胜寺最新的建筑物，斗栱用品字式，上交托角替，垫栱板前罗列着全副博古，雕工精细异常，不唯是太琐碎了，而且是违反一切好建筑上结构及雕饰两方面的常规的。

配殿 前殿的东西配殿各三间，亦有几处值得注意之点。在横断面上，前后是不均齐的，如峪道河龙天庙正殿一样，"前廊后无廊"，而前廊用极大的斗栱，后廊用小斗栱，使侧面呈不均齐象。斗栱布置亦疏朗，每间用补间铺作一朵。出跳虽只一跳，在昂下及泥道栱下，却用替木式的短栱实拍承托，如大同华严寺海会殿及应县木塔顶层所见；但在此短栱头又以极薄小之翼形栱相交，都是他处所未见。最奇特的乃在阑额与柱头的连接法，将阑额两端斫去一部，使额之上部托在柱头之上，下部与柱相交，是以一构材而兼阑额及普拍枋两者的功用的。阑额之下托以较小的枋，长尽稍间，而在当心间插出柱头作角替，也许是《营造法式》卷五所谓“绰幕方”一类的东西。

正殿 正殿（毗卢殿）大概是崇胜寺内最古的结构，明弘治元年碑所载建于宣德庚戌五年（1430 年）的中殿即指此。殿是硬山造，“前廊后无廊”，前檐用硕大的斗栱，前后亦不均齐。斗栱布置，每间只用补间铺作一朵。前后各出两跳，单抄单下昂，重栱造，昂尾斜上，以承上一缝槫。当心间补间铺作用 45° 斜栱。阑额甚小，上有很宽的普拍枋，一切尚如古制。当心间两柱，八角形，这种柱常见于六朝隋唐的砖塔及石刻，但用木的，这是我们所得见唯一的例。檐出颇远，但只用椽而无飞椽，在这种大的建筑物上还是初见。

前廊西端立北齐天保三年任敬志等造像碑，碑阳造像两层，各刻一佛二菩萨，额亦刻佛一尊。上层龛左右刻天王，略像龙门两大天王。座下刻狮子二；碑头刻蟠龙，都是极品，底下刻字则更劲古可爱。可惜佛面已毁，碑阴字迹亦见剥落了。清初顾亭林到汾访此碑，见先生《金石文字记》。

七佛殿 最后为七佛殿七间，是寺内最大的建筑物，在公路上可以望见。按明万历二十年《增修崇胜寺记》碑，乃“以万历十二年动工，至二十年落成”。无疑地，这座晚明结构已替换了“大元元祐四年”的原建，在全部权衡上，这座明建尚保存着许多古代的美德，例如斗栱疏朗，出檐深远，尚表现一些雄壮气概。但各部本身，则尽雕饰之能事。外檐斗栱，上昂嘴特多，弯曲已甚；耍头上雕饰细巧；替木两端的花纹盘缠；阑额下更有龙形的角替；且金柱内额上斗栱坐斗之剔空花，竟将荷载之集中点（主要的建筑部分）做成脆弱的、纤巧的花样。匠人弄巧，害及好建筑，以至如此，实令人怅然。

虽然在雕工上看来，这些都是精妙绝伦的技艺，可惜太不得其道，以建筑物作卖技之场，结果因小失大，这巍峨大殿在美术上竟要永远蒙耻低头。

七佛殿槅扇上花心，精巧异常，为一种菱花与球纹混合的花样，在装饰图案上实是登峰造极的，殿顶的脊饰是山西所常见的普通做法。

汾阳县杏花村国宁寺

杏花村是做汾酒的古村，离汾阳甚近。国宁寺大殿由公路上可以望见。殿重檐，上檐檐椽毁损一部分，露出撩檐枋及阑额，远望似唐代刻画中所见双层额枋的建筑，故引起我们绝大的兴趣及希望，及到近前才知道是一片极大的寺址中仅剩的一座极不规矩的正殿；前檐倾圮，檐檩暴落，竟给人以奢侈的误会。廊下乾隆二十八年碑说："敕赐于唐贞观，重建于宋，历修于明代。"现存建筑大约是明时重建的。

在山西明代建筑甚多，形形色色，式样各异，斗栱布置或仍古制，或变换纤巧，陆离光怪，几不若以建筑规制论之。大殿的平面布置几成方形（图 5–3），重檐金柱的分间与外檐柱及内柱不相排列。而在结构方面，此殿做法很奇特，内部梁架，两山将采步金梁经过复杂勾结的斗栱，放在顺梁上，而采步金上，又承托两山顺扒梁（或大昂尾），法式新异，未见于他处。

至于下檐前面的斗栱，不安在柱头上，致使柱上空虚，做法错谬，大大违反结构原则，在老建筑上是甚少有的。

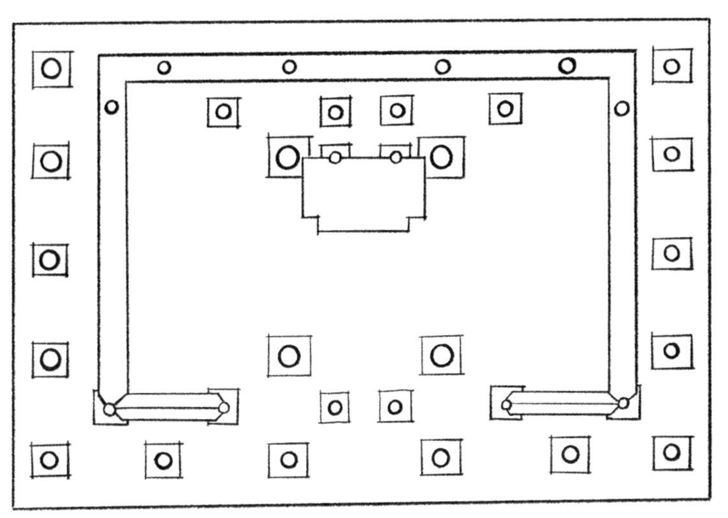

图 5-3　汾阳国宁寺平面略写

文水县开栅镇圣母庙

开栅镇并不在公路上，由大路东转沿着山势，微微向下曲折，因为有溪流、有大树，庙宇村巷全都隐藏，不易即见。庙门规模甚大，丹青剥落。院内古树合抱，浓荫四布，气氛严肃之极。建筑物除北首正殿、南首乐楼巍峨对峙外，尚有东西两堂，皆南向与正殿并列，雅有古风；廊庑、碑碣、钟楼、偏院，给人以浪漫印象较他庙为深，尤其是因正殿屋顶歇山向前，玲珑古制，如展看画里楼阁。屋顶歇山，山面向前，是宋代极普通的式制，在日本至今还用得很普遍，然在中国，由明以后，除去城角楼外，这种做法已不多见。正定隆兴寺摩尼殿是这种做法的，且由其他结构部分看去，我们知道它是宋初物。据我们所见过其他建筑歇山向前的，共有元代庙宇两处，均在正定。此外即在文水开栅镇圣母庙正殿又得见之。

殿平面作凸字形（图 5-4），后部为正方形殿三间，屋顶悬山造，前有抱厦，进深与后部同，面阔则较之稍狭，屋顶歇山造，山面向前。

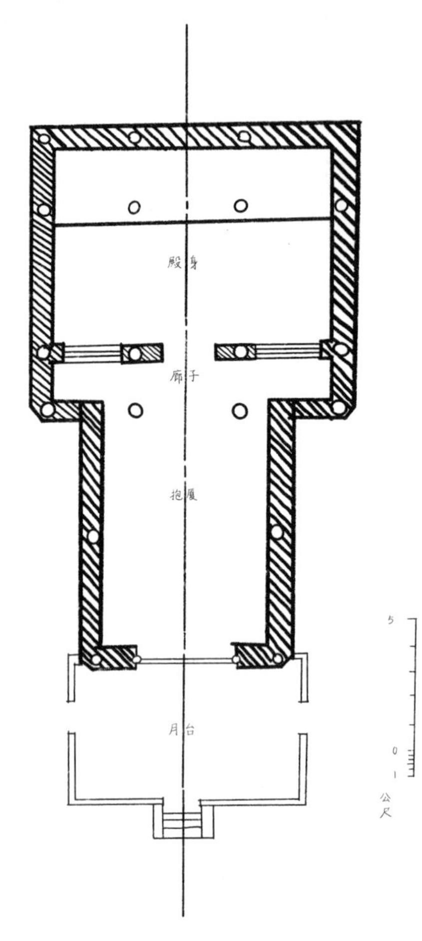

图 5-4　圣母庙正殿平面

后部斗栱，单昂出一跳，抱厦则重昂出两跳，布置极疏朗，补间仅一朵。昂并没有挑起的后尾，但斗栱在结构上还是有绝对的机能。耍头之上，撑头木伸出，刻略如麻叶云头，这可说是后来清式桃尖梁头之开始。前面歇山部分的构架，抟枋全承在斗栱之上，结构精密，堪称上品。正定阳和楼前关帝庙的构架和斗栱，与此多有相同的特征。但此处内部木料非常粗糙，呈简陋印象。

抱厦正面骤见虽似三间，但实只一间，有角柱而无平柱，而代之以槏柱（或称抱框），额枋是长同通面阔的。额枋的用法正面与侧面略异，亦是应注意之点，侧面额枋之上用普拍枋，而正面则不用；正面额枋之高度与侧面额枋及普拍枋之总高度相同，这也是少见的做法。

至于这殿的年代，在正面稍间壁上有元至元二十年(1283年)嵌石，刻文说：

夫庙者元近西溪，未知何代……后于此方要修其庙……梁书万岁大汉之时，天会十年季春之月……今者石匠张莹，嗟岁月之弥深，睹栋梁之抽换……恐后无闻，发愿刻碑。……

刻石如是。由形制上看来，殿宇必建于明以前，且因与正定关帝庙相同之点甚多，当可断定其为元代物。

圣母庙在平面布置上有一特殊值得注意之点。在正殿之东西，各有殿三间，南向，与正殿并列，尚存魏晋六朝东西堂之制。关于此点，刘敦桢先生在本刊(《中国营造学社汇刊》)五卷二期已申论得很清楚，不必在此赘述了。

文水县文庙

文水县，县城周整，文庙建筑亦宏大出人意料。院正中泮池，两边廊庑，碑石栏杆，围衬大成门及后殿，壮丽较之都邑文庙有过无不及；但建筑本身分析起来，颇多弱点，仅为山西中部清以后虚有其表的代表作之一种。庙里最古的碑记，有宋元符三年的县学进士碑，元明历代重修碑也不少。就形制看来，现在殿宇大概都是清以后所重建。

正殿　正殿开间狭而柱高，外观似欠舒适。柱头上用阑额和由额，二者之间用由额垫板，间以“荷叶墩”，阑额之上又用肥厚的普拍枋，这四层构材本来阑额为主，其他为辅，但此处则全一样大小，使宾主不分，极不合结构原则。斗栱不甚大，每间只用补间铺作一朵。坐斗下面，托以“皿板”，刻作古玩座形，当亦是当地匠人纤细弄巧做法之一种表现。斗栱外出两跳华栱，无昂，但后尾却有挑杆，大概是由耍头及撑头木引上。两山柱头铺作承托顺扒梁外端，内端坦然放在大梁上却倒率直。

戟门　戟门三间，大略与大成殿同时。斗栱前出两跳，单抄单下昂，正心用重栱，第一跳单栱上施替木承罗汉枋，第二跳不用栱，跳头直接承托替木以承挑檐枋及檐桁，也是少见的做法。转角铺作不用由昂，也不用角神或宝瓶，只用多跳的实拍栱（或靴契），层层伸出，以承角梁，这做法不止新颖，且较其他常见的尚为合理。

汾阳县小相村灵岩寺

小相村与大相村一样在汾阳文水之间的公路旁，但大相村在路东，而小相村却在路西，且离汾阳亦较远。灵岩寺在山坡上，远在村后，一塔秀挺，楼阁巍然，殿瓦琉璃，辉映闪烁夕阳中，望去易知为明清物，但景物婉丽可人，不容过路人弃置不睬。

离开公路，沿土路行四五里可达村前门楼。楼跨土城上，底下圆券洞门，一如其他山西所见村落。村内一路贯全村前后，雨后泥泞崎岖，难同入蜀，愈行愈疲，愈觉灵岩寺之远，始悟汾阳一带平原楼阁远望转近，不易用印象来计算距离的。及到寺前，残破中虽仅存山门券洞，但寺址之大，一望而知。

进门只见瓦砾土丘，满目荒凉，中间天王殿遗址，隆起如冢，气象堂皇。道中所见砖塔及重楼，尚落后甚远，更进又一土丘，当为原来前殿——中间露天趺坐两铁佛，中挟一无像大莲座；斜阳一瞥，奇趣动人，行人倦旅，至此几顿生妙悟，进入新境。再后当为正殿址，背景里楼塔愈迫近，更有铁佛三尊，趺坐慈静如前，东首一尊且低头前伛，现悯恻垂注之情。此时远山晚晴，天空如宇，两址反不殿而殿，严肃丽都，不借梁栋丹青，朝拜者亦更沉默虔敬，不由自主了。

铁像有明正德年号，铸工极精，前殿正中一尊已倾欹坐地下，半埋入土，塑工清秀，在明代佛像中可称上品。

灵岩寺各殿本皆发券窑洞建筑，砖砌券洞繁复相接，如古罗马遗建，由断墙土丘上边下望，正殿偏西，残窑多眼尚存。更像隧道密室相关联，有阴森之气，微觉可怕，中间多停棺柩，外砌砖椁，印象亦略如罗马石棺，在木造建筑的中国里探访遗迹，极少有此经验的。券洞中一处，尚存券底画壁，颜色鲜好，画工精美，当为明代遗物。

砖塔在正殿之后，建于明嘉靖二十八年。这塔可作晋冀两省一种晚明砖塔的代表。

砖塔之后，有砖砌小城，由旁面小门入方城内，别有天地，楼阁廊舍，尚极完整，但阒无人声，院内荒芜，野草丛生，幽静如梦；与“城”以外的堂皇残址，露坐铁佛，风味迥殊。

这院内左右配殿各窑五眼，窑筑巩固，背面向外，即为所见小城墙。殿中各余明刻木像一尊。北面有基窑七眼，上建楼殿七大间，即远望巍然有琉璃瓦者。两旁更有簃楼，石级露台曲折，可从窑外登小阁，转入正楼。夕阳落寞，淡影随人转移，处处是诗情画趣，一时记忆几不及于建筑结构形状。

下楼徘徊在东西配殿廊下看读碑文，在荆棘拥护之中，得朱之俊崇祯年间碑，碑文叙述水陆楼的建造原始甚详。

朱之俊自述：“夜宿寺中，俄梦散步院落，仰视左右，有楼翼然，赫辉壮观，若新成形……觉而异焉，质明举似普门师，师为余言水陆阁像，颇与梦合。余因征水陆缘起，慨然首事。……”

各处尚存碑碣多座，叙述寺已往的盛史。唯有现在破烂的情形及其原因，在碑上是找不出来的。

正在留恋中，老村人好事进来，打断我们的沉思，开始问答，告诉我们这寺最后的一页惨史。据说是光绪二十六年替换村长时，新旧两长各竖一帜，怂恿村人械斗，将寺拆毁。数日间竟成一片瓦砾之场，触目伤心；现在全寺余此一院楼厢，及院外一塔而已。

孝义县吴屯村东岳庙

由汾阳出发南行，本来可雇教会汽车到介休，由介休改乘公共汽车到霍州、赵城等县。但大雨之后道路泥泞，且同蒲路正在炸山筑路，公共汽车道多段已拆毁不能通行，沿途跋涉露宿，大部分竟以徒步得达。

我们曾因道阻留于孝义城外吴屯村，夜宿村东门东岳庙正殿廊下。庙本甚小，仅余一院一殿，正殿结构奇特，屋顶的繁复做法是我们在山西所见的庙宇中最已甚的。小殿向着东门，在田野中间镇座，好像乡间新娘，满头花钿，正要回门的神气。

庙院平铺砖块，填筑甚高，围墙矮短如栏杆，因墙外地洼，用不着高墙围护；三面风景，一面城楼，地方亦极别致。庙厢已做乡间学校，但仅在日中授课，顽童日出即到，落暮始散。夜里仅一老人看守，闻说日间亦是教员，薪金每年得二十金而已。

院略为方形，殿在院正中，平面则为正方形，前加浅隘的抱厦。两旁有斜照壁，殿身屋顶是歇山造；抱厦亦然，但山面向前，与开栅圣母正殿极相似，但因前为抱厦，全顶呈繁乱状，加以装饰物，愈富缛不堪设想。这殿的斗栱甚为奇特，其全朵的权衡为普通斗栱的所不常有，因为横栱——尤其是泥道栱及其慢栱——甚短，以致斗栱的轮廓耸峻，呈高瘦状。殿深一间，用补间斗栱三朵。抱厦较殿身稍狭，用补间铺作一朵，各层出45° 斜昂。昂嘴纤弱，鰤入颇深。各斗栱上的耍头，厚只及材之半，刻作霸王拳，劣匠弄巧的弊病在此可见。

侧面阑额之下，在柱头外用角替，而不用由额，这角替外一头伸出柱外，托阑额头下，方整无饰，这种做法无意中巧合力学原则，倒是罕贵的一例。檐部用椽子一层，并无飞椽，亦奇。但建造年月不易断定。我们夜宿廊下，仰首静观檐底黑影，看凉月出没云底，星斗时现时隐，人工自然，悠然溶合入梦，滋味深长。

霍县太清观

以上所记，除大相村崇胜寺规模宏大及圣母庙年代在明以前结构适当外，其他建筑都不甚重要。霍州县城甚大，庙观多，且魁伟，登城楼上望眺，城外景物和城内嵯峨的殿宇对照，堪称壮观。以全城印象而论，我们所到各处当无能出霍州右者。

霍县太清观在北门内，志称宋天圣二年，道人陶崇人建，元延祐三年道人陈泰师修。观建于土丘之上，高出两旁地面甚多，而且愈往后愈高，最后部庭院与城墙顶平，全部布局颇饶趣味。

观中现存建筑多明清以后物。唯有前殿，额曰“金阙玄元之殿”，最饶古趣。殿三间，悬山顶，立在很高的阶基上；前有月台，高如阶基。斗栱雄大，重栱重昂造，当心间用补间铺作两朵，稍间用一朵。柱头铺作上的耍头，已成桃尖梁头形式，但昂的宽度却仍早制，未曾加大。想当是明初近乎官式的作品。这殿的檐部，也是不用飞椽的。

最后一殿，歇山重檐造，由形制上看来，恐是清中叶以后新建。

霍县文庙

霍县文庙，建于元至元间，现在大门内还存元碑四座。由结构上看来，大概有许多座殿宇，还是元代遗构。在平面布置上，自大成门左右一直到后面，四周都有廊庑，显然是古代的制度。可惜现在全庙被划分两半，前半——大成殿以南——驻有军队，后半是一所小学校，前后并不通行，各分门户，予我们视察上许多不便。

前后各主要殿宇，在结构法上是一贯的。棂星门以内，便是大成门，门三间，屋顶悬山造。柱瘦高而额细，全部权衡颇高，尤其是因为柱之瘦长，颇类唐代壁画中所常视的现象。斗栱简单（图 5–5），单抄四铺作，令栱上施替木，以承橑檐槫。华栱之上施耍头，与令栱及慢栱相交，耍头后尾作楷头，承托在梁下；梁头也伸出到楷头之上，至为妥当合理。斗栱布置疏朗，每间只用补

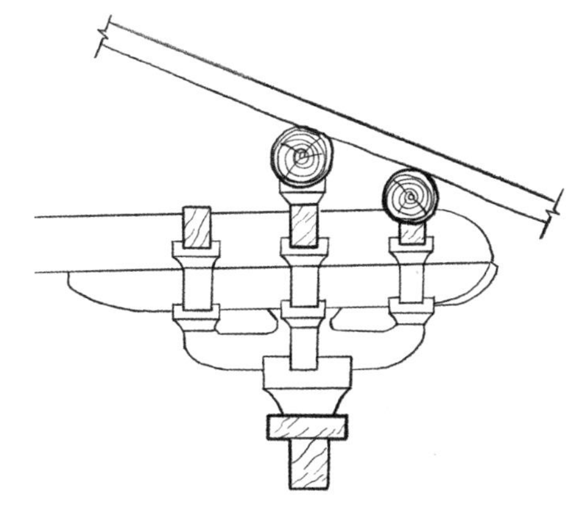

图 5–5　霍县文庙大门斗栱

间铺作一朵，放在细长的阑额及其厚阔的普拍枋上。普拍枋出柱头处抹角斜割，与他处所见元代遗物刻海棠卷瓣者略同。中柱上亦用简单的斗栱，华栱上一材，前后出楷头以承大梁。左右两中柱间，用柱头枋一材在慢栱上相联络；这柱头枋在左右中柱上向稍间出头作蚂蚱头，并不通排山。大成门梁架用材轻爽经济，将本身的重量减轻，是极妥善的做法。我们所见檐部只用圆椽，其上无飞檐椽的，这又是一例。

大成殿亦三间，规模并不大。殿立在比例高耸的阶基上，前有月台；上用砖砌栏杆（这矮的月台上本是用不着的）。殿顶歇山造。全部权衡也是峻耸状。因柱子很高，故斗栱比例显得很小。

斗栱，单下昂四铺作，出一跳，昂头施令栱以承橑檐槫及枋。昂嘴颇势圆和，但转角铺作角昂及由昂，则较为纤长。昂尾单独一根，斜挑下平槫下，结构异常简洁，也许稍嫌薄弱。斗栱布置疏朗，每间只用补间铺作一朵，三角形的垫栱版在这里竟呈扁长形状。

歇山部分的构架，是用两层的丁栿将山部托住。下层丁栿与阑额平，其上托斗栱。上层丁栿外端托在外檐斗栱之上，内端在金柱上，上托山部构架。

霍县东福昌寺

祝圣寺原名东福昌寺，明万历间始改今名。唐贞观四年，僧清宣奉敕建。元延祐四年，僧圆琳重建，后改为霍山驿。明洪武十八年，仍建为寺。现时因与西福昌寺关系，俗称上寺、下寺。就现存的建筑看，大概还多是元代的遗物。

东福昌寺诸建筑中，最值得注意的，莫过于正殿。殿七楹，斗栱疏朗，尤其在昂嘴的颇势上，富于元代的意味。殿顶结构至为奇特。乍见是歇山顶，但是殿本身屋顶与其下围廊顶是不连续成一整片的，殿上盖悬山顶，而在周围廊上盖一面坡顶（围廊虽有转角绕殿左右，但只及殿左右朵殿前面为止）。上面悬山顶有它自己的勾滴，降一级将水泄到下面一面坡顶上。汉代遗物中，瓦顶有这种两坡做法，如高颐石阙及纽约博物馆藏汉明器，便是两个例，其中一个是四阿顶，一个是歇山顶。日本奈良法隆寺玉虫厨子，也用同式的顶。这种古式的结构，不意在此得见其遗制，是我们所极高兴的。关于这种屋顶已在本刊（《中国营造学社汇刊》）五卷二期《汉代建筑式样与装饰》一文中详论，不必在此赘述。

在正殿左右为朵殿，这朵殿与正殿殿身、正殿围廊三部屋顶连接的结构法（图 5–6），至为妥善，在清式建筑中已不见这种智巧灵活的做法，官式规制更守住呆板办法删除特种变化的结构，殊可惜。

正殿阶基颇高，前有月台，阶基及月台角石上，均刻蟠龙，如《营造法式》石作之制。此例雕饰曾见于应县佛宫寺塔月台角石上。可见此处建筑规制必早在辽明以前。

后殿由形制上看，大概与正殿同时，当心间补间铺作用斜栱、斜昂，如大同善化寺金建三圣殿所见。

后殿前庭院正中尚有唐代经幢一柱存在，经幢之旁，有北魏造像残石，用砖龛砌护。石原为五像，弥勒（？）正中坐，左右各二菩萨

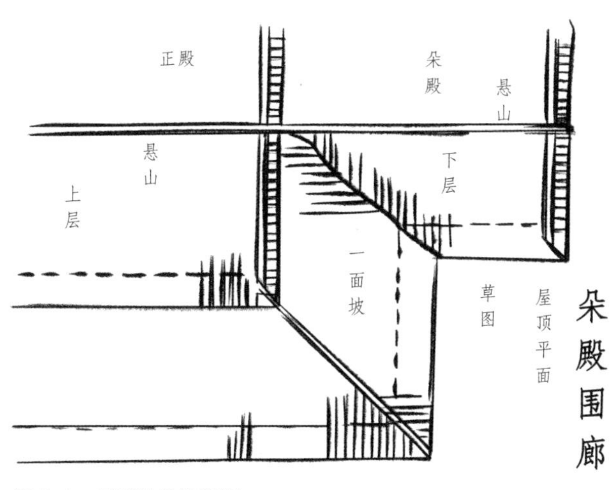

图 5–6　正殿及朵殿围廊

挟侍，惜残破不堪；左面二菩萨且已缺毁不存。弥勒垂足交胫坐，与云岗初期作品同，衣纹体态无一非北魏初期的表征，古拙可喜。

霍县西福昌寺

西福昌寺与东福昌寺在城内大街上东西相称。按《霍州志》，贞观四年，敕尉迟恭监造。初名普济寺。太宗以破宋老生于此，贞观三年，设建寺以树福田，济营魄。乃命虞世南、李百药、褚遂良、颜师古、岑文本、许敬宗、朱子奢等为碑文。可惜现时许多碑石一件也没有存在的了。

现在正殿五间。左右朵殿三间，当属元明遗构。殿廊下金泰和二年碑，则称寺创自太平兴国三年。前廊檐柱尚有宋式覆盆柱础。

前殿三间，歇山造，形制较古，门上用两门簪，也是辽宋之制。殿内塑像，颇似大同善化寺诸像。惜过游时，天色已晚，细雨不辍，未得摄影。但在殿中摸索，燃火在什物尘垢之中，瞻望佛容而已。

全寺地势前低后高。庭院层层高起，亦如太清观，但跨院旧址尚广，断墙倒壁，老榭荒草中，杂以民居，破落已极。

霍县火星圣母庙

火星圣母庙在县北门内。这庙并不古，却颇有几处值得注意之点。在大门之内，左右厢房各三间，当心间支出垂花雨罩，新颖可爱，足供新设计参考采用。正殿及献食棚屋顶的结构，各部相互间的联络，在复杂中倒合理有趣。在平面地布置上，正殿三间，左右朵殿各一间，正殿前有廊三间，廊前为正方形献食棚，左右廊子各一间。这多数相联络殿廊的屋顶（图 5–7）；正殿及朵殿悬山造，殿廊一面坡顶，较

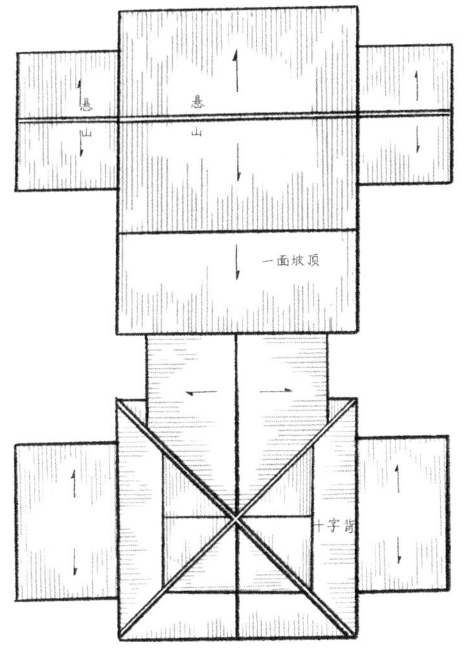

图5-7　霍县火星圣母庙屋顶平面图

正殿顶低一级，略如东福昌寺大殿的做法。献食棚顶用十字脊，正面及左右歇山，后面脊延长，与一面坡相交；左右廊子则用卷棚悬山顶。全部联络法至为灵巧，非北平官式建筑物屋顶所能有。

献食棚前琉璃狮子一对，塑工至精，纹路秀丽，神气生猛，堪称上品。

东廊下明清碑碣及嵌石颇多。

霍县县政府大堂

在霍县县政府的大堂的结构上，我们得见到滑稽绝伦的建筑独例。大堂前有抱厦，面阔三间。当心间阔而稍间稍狭，四柱之上以极小的阑额相连，其上却托着一整根极大的普拍枋，将中国建筑传统的构材权衡完全颠倒。这还不足为奇，最荒谬的是这大普拍枋之上，承托斗栱七朵，朵与朵间都是等距离，而没有一朵是放在任何柱头之上。作者竟将斗栱在结构上之原意义完全忘却，随便位置。斗栱位置不随立柱安排，除此一例外，唯在以善于做中国式建筑自命的慕菲氏所设计的南京金陵女子大学得又见之。

斗栱单昂四铺作，令栱与耍头相交，梁头放在耍头之上。补间铺作则将撑头木伸出于耍头之上，刻作麻叶云。令栱两散斗特大，两旁有卷耳，略如爱奥尼克（Ionic）柱头形。中部几朵斗栱，大斗之下用板块垫起，但其作用与皿版并不相同。阑额两端刻卷草纹，花样颇美。柱础宝装莲瓣覆盆，只分八瓣，雕工精到。

据壁上嵌石，元大德九年（1305年），某宗室“自明远郡（现地名待考）朝觐往返，霍郡适当其冲，虑郡廨隘陋”，所以增大重建。至于现存建筑物的做法及权衡，古今所无，年代殊难断定。

县府大门上斗栱、华栱层层作卷瓣（图5–8），也是违背常规的做法。

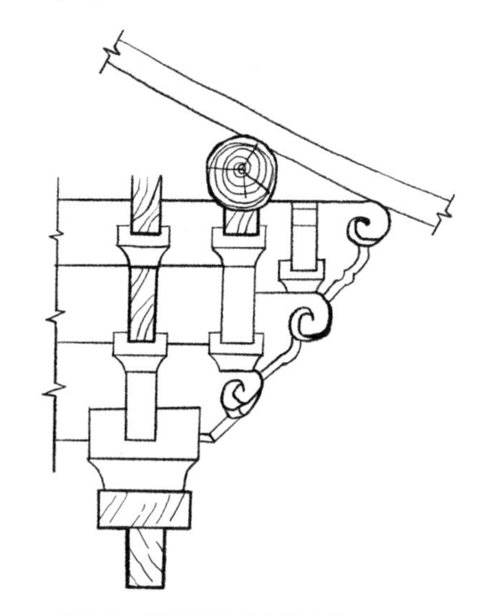

图5–8　霍县县政府大门斗栱

霍县北门外桥及铁牛

北门桥上的铁牛算是霍州一景，其实牛很平常，桥上栏杆则在建筑师的眼中，不但可算一景，简直可称一出喜剧。

桥五孔，是北方所常见的石桥，本无足怪。少见的是桥栏杆的雕刻，尤以望柱为甚。栏板的花纹各个不同，或用莲花、如意、万字、钟、鼓等纹样，刻工虽不精而布置尚可，可称粗枝大叶的石刻。至于望柱柱头上的雕饰，则动植物、博古、几何形无所不有，个个不同，没有重复，其中如猴子、人手、鼓、瓶、佛手、仙桃、葫芦、十六角形块，以及许多无名的怪形体，粗糙罗列，如同儿戏，无一不足，令人发笑。

至于铁牛，与我们曾见过无数的明代铁牛一样，笨蠢无生气，虽然相传为尉迟恭铸造，以制河保城的。牛日夜为村童骑坐抚摸，古色光润，自是当地一宝。

赵城县侯村女娲庙

由赵城县城上霍山，离城八里，路过侯村，离村三四里，已看见巍然高起的殿宇。女娲庙，《志》称唐构，访谒时我们固是抱着很大的希望的。

庙的平面，地面深广，以正殿——娲皇殿为中心，四周为廊屋，南面廊屋中部为二门，二门之外，左右仍为廊屋，南面为墙，正中辟山门，这样将庙分为内外两院。内院正殿居中，外院则有碑亭两座东西对立，印象宏大。这种是比较少见的平面布置。

按庙内宋开宝六年碑："乃于平阳故都，得女娲原庙重修……南北百丈，东西九筵；雾罩檐楹，香飞户牖……"但《志》称天宝六年重修，也许是开宝六年之误。次古的有元至元十四年重修碑，此外明清两代重修或祀祭的碑碣无数。

现存的正殿五间，重檐歇山，额曰娲皇殿。柱高瘦而斗栱不甚大。上檐斗栱，重栱双下昂造，每间用补间铺作一朵；下檐单下昂，无补间铺作。就上檐斗栱看，柱头铺作的下昂较补间铺作者稍宽，其上有颇大的梁头伸出，略具"桃尖"之形，下檐亦有梁头，但较小。就这点上看来，这殿的年代恐不能早过元末明初。现在正脊桁下且尚大书崇祯年间重修的字样。

柱头间联络的阑额甚细小，上承宽厚的普拍枋。歇山部分的梁架也似汾阳国宁寺所见，用斗栱在顺梁（或额）上承托采步金梁，因顺梁大小只同阑额，颇呈脆弱之状。这殿的彩画尤其是内檐的尚富古风，颇有《营造法式》彩画的意味。殿门上铁铸门钹、门钉，铸工极精俊。

二门内偏东宋石经幢，全部权衡虽不算十分优美，但是各部的浮雕精绝，如须弥座之上枋的佛迹图，正中刻城门，甚似敦煌壁画中所绘，左右图“太子”所见。中段覆盘，八面各刻狮像。上段仰莲座，各瓣均有精美花纹，其上刻花蕊。除大相村天保造像外，这经幢当为此行所见石刻中之最上妙品。

赵城县广胜寺下寺

一年多以前，赵城宋版藏经之发现，轰动了学术界，广胜寺之名已传遍全国了。国人只知藏经之可贵，而不知广胜寺建筑之珍奇。

广胜寺距赵城县城东南约四十里，据霍山南端。寺分上下两院，俗称“上寺”“下寺”。上寺在山上，下寺在山麓，相距里许（但是照当地乡人的说法，却是上山五里，下山一里）。

由赵城县出发，约经二十里平原，地势始渐高，此二十里虽说是平原，但多黏土平头小岗，路陷赤土谷中，蜿蜒出入，左右只见土崖及其上麦黍，头上一线蓝天，炎日当顶，极乏趣味。后二十里积渐坡斜，直上高冈，盘绕上下，既可前望山峦屏嶂，俯瞰田陇农舍，乃又穿行几处山庄村落，中间小庙城楼、街巷里井，均极幽雅有画意，树亦渐多渐茂，古干有合抱的，底下必供着树神，留着香火的痕迹。山中甘泉至此已成溪，所经地域，妇人童子多在濯菜浣衣，利用天然。泉清如琉璃，常可见底，见之使人顿觉清凉，风景是越前进越妩媚可爱。

但快到广胜寺时，却又走到一片平原上，这平原浩荡辽阔乃是最高一座山脚的干河床，满地石片，几乎不毛，不过霍山如屏，晚照斜阳早已在望，气象反开朗宏壮，现出北方风景的性格来。

因为我们向着正东，恰好对着广胜寺前行，可看其上下两院殿宇及宝塔，附依着山侧，在夕阳渲染中闪烁辉映，直至日落。寺由山下望着虽近，我们却在暮霭中兼程一时许，至人困骡乏，始赶到下寺门前。

下寺据在山坡上，前低后高，规模并不甚大。前为山门三间，由兜峻的甬道可上。山门之内为前院，又上而达前殿。前殿五间，左右有钟鼓楼，紧贴在山墙上，楼下券洞可通行，即为前殿之左右掖门。前殿之后为后院，正殿七间居后面正中，左右有东西配殿。

山门 山门外观奇特，最饶古趣。屋盖歇山造，柱高，出檐远，主檐之下前后各有“垂花雨搭”，悬出檐柱以外，故前后面为重檐，侧面为单檐。主檐斗栱单抄单下昂造，重栱五铺作，外出两跳。下昂并不挑起，但侧面小柱上则用双抄。泥道重栱之上，只施柱头枋一层，其上并无压槽枋。外第一跳重栱，第二跳令栱之上施替木以承挑檐槫。耍头斫作蚂蚱头形，斜面微鰤，如大同各寺所见。

雨搭由檐柱挑出，悬柱上施阑额、普拍枋，其上斗栱单抄四铺做单栱造。悬柱下端截齐，并无雕饰。

殿身檐柱甚高，阑额纤细，普拍枋宽大，阑额出头斫作蚂蚱头形，普拍枋则斜抹角。

内部中柱上用斗栱，承托六椽栿下，前后平椽缝下，施替木及襻间。脊槫及上平槫，均用蜀柱直接立于四椽栿上。檐椽只一层，不施飞椽。

如山门这样外表，尚为我们初见；四椽栿上三蜀柱并立，可以省却一道平梁，也是少见的。

前殿 前殿五间，殿顶悬山造；殿之东西为钟鼓楼。阶基高出前院约3米，前有月台；月台左右为礓礤甬道，通钟鼓楼之下。

前殿除当心间南面外，只有柱头铺作，而没有补间铺作。斗栱正心用泥道重栱，单昂出一跳，四铺作，跳头施令栱替木，以承橑檐槫，甚古简。令栱与梁头相交，昂嘴鰤势甚弯。后面不用补间铺作，更为简洁。

在平面上，南面左右第二缝金柱地位上不用柱（图5–9），却用极大的内额，由内平柱直跨至山柱上，而将左右第二缝前后檐柱上的“乳栿”（？）尾特别伸长，斜向上挑起，中段放在上述内额之上，

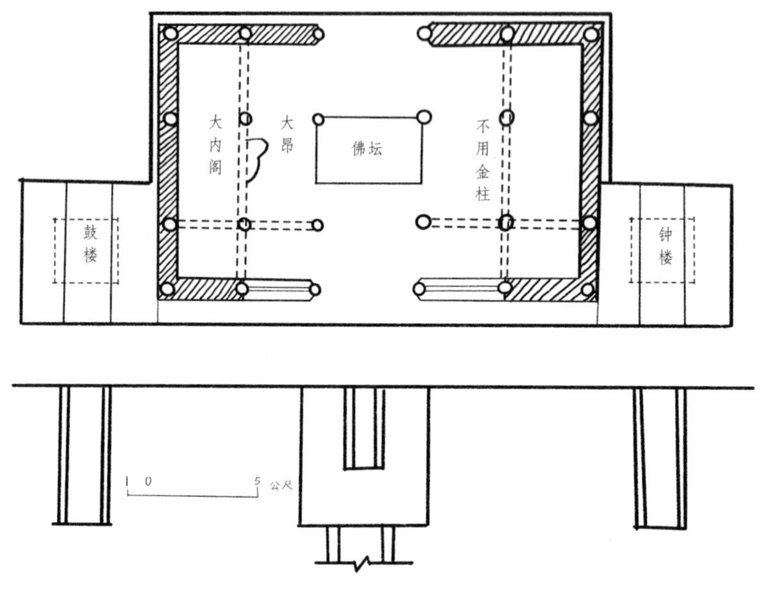

图 5-9　前殿平面

上端在平梁之下相接，承托着平梁之中部，这与斗栱的用昂在原则上是相同的，可以说是一根极大的昂。广胜寺上下两院都用与此相类的结构法。这种构架在我们历年国内各地所见许多的遗物中，这还是第一个例。尤其重要的是因日本的古建筑，尤其是飞鸟灵乐等初期的遗构都是用极大的昂，结构与此相类，这个实例乃大可佐证建筑家早就怀疑的问题。这问题便是日本这种结构法，是直接承受中国宋以前建筑规制，并非自创，而此种规制在中国后代反倒失传或罕见。同时使我们相信广胜寺各构在建筑遗物实例中的重要，远超过于我们起初所想象的。

两山梁架用材极为轻秀，为普通大建筑物中所少见。前后出檐飞子极短，博风板狭而长。正脊、垂脊及吻兽均雕饰繁富。

殿北面门内供僧像一躯，显然埃及风味，煞是可怪。

两山墙外为钟鼓楼，下有砖砌阶基，下为发券门道可以通行。阶基立小小方亭，斗栱单昂，十字脊歇山顶。就钟鼓楼的位置论，这也不是一个常见的布置法。

殿内佛像颇笨拙，没有特别精彩处。

正殿　正殿七间居最后。正中三间辟门，门左右很高的直棂槛窗。殿顶也是悬山造。

斗栱五铺作，重栱，出两跳，单抄单下昂，昂是明清所常见的假昂，乃将平置的华栱而加以昂嘴的。斗栱只施于柱头不用补间铺作。令栱上施替木，以承橑檐槫。泥道重栱之上只施柱头枋一层，其上相隔颇远，方置压槽枋。论到用斗栱之简洁，我们所见到的古建筑以这两处为最。虽然就斗栱与建筑物本身的权衡比起来，并不算特别大，而且在昂嘴及普拍枋出头处等详部，似乎倾向较后的年代，但是就大体看，这寺的建筑，其古洁的确是超过现存所有中国古建筑的。这个到底是后代承袭较早的遗制，还是原来古构已含了后代的几个特征，却甚难说。

正殿的梁架结构与前殿大致相同。在平面上左右缝内柱与檐柱不对中（图 5-10），所以左右第一、二缝檐柱上的乳栿皆将后尾翘起，搭在大内额上，但栿（或昂）尾只压在四椽栿下，不似前殿之在平梁下正中相交。四椽栿以上侏儒柱及平梁均轻秀如前殿，这两殿用材之经济，虽尚未细测，只就肉眼观察，较以前我们所看过的辽代建筑尚过之。若与官式清代梁架比，真可算中国建筑中梁架轻重之两极端，就比例上计算，这寺梁的横断面的面积，也许不到清式梁的横断面三分之一。

正殿佛像五尊，塑工精极，虽然经过多次的重妆，还与大同华岩寺簿伽教藏殿塑像多少相似。侍立诸菩萨尤为俏丽有神，饶有唐风，佛容衣带，庄者庄，逸者逸，塑造技艺，实臻绝顶。东西山墙下十八罗汉，并无特长，当非原物。

东山墙尖象眼壁上，尚有壁画一小块，图像色泽皆美。据说民(国）十六（年）寺僧将两山壁画卖与古玩商，以价款修葺殿宇，唯恐此种

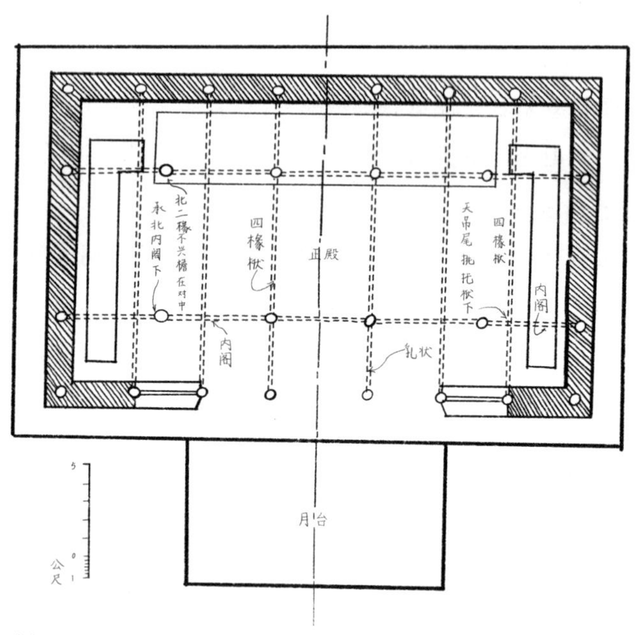

图 5-10　正殿平面图

计划仍然是盗卖古物谋利的动机。现在美国彭省大学[1]博物院所陈列的一幅精美的称为“唐”的壁画，与此甚似。近又闻美国堪萨斯省立博物院[2]新近得壁画，售者告以出处，即云此寺。

朵殿　正殿之东西各有朵殿三间。朵殿亦悬山造，柱瘦高，额细，普拍枋甚宽。斗栱四铺作单下昂。当心间用补间铺作两朵，稍间一朵。全部与正殿前殿大致相似，当是同年代物。

1 即宾夕法尼亚大学。

2 即密苏里州堪萨斯城纳尔逊－阿特金斯（Nelson-Atkins）艺术博物馆。

赵城县广胜寺上寺

上寺在霍山最南的低峦上。寺前的“琉璃宝塔”，兀立山头，由四五十里外望之，已极清晰。

由下寺到上寺的路颇兜峻，盘石奇大，但石皮极平润，坡上点缀着山松，风景如中国画里山水近景常见的布局，峦顶却是一个小小的高原，由此望下，可看下寺，鸟瞰全景；高原的南头就是上寺山门所在。山门之内是空院，空院之北，与山门相对者为垂花门。垂花门内在正中线上立着“琉璃宝塔”。塔后为前殿，著名的宋版藏经就藏在这殿里。前殿之后是个空敞的前院，左右为厢房，北面为正殿。正殿之后为后殿，左右亦有两厢。此外在山坡上尚有两三处附属的小屋子。

琉璃宝塔　琉璃宝塔亦称为飞虹塔。就平面的位置上说，塔立在垂花门之内，前殿之前的正中线上，本是唐制。塔平面作八角形，高十三级，塔身砖砌，饰以琉璃瓦的角柱、斗栱檐瓦佛像，等等。最下层有木围廊。这种做法与热河永麻寺舍利塔及北平香山静宜园琉璃塔是一样的。但这塔围廊之上，南面尚出小抱厦一间，上交十字脊。

全部的权衡上看，这塔的收分特别的急速，最上层檐与最下层砖檐相较，其大小只及下者三分之一强。而且上下各层的塔檐轮廓成一直线，没有卷杀圜和之味。各层檐角也不翘起，全部为呆板的直线，绝无寻常中国建筑柔和的线路。

塔之最下层供极大的释迦坐像一尊，如应县佛宫寺木塔之制。下层顶棚作穹隆式，饰以极繁细的琉璃斗栱。塔内有级可登，其结构法之奇特，在我们尚属初见。普通的砖塔内部，大半不可入，尤少可以攀登的。这塔却是个较罕的例外。塔内阶级每步高约 60 ~ 70 厘米，宽约 10 厘米，成一个约合 60 度的兜峻的坡度。这极高极狭的踏步每段到了终点，平常用休息板的地方却不用了，竟忽然停止，由这一段的最上一级，反身却可迈过空的休息板，攀住背面墙上又一段踏步的最下一级（图 5–11）；在梯的两旁墙上留下小砖孔，可以容两手攀

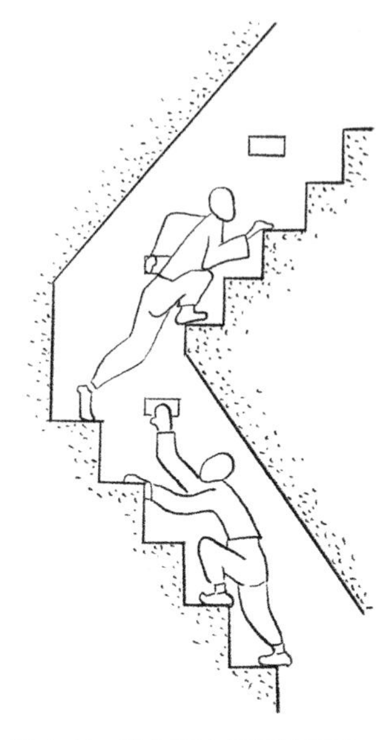

图 5-11　飞虹塔内部楼梯断面

扶及放烛火的地方。走上这没有半丝光线的峻梯的人，在战栗之余不由得不赞叹设计者心思之巧妙。

关于这塔的年代，相传建于北周，我们除在形制上可以断定其为明清规模外，在许多的琉璃上我们得见正德十年的年号，所以现存塔身之形成，年代很少可疑之点。底层木廊正檩下又有“天启二年创建”字样，就是廊子过大而不相称的权衡看来，我们差不多可以断定正德的原塔是没有这廊子的。

虽然在建筑的全部上看来，各种琉璃瓦饰用得繁缛不得当，如各朵斗栱的耍头均塑作狰狞的鬼脸，尤为滑稽；但就琉璃自身的质地及塑工说，可算无上精品。

前殿　前殿在塔之北：殿的前面及殿前不甚大的院子，整个被高大的塔挡住。殿面阔五间，进深四间，屋顶单檐歇山造。斗栱重栱造，双下昂；正面当心间用补间铺作两朵，次间一朵，稍间不用；这种的布置实在是疏朗的，但因开间狭而柱高，故颇呈密挤之状，骤看似晚代布置法。但在山面却不用补间铺作，这种正侧两面完全不同的布置，又是他处所未见。柱头与柱头之间联络，阑额较小而普拍枋宽大，角柱上出头处，阑额斫作楷头，普拍枋头斜抹角。我们以往所见两普拍枋在柱头相接处（即《营造法式》所谓“普拍枋间缝”），都顶头放置，但此殿所见，则如《营造法式》卷三十所见“勾头搭掌”的做法，也许以前我们疏忽了，所以迟迟至今才初次开眼。

前殿的梁架与下寺诸殿梁架亦有一个相同之点，就是大昂之应用。除去前后檐间的大昂外，两山下的大昂尤为巧妙。可惜摄影失败，只留得这帧不甚准确的速写断面图（图 5-12）。这大昂的下端承托在斗栱耍头之上，中部放在“采步金”梁之上，后尾高高翘起，挑着平梁的中段，这种做法与下寺所见者同一原则，而用得尤为得当。

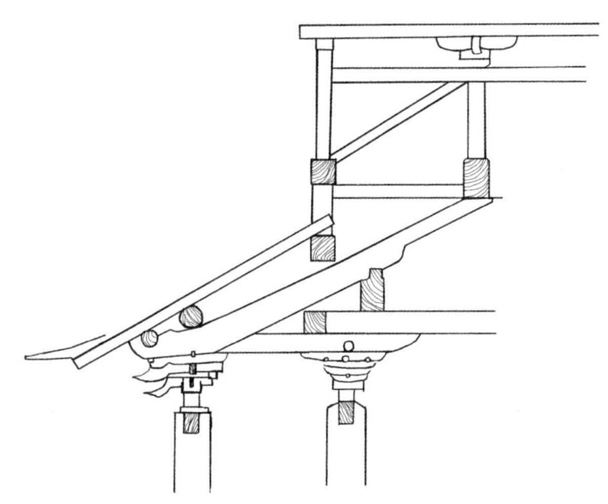

图 5-12　前殿两山纵断面忆写略图

前殿塑像颇佳，虽已经过多次的重塑，但尚保存原来清秀之气。佛像两旁侍立像，宋风十足，背面像则略次。

正殿　正殿面阔五间，悬山造，前殿开敞的庭院与前殿隔院相望。骤见殿前廊檐，极易误认为近世的构造，但廊檐之内抱头梁上，赫然犹见单昂斗栱的原状。如同下寺正殿一样，这殿并不用补间铺作，结构异常简洁。内部梁架因有顶棚，故未得见，但一定也有伟大奇特的做法。

正殿供像三尊，释迦、文殊及普贤，塑工极精，富有宋风，其中尤以菩萨为美。佛帐上剔空浮雕花草、龙兽、几何纹，精美绝伦，乃木雕中之无上好品。两山墙下列坐十八罗汉铁像，大概是明代所铸。

后殿　后殿居寺之最后。面阔五间，进深四间，四阿顶。因面阔进深为五与四之比，所以正脊长只及当心间之广，异常短促，为别处所未见。内柱相距甚远，与檐柱不并列。斗栱为五铺作双下昂。当心间用补间铺作两朵，次间稍间及两山各用一朵。柱头铺作两下昂平置，托在梁下，补间铺作则将第二层昂尾挑起。柱瘦高，额细长，普拍枋较阑额略宽。角柱上出头处，阑额斫作楷头，普拍枋抹角，做法与前殿完全相同。殿内梁架用材轻巧，可与前殿相埒。山面中线上有大昂尾挑上平榑下。内柱上无内额，四阿并不推山。梁架一部分的彩画，如几道榑下红地白绿色的宝相华（？），及斗栱上的细边古织锦文，想都是原来色泽。

殿除南面当心间辟门外，四周全有厚壁。壁上画像不见得十分古，也不见得十分好。当心间槅扇，花心用雕镂拼镶极精细的圆形相交花纹，略如《营造法式》卷三十二所见“挑白球文格眼”，而精细过之。这槅扇的格眼乃由许多各个的梭形或箭形雕片镶成，在做工上是极高的成就。在横披上，槅扇纹样与下面略异，而较近乎清式“菱花槅扇”的图案。

后殿佛像五尊，塑工甚劣，面貌肥俗，手臂无骨，衣褶圆而不垂，背光繁缛不堪，佛冕及发全是密宗的做法。侍立菩萨较清秀，但都不如正殿塑像远甚。

广胜寺上下两院的主要殿宇，除琉璃宝塔而外，大概都属于同一时期，它们的结构法及作风都是一致的。

上下两寺壁间嵌石颇多，碑碣也不少，其中叙述寺之起源者，有治平元年重刻的郭子仪奏碣。碣字体及花边均甚古雅。文如下：

晋州赵城县城东南三十里，霍山南脚上，古育王塔院一所。右河东□观察使司徒□兼中书令，汾阳郡王郭子仪奏；臣据□朔方左厢兵马使，开府仪同三司，试太常卿，五原郡王李光瓒状称前塔接山带水，古迹见存，堪置伽蓝，自愿成立。伏乞奏置一寺，为国崇益福□，仍请以阿育王为额者。巨准状牒州勘责，得耆寿百姓陈仙童等状，与光瓒所请，置寺为广胜。因伏乞天恩，遂其诚愿，如蒙特命，赐以为额，仍请于当州诸寺选僧住持洒扫。中书门下牒河东观察使牒奉敕故牒。

大历四年五月二十七日牒。住寺阇梨僧□切见当寺石碣岁久，隳坏年深，今欲整新，重标斯记。治平元年，十一月二十九日。

由右碣文看来，寺之创立甚古，而在唐代宗朝就原有塔院建立伽蓝，敕名广胜。至宋英宗时，伽蓝想仍是唐代原建。但不知何时伽蓝颓毁，以致需要将下寺：

计九殿自（金）皇统元年辛酉（1141 年）至贞元元年癸酉（1153 年）历二十三年，无年不兴工。……

却是这样大的工程，据元延祐六年（1319 年）石，则：

大德七年（1303 年），地震，古刹毁，大德九年修渠（按即下寺前水渠），木装。延祐六年始修殿。

大德七年的地震一定很剧烈，以致"古刹毁"。现存的殿宇，用大昂的梁架虽属初次拜见，无由与其他梁架遗例比较。但就斗栱枋额看，如下昂嘴纤弱的卷杀，普拍枋出头处之抹去方角，都与他处所见相似。至于瘦高的檐柱和细长的额枋，又与霍县文庙如出一手。其为元代遗物，殆少可疑。不过梁架的做法极为奇特，在近数年寻求所得，这还是唯一的一个孤例，极值得我们研究的。

赵城县广胜寺明应王殿

广胜寺在赵城一带，以其泉水出名。在山麓下下寺之前，有无数的甘泉，由石缝及地下涌出，供给赵城、洪洞两县饮料及灌溉之用。凡是有水的地方都得有一位龙王，所以就有龙王庙。

这一处龙王庙规模之大，远在普通龙王庙之上，其正殿——明应王殿——竟是个五间正方重檐的大建筑物。若是论到殿的年代，也是龙王庙中之极古者。

明应王殿平面五间，正方形，其中三间正方为殿身，周以回廊。上檐显山顶，檐下施重栱双下昂斗栱。当心间施补间铺作两朵，次间施一朵。斗栱权衡颇为雄大，但两下昂都是平置的华栱，而加以昂嘴的。下檐只用单下昂，次间、稍间不施补间铺作，当心间只施一朵，而这一朵却有 45° 角的斜昂。阑额的权衡上下两檐有显著之异点，上檐阑额较高较薄，下檐则极小；而普拍枋则上檐宽薄，而下檐高厚。上檐以阑额为主而辅以普拍枋，下檐与之正相反，且在额下施繁缛的雕花罩子。殿身内前面两金柱省去，而用大梁由前面重檐柱直达后金柱，而在前金柱分位上施扒梁（图 5-13）。并无特殊之点。

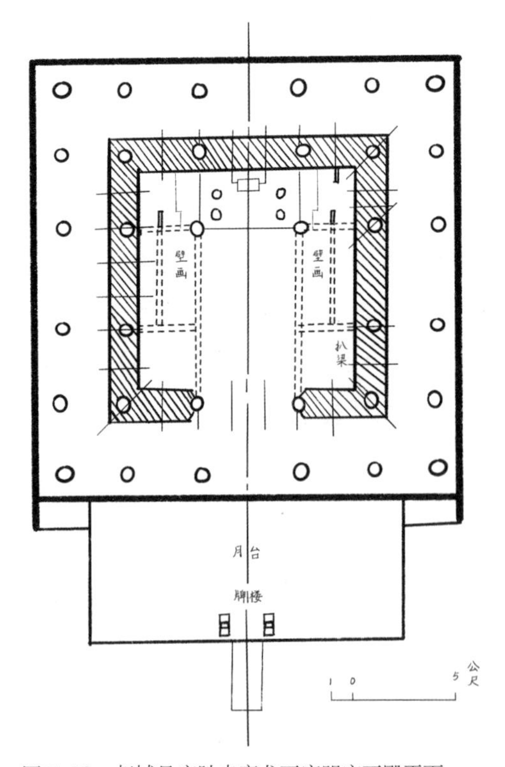

图 5-13　赵城县广胜寺旁龙王庙明应王殿平面

明应王殿四壁皆有壁画，为元代匠师笔迹。据说正门之上有画师的姓名及年月，须登梯拂尘燃灯始得读，惜匆匆未能如愿。至于壁画，其题材纯为非宗教的，现有古代壁画大多为佛像，这种题材至为罕贵。

至于殿的年代，大概是元大德地震以后所建，与嵩山少林寺大德年间所建鼓楼有许多相似之点。

明应王殿的壁画和上下寺的梁架，都是极罕贵的遗物，都是我们所未见过的独例。由美术史上看来，都是绝端重要的史料。我们预备再到赵城做较长时间的逗留，俾得对此数物，做一个较精密地研究。目前只能做此简略地记述而已。

赵城县霍山中镇庙

照《县志》的说法，广胜寺在县城东南四十里霍山顶，兴唐寺唐建，在城东三十里霍山中，所以我们认为它们在同一相近的去处，同在霍山上，相去不过二十余里，因而预定先到广胜寺，再由山上绕至兴唐寺去。却是事实乃有大谬不然者。到了广胜寺始知到兴唐寺还须下山绕到去城八里的侯村，再折回向东行再行入山，始能到达。我心想既称唐建，又在山中，如果原构仍然完好，我们岂可惮烦，轻轻放过。

我们晨九时离开广胜寺下山，等到折回又到了霍山时已走了十二小时！沿途风景较广胜寺更佳，但近山时实已入夜，山路崎岖，峰峦迫近如巨屏，谷中渐黑，凉风四起，只听脚下泉声奔湍，看山后一两颗星点透出夜色，骡役俱疲，摸索难进，竟落后里许。我们本是一直徒步先行的，至此更得奋勇前进，不敢稍怠（怕夫役强主回头，在小村落里住下），入山深处，出手已不见掌，加以脚下危石错落、松柏横斜，行颇不易。喘息攀登，约一小时，始见远处一灯高悬，掩映松间，知已近庙，更急进敲门。

等到老道出来应对，始知原来我们仍远离着兴唐寺三里多，这处为霍岳山神之庙，亦称中镇庙。乃将错就错，在此住下。

我们到时已数小时未食，故第一事便到"香厨"里去烹煮。厨在山坡上窑穴中，高踞庙后左角，庙址既大，高下不齐，废园荒圃，在黑夜中更是神秘，当夜我们就在正殿塑像下秉烛洗脸铺床，同时细察梁架，知其非近代物。这殿奇高，烛影之中，印象森然。

第二天起来忙到兴唐寺去，一夜的希望顿成泡影。兴唐寺虽在山中，却不知如何竟已全部折建，除却几座清式的小殿外，还加洋式门面，等等；新塑像极小，或罩以玻璃框，鄙欲无比，全庙无一样值得记录的。

中镇庙虽非我们初时所属意，来后倒觉得可以略略研究一下。据《山西古物古迹调查表》，谓庙之创建在隋开皇十四年，其实就形制上看来，恐最早不过元代。

殿身五间，周围廊，重檐歇山顶。上檐施单抄单下昂五铺作斗栱，下檐则仅单下昂。斗栱颇大，上下檐俱用补间铺作一朵。昂嘴细长而直；耍头前面微颤，而上部圆头突起，至为奇特。

太原县晋祠

晋祠离太原仅五十里，汽车一点多钟可达，历来为出名的"名胜"，闻人名士由太原去游览的风气自古盛行。我们在探访古建的习惯中，多对"名胜"怀疑：因为最是"名胜"容易遭"重修"乃至于"重建"的大毁坏，原有建筑故最难得保存！所以我们虽然知道晋祠离太原近在咫尺，且在太原至汾阳的公路上，我们亦未尝预备去访"胜"的。

直至赴汾的公共汽车上了一个小小山坡，绕着晋祠的背后过去时，忽然间我们才惊异地抓住车窗，望着那一角正殿的侧影，爱不忍释。相信晋祠虽成"名胜"，却仍为"古迹"无疑。那样魁伟的殿顶、雄大的斗栱、深远的出檐，到汽车过了对面山坡时，尚巍巍在望，非常醒目。晋祠全部的布置，则因有树木看不清楚，但范围不小，却也是一望可知。

我们惭愧不应因其列为名胜而即定其不古，故相约一月后归途至此下车，虽不能详察或测量，至少亦得浏览摄影，略考其年代、结构。

由汾回太原时我们在山西已过了月余的旅行生活，心力俱疲，还带着种种行李什物，诸多不便，但因那一角殿宇常在心目中，无论如何不肯失之交臂，所以到底停下来预备做半日的勾留，如果错过那末后一趟公共汽车回太原的话，也只好听天由命，晚上再设法露宿或住店！

在那种不便的情形下，带着“一不做，二不休”的拼命心理，我们下了那挤到水泄不通的公共汽车，在大堆行李中捡出我们的“粗重细软”——由杏花村的酒坛子到峪道河边的兰芝种子——累累赘赘的，背着掮着，到车站里安顿时，我们几乎埋怨到晋祠的建筑太像样——如果花花簇簇的来个乾隆重建，我们这些麻烦不全省了么？

但是一进了晋祠大门，那一种说不出的美丽辉映的大花园，使我们惊喜愉悦，过于初时的期望。无以名之，只得叫它作花园。其实晋祠布置又像庙观的院落，又像华丽的宫苑，全部兼有开敞堂皇的局面和曲折深邃的雅趣，大殿楼阁在古树婆娑池流映带之间，实像个放大的私家园亭。

所谓唐槐周柏，虽不能断其为原物，但枝干奇伟，虬曲横卧，煞是可观。池水清碧，游鱼闲逸，还有后山石级小径、楼观石亭各种衬托。各殿雄壮，巍然其间，使初进园时的印象，感到俯仰堂皇，左右秀媚，无所不适。虽然再进去即发见近代名流所增建的中西合壁的丑怪小亭子，等等，夹杂其间。

圣母庙为晋祠中间最大的一组建筑；除正殿外，尚有前面“飞梁”（即十字木桥）、献殿及金人台、牌楼，等等，今分述如下。

正殿 晋祠圣母庙大殿，重檐歇山顶，面阔七间，进深六间，平面几成方形，在布置上至为奇特。殿身五间，副阶周匝。但是前廊之深为两间，内槽深三间（图 5-14），故前廊异常空敞，在我们尚属

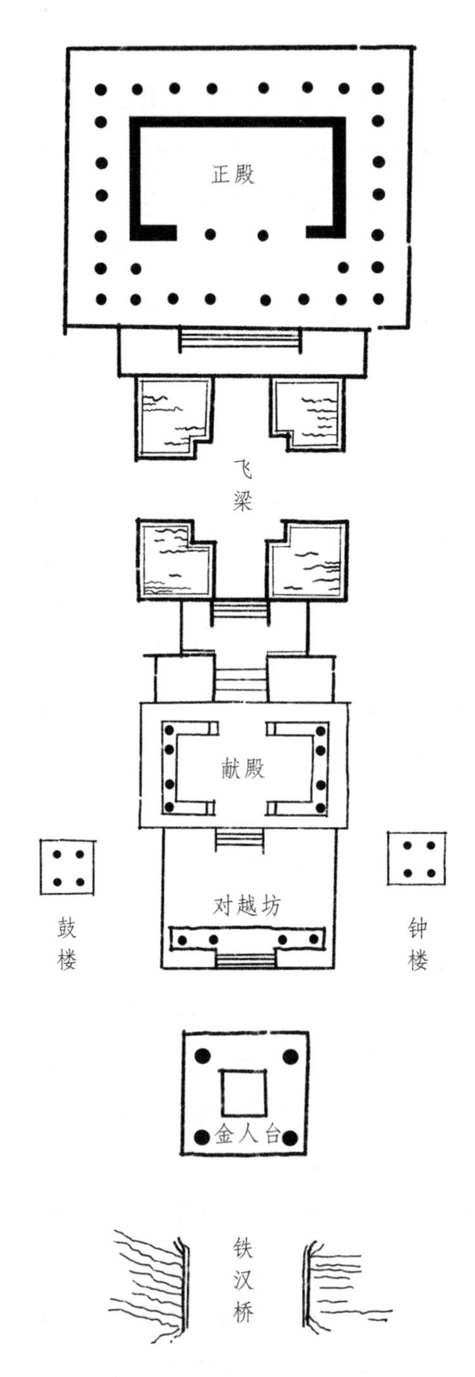

图 5-14　圣母殿平面速写略图

初见。

斗栱的分配，至为疏朗。在殿之正面，每间用补间铺作一朵，侧面则仅稍间用补间铺作。下檐斗栱五铺作，单栱出两跳；柱头出双下昂，补间出单抄单下昂。上檐斗栱六铺作，单栱出三跳，柱头出双抄单下昂，补间出单抄双下昂，第一跳偷心，但饰以翼形栱。但是在下昂的形式及用法上，这里又是一种未曾得见的奇例。柱头铺作上极长大的昂嘴两层，与地面完全平行，与柱成正角，下面平，上面斫颤，并未将昂嘴向下斜斫或斜插，亦不求其与补间铺作的真下昂平行，完全真率的坦然放在那里，诚然是大胆诚实的做法。在补间铺作上，第一层昂昂尾向上挑起，第二层则将与令栱相交的耍头加长斫成昂嘴形，并不与真昂平行地向外伸出。这种做法与正定隆兴寺摩尼殿斗栱极相似，至于其豪放生动，似较之尤胜。在转角铺作上，各层昂及由昂均水平地伸出，由下面望去，颇呈高爽之象。山面除稍间外，均不用补间铺作。斗栱彩画与《营造法式》卷三十四“五彩遍装”者极相似。虽属后世重装，当是古法。

这殿斗栱俱用单栱，泥道单栱上用柱头枋四层，各层枋间用斗垫托。阑额狭而高，上施薄而宽的普拍枋。角柱上只普拍枋出头，阑额不出。平柱至角柱间有显著的生起。梁架为普通平置的梁，殿内因黑暗，时间匆促，未得细查。前殿因深两间，故在四椽栿上立童柱，以承上檐，童柱与相对之内柱间，除斗栱上之乳栿及札牵外，柱头上更用普拍枋一道以相固济。

按卫聚贤《晋祠指南》，称圣母庙为宋天圣年间建。由结构法及外形姿势看来，较《营造法式》所定的做法的确更古拙豪放，天圣之说当属可靠。

献殿　献殿在正殿之前，中隔放生池。殿三间，歇山顶。与正殿结构法手法完全是同一时代、同一规制之下的。斗栱单栱五铺作；柱头铺作双下昂，补间铺作单抄单下昂，第一跳偷心，但饰以小小翼形栱。正面每间用补间铺作一朵，山面唯正中间用补间铺作。柱头铺作的双下昂，完全平置，后尾承托梁下，昂嘴与地面平行，如正殿的昂。补间则下昂后尾挑起，耍头与令栱相交，长长伸出，斫作昂嘴形。两殿斗栱外面不同之点，唯在令栱之上，正殿用通长的挑檐枋，而献殿则用替木。斗栱后尾唯下昂挑起，全部偷心，第二跳跳头安梭形栱，单独的昂尾挑在平槫之下。至于柱头普拍枋，与正殿完全相同。

献殿的梁架只是简单的四椽栿上放一层平梁，梁身简单轻巧，不弱不费，故能经久不坏。

殿之四周均无墙壁，当心间前后辟门，其余各间在坚厚的槛墙之上安直棂栅栏，如《营造法式》小木作中之叉子，当心间门扇亦为直棂栅栏门。

殿前阶基上铁狮子一对，极精美，筋肉真实，灵动如生。左狮胸前文曰“太原文水弟子郭丑牛兄……政和八年四月二十六日”，座后文为“灵石县任章常柱任用段和定……”，右狮字不全，只余“乐善”二字。

飞梁　正殿与献殿之间，有所谓“飞梁”者，横跨鱼沼之上。在建筑史上，这“飞梁”是我们现在所知的唯一的孤例。本刊（《中国营造学社汇刊》）五卷一期中，刘敦桢先生在《石轴柱桥述要》一文中，对于石柱桥有详细的伸述，并引《关中记》及《唐六典》中所记录的石柱桥。就晋祠所见，则在池中立方约30厘米的石柱若干，柱上端微卷杀如殿宇之柱；柱上有普拍枋相交，其上置斗，斗上施十字栱相交，以承梁或额。在形制上这桥诚然极古，当与正殿、献殿属于同一时期。而在名称上尚保存着古名，谓之飞梁，这也是极罕贵值得注意的。

金人　献殿前牌楼之前，有方形的台基，上面四角上各立铁人一，谓之金人台。四金人之中，有两个是宋代所铸，其西南角金人胸前铸字，为宋故绵州魏城令刘植……等于绍圣四年立。像塑法平庸，字体尚佳。其中两个近代补铸，一清朝、一民国，塑铸都同等的恶劣。

晋祠范围以内，尚有唐叔虞祠、关帝庙等处，匆促未得入览，只好俟诸异日。唐贞观碑原石及后代另摹刻的一碑均存，且有碑亭妥为保护。

山西民居

门楼　山西的村落无论大小，很少没有一个门楼的。村落的四周，并不一定都有围墙，但是在大道入村处，必须建一座这种纪念性建筑物，提醒旅客，告诉他又到一处村镇了。河北境内虽也有这种布局，但究竟不如山西普遍。

山西民居的建筑也非常复杂，由最简单的穴居到村庄里深邃富丽的财主住宅院落，到城市中紧凑细致的讲究房子，颇有许多特殊之点，值得注意的。但限于篇幅及不多的照片，只能略举一二，详细分类研究只能等待以后的机会了。

穴居　穴居之风，盛行于黄河流域，散见于河南、山西、陕西、甘肃诸省，龙非了先生在本刊（《中国营造学社汇刊》）五卷一期《穴居杂考》一文中，已讨论得极为详尽。这次在山西随处得见；穴内冬暖夏凉，住居颇为舒适，但空气不流通是一个极大的缺憾。穴窑均作抛物线形，内部有装饰极精者，窑壁抹灰，乃至用油漆护墙。窑内除火炕外，更有衣橱桌椅等家具。窑穴时常据在削壁之旁，成一幅雄壮的风景画，或有穴门权衡优美纯净，可在建筑术中称上品的。

砖窑　这并非北平所谓烧砖的窑，乃是指用砖发券的房子而言。虽没有向深处研究，我们若说砖窑是用砖来模仿崖旁的土窑，当不至于大错。这是因住惯了穴居的人要脱去土窑的短处，如潮湿、土陷的危险，等等，而保存其长处，如高度的隔热力等，所以用砖砌成窑形，三眼或五眼，内部可以互通。为要压下券的推力，故在两旁须用极厚的墙墩；为要使券顶坚固，故须用土作撞券。这种极厚的墙壁，自然有极高的隔热力的。

这种窑券顶上均用砖墁平，在秋收的时候，可以用作曝晒粮食的露台。或防匪时村中临时城楼，因各家窑顶多相连，为便于升上窑顶，所以窑旁均有阶级可登。山西的民居无论贫富，什九以上都有砖窑或土窑的，乃至在寺庙建筑中，往往也用这种做法。在赵城至霍山途中，适过一所建筑中的砖窑，颇饶趣味。

在这里我们要特别介绍在霍山某民居门上所见的木版印门神，那种简洁刚劲的笔法，是匠画中所绝无仅有的。

磨坊　磨坊虽不是一种普通的民居，但是住着却别有风味。磨坊利用急流的溪水做发动力，所以必须引水入室下，推动机轮，然后再循着水道出去流入山溪。因磨粉机不息地震动，所以房子不能用发券，而用特别粗大的梁架。因求面粉洁净，坊内均铺光润的地板。凡此种种，都使得磨坊成为一种极舒适凉爽又富有雅趣的住处，尤其是峪道河深山深溪之间，世外桃源里，难怪得被人看中做消夏最合宜的别墅。

由全部的布局上看来，山西的村野的民居最善利用地势，就山崖的峻缓高下，层层叠叠，自然成画！使建筑在它所在的地上，如同自然由地里长出来，权衡适宜，不带丝毫勉强，无意中得到建筑术上极难得的优点。

农庄内民居　就是在很小的村庄之内，庄中富有的农人也常有极其讲究的房子，这种房子和北方城市中的“瓦房”同一模型，皆以“四合头”为基本，分配的形式，中加屏门、垂花门，等等。其与北平通常所见最不同处有四点：

（一）在平面上，假设正房向南，东西厢房的位置全在北房“通面阔”的宽度以内，使正院成南北长东西窄，狭长的一条，失去四方的形式。这个布置在平面上当然是省了许多地盘，比将厢房移出正房通面阔以外经济，且因其如此，正房及厢房的屋顶（多半平顶）极容易联络，石梯的位置就可在厢房北头，夹在正房与厢房之间，上到某程便可分两面，一面旁转上到厢房屋顶，又一面再上几级可达正房顶。

（二）虽说是瓦房，实仍为平顶砖窑，仅留前廊或前檐部分用斜坡青瓦。侧面看去实像砖墙前加用“雨搭”。

（三）屋外观印象与所谓三开间同，但内部却仍为三窑眼，窑与窑间亦用发券门，印象完全不似寻常堂屋。

（四）屋的后面女儿墙上做成城楼式的箭垛，所以整个房子后身由外面看去直成一座堡垒。

城市中民房　如介休、灵石城市中民房与村落中讲究的大同小异，但多有楼，如用窑造亦仅限于下层。城中房屋栉比，拥挤不堪，平面布置尤其经济，不多占地盘，正院比普通的更瘦窄。

一房与他房间多用夹道，大门多在曲折的夹道内，不像北平房子之庄重均衡，虽然内部则仍沿用一正两厢的规模。

这种房子最特异之点，在瓦坡前后两片不平均的分配。房脊靠后许多，约在全进深四分之三的地方，所以前坡斜长，后坡短促，前檐玲珑，后墙高垒，做内秀外雄的样子，倒极合理有趣。

赵城、霍州的民房所占地盘较介休一般从容得多。赵城房子的檐廊部分尤多繁富的木雕，院内真是画梁雕栋、琳琅满目，房子虽大，联络甚好，因厢房与正屋多相连属，可通行。

山庄财主的住房 这种房子在一个庄中可有两三家，遥遥相对，仍可以令人想象到当日的气焰。其所占地面之大、外墙之高、砖石木料上之工艺、楼阁别院之复杂，均出于我们意料之外甚多。灵石往南，在汾水东西有几个山庄，背山临水，不宜耕种，其中富户均经商别省，发财后回来筑舍显耀宗族的。

房子造法形式与其他山西讲究房子相同，但较近于北平官式，做工极其完美。外墙石造雄厚惊人，有所谓“百尺楼”者，即此种房子的外墙，依着山崖筑造，楼居其上。由庄外遥望，十数里外犹可见，百尺矗立，崔嵬奇伟，足镇山河，为建筑上之荣耀！

结尾

这次晋汾一带暑假的旅行，正巧遇着同蒲铁路兴工期间，公路被毁，给我们机会将三百余里的路程慢慢地细看，假使坐汽车或火车，则有许多地方都没有停留的机会，我们所错过的古建，是如何的可惜。

山西因历代争战较少，故古建筑保存得特多。我们以前在河北及晋北调查古建筑所得的若干见识，到太原以南的区域，若观察不慎，时常有以今乱古的危险。在山西中部以南，大个儿斗栱并不稀罕，古制犹存。但是明清期间山西的大斗栱，栱斗昂嘴的卷杀极其弯矫，斜栱用得毫无节制，而斗栱上加入纤细的三福云一类的无谓雕饰，允其暴露后期的弱点，所以在时代的鉴别上，仔细观察，还不十分扰乱。

殿宇的制度，有许多极大的寺观，主要的殿宇都用悬山顶，如赵城广胜下寺的正殿前殿，上寺的正殿等，与清代对于殿顶的观念略有不同。同时又有多种复杂的屋顶结构，如霍县火星圣母庙、文水县开栅镇圣母庙，等等，为明清以后官式建筑中所少见。有许多重要的殿宇，檐椽之上不用飞椽，有时用而极短。明清以后的作品雕饰偏于繁缛，尤其屋顶上的琉璃瓦，制瓦者往往为对于一件一题雕塑的兴趣所驱，而忘却了全部的布局，甚悖建筑图案简洁的美德。

发券的建筑，为山西一个重要的特征，其来源大概是由于穴居而起，所以民居、庙宇莫不用之，而自成一种特征，如太原的永祚寺大雄宝殿，是中国发券建筑中的主要作品，我们虽然怀疑它是受了耶酥会士东来的影响，但若没有山西原有通用的方法，也不会形成那样一种特殊的建筑的。在券上筑楼也是山西的一种特征，所以在古剧里，凡以山西为背景的，多有上楼下楼的情形，可见其为一种极普遍的建筑法。

赵城县广胜寺在结构上最特殊，寺旁明应王殿的壁画，为壁画不以佛道为题材的唯一孤例，所以我们在最近的将来，即将前往详究。晋祠圣母庙的正殿、飞梁、献殿，为宋天圣间重要的遗构，我们也必须去做进一步的研究的。

6

平郊建筑杂录（续）*

——天宁寺塔建筑年代之鉴别问题

一年来，我们在内地各处跑了些路，反倒和北平生疏了许多，近郊虽近，在我们心里却像远了一些，北平广安门外天宁寺塔的研究的初稿竟然原封未动，许多地方竟未再去图影实测，一年半前所关怀的平郊胜迹，那许多美丽的塔影、城角、小楼、残碣于是全都淡淡地，委屈地在角落里初稿中尽睡着下去。

我们想国内爱好美术古迹的人日渐增加，爱慕北平名胜者更是不知凡几，或许对于如何鉴别一个建筑物的年代也常有人感兴趣，我们这篇讨论天宁寺塔的文字或可供研究者参考。

关于天宁寺塔建造的年代，据一般人的传说及康熙、乾隆的碑记，多不负责地指为隋建，但依塔的式样来做实物的比较，将全塔上下各

* 本文原载于1935年《中国营造学社汇刊》第五卷第四期，署名梁思成、林徽因。

部逐件指点出来，与各时代其他砖塔对比，再由多面引证反证所有关于这塔的文献，谁也可以明白这塔之绝对不能是隋代原物。

国内隋唐遗建，纯木者尚未得见，砖石者亦大罕贵，但因其为佛教全盛时期，常留大规模的图画雕刻遗迹于各处，如敦煌、云冈、龙门等，其艺术作风、建筑规模或花纹手法，则又为研究美术者所熟审。宋辽以后遗物虽有不载朝代年月的，可考者终是较多，且同时代、同式样，同一作风的遗物亦较繁伙，互相印证比较容易。故前人泥于可疑的文献，相传某物为某代原物的，今日均不难以实物比较方法，用科学考据态度，重新探讨，辩证其确实时代。这本为今日治史及考古者最重要亦最有趣的工作。

我们的《平郊建筑杂录》，本预定不录无自己图影或测绘的古迹，且均附游记，但是这次不得不例外。原因是《艺术周刊》已预告我们的文章一篇，一时因图片关系交不了卷，近日这天宁寺又尽在我们心里欠伸活动，再也不肯在稿件中间继续睡眠状态，所以决意不待细测全塔，先将对天宁寺简略的考证及鉴定，提早写出，聊作我们对于鉴别建筑年代方法程序的意见，以供同好者的参考。希望各处专家、读者给以指正。

广安门外天宁寺塔是属于那种特殊形式，研究塔者常直称其为“天宁式”的，因为此类塔散见于北方各地，自成一派，天宁则又是其中规模最大者。此塔不仅是北平近郊古建遗迹之一，且是历来传说中颇多误认为隋朝建造的实物。但其塔型显然为辽金最普通的式样，细部手法亦均未出宋辽规制范围。关于塔之文献方面材料又全属于可疑一类，直至清代碑记，及《冷然志》《顺天府志》等，始以坚确口气直称其为隋建。传说塔最上一层南面有碑，关于其建造年代，将来或可在这碑上找到最确实的明证，今姑分文献材料及实物作风两方面讨论之。讨论之前，先略述今塔的形状如下。

简略地说，塔的平面为八角形，立面显著地分三部：一是繁复之塔座。二是较塔座略细之第一层塔身。三是以上十三层支出的密檐。

全塔砖造高 57.80 米，合国尺 17 丈有奇。

塔建于一方形大平台之上，平台之上始立八角形塔座。座甚高，最下一部为须弥座，其"束腰"有壶门花饰，转角有浮雕像。此上又有镂刻着壶门浮雕之束腰一道。最上一部为勾栏斗栱俱全之平座一围，阑上承三层仰翻莲瓣。

第一层塔身立于仰莲座之上，其高度几等于整个塔座，四面有拱门及浮雕像，其他四面又各有直棂窗及浮雕像。此段塔身与其上十三层密檐是划然成塔座以上的两个不同部分，十三层密檐中，最下一层是属于这第一层塔身的，出檐稍远，檐下斗栱亦与上层稍稍不同。

上部十二层，每层仅有出檐及斗栱，各层重叠不露塔身。宽度则每层向上递减，递减率且向上增加，使塔外廓作缓和之卷杀。

塔各层出檐不远，檐下均施双抄斗栱。塔的转角为立柱，故其主要的柱头铺作，亦即为其转角铺作。在上十二层两转角间均用补间铺作两朵。唯有第一层只用补间铺作一朵。第一层斗栱与上各层做法不同之处在转角及补间均加用斜栱一道。

塔顶无刹，用两层八角仰莲，上托小须弥座，座承宝珠。塔纯为砖造，内心并无梯级可登。

历来关于天宁寺的文献，《日下旧闻考》中殆已搜集无遗，共计有《神州塔传》《续高僧传》《广弘明集》《帝京景物略》《长安客话》《析津日记》《隩志》《艮斋笔记》《明典汇》《冷然志》，及其他关于这塔的记载，以及乾隆重修天宁寺碑文及各处许多的题诗（唯康熙天宁寺《礼塔碑记》并未在内）。所收材料虽多，但关于现存砖塔建造的年代，则除却年代最后的那个乾隆碑之外，综前代的文献中无一句有确实性的明文记载。

不过《顺天府志》将《日下旧闻考》所集的各种记述，竟然自由草率地综合起来，以确定的语气说："寺为元魏所造，隋为宏业，唐为天王，金为大万安，寺当元末兵火荡尽，明初重修，宣德改曰天宁，正统更名广善戒坛，后复今名……寺内隋塔高二十七丈五尺五寸……"等。

按《日下旧闻考》中诸文多重复抄袭及迷信传述，有朝代年月及实物之记载的，有下列重要的几段：

（一）《神州塔传》："隋仁寿间幽州宏业寺建塔藏舍利。"此书在文献中年代大概最早，但传中并未有丝毫关于塔身形状、材料、位置之记述，故此段建塔的记载与现存砖塔的关系完全是疑问的。仁寿间宏业寺建塔，藏舍利，并不见得就是今天立着的天宁寺塔，这是很明显的。

（二）《续高僧传》："仁寿下敕召送舍利于幽州宏业寺，即元魏孝文之所造，旧号光林……自开皇末，舍利到前，山恒倾摇……及安塔竟，山动自息……"《续高僧传》，唐时书，亦为集中早代文献之一。按此在隋开皇中"安塔"，但其关系与今塔如何则仍然如《神州塔传》一样，是疑问的。

（三）《广弘明集》："仁寿二年分布舍利五十一州，建立灵塔。幽州表云，三月二十六日，于宏业寺安置舍利……"这段仅记安置舍利的年月也是与上两项一样的，与今塔（即现存的建筑物）并无确实关系。

（四）《帝京景物略》："隋文帝遇阿罗汉授舍利一囊……乃以七宝函致雍岐等十三州建一塔，天宁寺其一也，塔高十三寻，四周缀铎万计……塔前一幢，书体遒美，开皇中立。"这是一部明末的书，距隋已隔许多朝代。在这里我们第一次见到隋文帝建塔藏舍利的历史与天宁寺塔串在一起的记载。据文中所述高十三寻缀铎的塔颇似今存之塔，但这高十三寻缀铎的塔是否即隋文帝所建，则仍无根据。此书行世在明末，由隋至明这千年之间，除唐以外，辽、金、元对此塔既无记载，隋文帝之塔本可几经建造而不为此明末作者所识。且六朝及早唐之塔，据我们所知道的，如《洛阳伽蓝记》所述之"胡太后塔"，及日本现存之京都法隆寺塔，均是木构。且我们所见的邓州大兴国寺，仁寿二年的舍利宝塔下铭，铭石圆形，亦像是埋在木塔之"塔心柱"下那块圆础下层石，这使我们疑心仁寿分布诸州之舍利塔均为隋时最普遍之木塔，这明末作者并不及见那木构原物，所谓十三寻缀铎的塔倒是今日的砖塔。至于开皇石幢，据《析津日记》（亦明人书）所载，则早已失所在。

（五）《析津日记》："寺在元魏为光林，在隋为宏业，在唐为天王，在金为大万安，宣德修之曰天宁，正统中修之曰万寿戒坛，名凡数易。访其碑记，开皇石幢已失所在即金元旧碣亦无片石矣。盖此寺本名宏业，而王元美谓幽州无宏业，刘同人谓天宁之先不为宏业，皆考之不审也。"

《析津日记》与《帝京景物略》同为明人书，但其所载"天宁之先不为宏业？"及"考之不审也"这种疑问态度与《帝京景物略》之武断恰恰相反，且作者"访其碑记"要寻"金元旧碣"对于考据之慎重亦与《帝京景物略》不同，这个记载实在值得注意。

（六）至于《隩志》，不知明代何时书，似乎较以上两书稍早。文中："天王寺之更名天宁也，宣德十年事也；今塔下有碑勒更名敕，碑阴则正统十年刊行藏经敕也。碑后有尊胜陀罗尼石幢，辽重熙十七年五月立。"

此段记载，性质确实之外，还有个可注意之点，即辽重熙年号及刻有此年号之实物，在此轻轻提到，至少可以证明两桩事：一是辽代对于此塔亦有过建设或增益。二是此段历史完全不见记载，乃至于完全失传。

（七）《长安客话》："寺当元末兵火荡尽；文皇在潜邸，命所司重修。姚广孝曾居焉。宣德间敕更今名。"这段所记"寺当元末兵火荡尽"，因下文重修及"姚广孝曾居焉"等语气，似乎所述仅限于寺院，不及于塔。如果塔亦荡尽，文皇（成祖）重修时岂不还要重建塔？如果真的文皇曾重建个大塔，则作者对于此事当不止用"命所司重修"一句。且《长安客话》距元末至少已200年，兵火之后到底什么光景，那作者并不甚了了，他的注意处在夸扬文皇在潜邸重修的事耳。但事实如何，但借文献实在无法下断语。

（八）至于《冷然志》，书的时代既晚，长篇的描写对于塔的神话式来源又已取坚信态度，更不足凭信。不过这里认塔前有开皇幢，或为辽重熙幢之误，可注意。

关于天宁寺的文献，完全限于此种疑问式的短段记载。至于康熙、乾隆长篇的碑文，虽然说得天花乱坠，对于天宁寺过去的历史，似乎非常明白，毫无疑问之处，但其所根据也只是限于我们今日所知道的一把疑云般的不完全的文献材料，其确实性根本不能成立。且综以上文献看来，唐以后关于塔只有明末清初的记载，中间要紧的各朝代经过，除辽重熙立过石幢、金大定易名大万安禅寺外，并无一点记述，今塔的真实历史在文献上可以说并无把握。

文献资料既如上述的不完全、不可靠，我们唯有在形式上鉴定其年代。这种鉴别法完全赖于观察及比较工作所得的经验，如同鉴定字画、金石、陶瓷的年代及真伪一样，虽有许多为绝对的，且可以用文字笔墨形容之点，也有一些是较难，乃至不能言传的，只好等观者由经验去意会。

其可以言传之点，我们可以分作两大类去观察：一是整个建筑物之形式，也可以说是图案之概念。二是建筑各部之手法或作风。关于图案概念一点，我们可以分作平面及立面讨论。唐以前的塔，我们所知道的，平面差不多全作正方形。实物如西安大雁塔、小雁塔、玄奘塔、香积寺塔、嵩山永泰寺塔及房山云居寺四个小石塔、河南、山东无数唐代或以前高僧墓塔，如山东神通寺四门塔、灵岩寺法定塔、嵩山少林寺法玩塔，等等。刻绘如云冈……龙门石刻、敦煌壁画，等等，平面都是作正方形的。我们所知的唯一的例外，在唐以前的唯有嵩山嵩岳寺塔，平面作十二角形，这十二角形平面不唯在唐以前是例外，就是在唐以后也没有第二个，所以它是个例外之最特殊者，是中国建筑史中之独例。除此以外，则直到中唐或晚唐，方有非正方形平面的八角形塔出现，这个罕贵的遗物即嵩山会善寺净藏禅师塔。按禅师于天宝五年圆寂，这塔的兴建绝不会在这年以前，这塔短稳古拙，亦是孤例，而比这塔还古的八角形平面塔，除去天宁寺——假设它是隋建的话——别处还未得见过。在我们今日，觉得塔的平面或作方形，或作多角形，没甚奇特。但是一个时代的作者，大多数跳不出他本时代盛行的作风或规律以外的——建筑物尤甚——所以生在塔平面作方形的时代，能做出一个平面不作方形的塔来，是极罕有的事。

至于立面方面我们请先看塔全个的轮廓之所以形成。天宁寺的塔是在一个基坛之上立须弥座，须弥座上立极高的第一层，第一层以上有多层密而扁的檐的。这种第一层高以上多层扁矮的塔，最古的例当然是那十二角形嵩山嵩岳寺塔，但除它而外，是须到唐开元以后才见有那类似的做法，如房山云居寺四小石塔。在初唐期间，砖塔的做法多如大雁塔一类各层均等递减的。但是我们须注意，唐以前的这类上段多层密檐塔，不唯是平面全作方形，而且第一层之下无须弥座等雕饰，且上层各檐是用砖层层垒出，不施斗栱，其所呈的外表完全是两样的。

所以由平面及轮廓看来，竟可证明天宁寺塔为隋代所建之绝不可能，因为唐以前的建筑师就根本没有这种塔的观念。

至于建筑各部的手法作风，则更可以辅助着图案概念方面不足的证据，而且往往更可靠，更易于鉴别。我们不妨详细将这塔的每个部分提出审查。

建筑各部构材在中国建筑中占位置最重要的，莫过于斗栱。斗栱演变的沿革，差不多就可以说是中国建筑结构法演变史。在看多了的人，差不多只须一看斗栱，对一座建筑物的年代便有七八分把握。建筑物之用斗栱，据我们所知道的，是由简而繁。砖塔、石塔最古的例如北周神通寺四门塔及东魏嵩岳寺十二角十五层塔，都没有斗栱。次古的如西安大雁塔及香积寺砖塔，皆属初唐物，只用斗而无栱。与之略同时或略后者如西安兴教寺玄奘塔，则用简单的一斗三升交蚂蚱头在柱头上。直至会善寺净藏塔，我们始得见简单人字栱的补间铺作。神通寺龙虎塔建于唐末，只用双抄偷心华栱。真正用砖石来完全模仿成朵复杂的斗栱的，至五代宋初始见，其中便是如我们所见的许多“天宁式”塔。此中年代确实的有辽天庆七年的房山云居寺南塔，金大定二十五年的正定临济寺青塔，辽道宗太康六年（1080 年）的涿县普寿寺塔，见刘士能先生《河北省西部古建筑调查记略》，还有蓟县白塔，等等。在那时候还有许多砖塔的斗栱是木质的，如杭州雷峰塔、保俶塔、六和塔，等等。

天宁寺塔的斗栱，最下层平座，用华栱两跳偷心，补间铺作多至三朵。主要的第一层，斗栱出两跳华栱，角柱上的转角铺作，在大斗之旁有附角斗，补间铺作一朵，用 45° 斜栱。这两个特点都与大同善化寺金代的三圣殿相同。第二层以上，则每面用补间铺作两朵；补间铺作之繁重，亦与转角铺作相埒，都是出华栱两跳，第二跳偷心的。就我们所知，唐以前的建筑不唯没有用补间铺作两朵的，而且虽用一朵，亦只极简单，纯处于辅材的地位的直斗或人字栱等而已。就斗栱看来，这塔是绝对不能早过辽宋时期的。

承托斗栱的柱额亦极清楚地表示它的年代。我们只需一看年代确定的唐塔或六朝塔，凡是用倚柱的，如嵩岳寺塔、玄奘塔、净藏塔，都用八角形（或六角？）柱，虽然有一两个用扁柱的，如大雁塔，却是显然不模仿圆或角柱形。圆形倚柱之用在砖塔，唐以前虽然不能定其必没有，而唐以后始盛行。天宁寺塔的柱是圆的。这圆柱之上有额枋，额枋在角柱上出头处，斫齐如辽建中所常见，蓟县独乐寺、大同下华岩寺都有如此的做法。额枋上的普拍枋，更令人疑它年代之不能很古，因为唐以前的建筑十之八九不用普拍枋，上文所举之许多例率皆如此。但自宋辽以后，普拍枋已占了重要位置。这额枋与普拍枋虽非绝对证据，但亦表示结构是辽金以后而又早于元时的极高可能性。

在天宁寺塔的四正面有圆拱门，四隅面有直棂窗。这诚然都是古制，尤其直棂窗，那是宋以后所少用。但是圆门券上不用火焰形券饰，与大多数唐代及以前佛教遗物异其趣旨。虽然其上浮雕璎珞宝盖略作火焰形，疑原物或照古制，为重修时所改。至于门扇上的菱花格棂，则尤非宋以前所曾见，唐五代砖石各塔的门及敦煌画壁中我们所见的都是钉门钉的板门。

栏杆的做法又予我们以一个更狭的年代范围。现在常见的明清栏杆，都是每两栏板之间立一望柱的。宋元以前，只在每面转角处立望柱而“寻杖”特长。天宁寺塔便是如此，这可以证明它是明代以前的形制。这种的栏杆均用斗子蜀柱。分隔各栏板，不用明清式的荷叶墩。我们所知道的辽金塔，斗子蜀柱都做得非常清楚，但这塔已将原形失去，斗子与柱之间只马马虎虎地用两道线条表示，想是后世重修时所改。至于栏板上的几何形花纹，已不用六朝隋唐所必用的特种拱字纹，而代以较复杂者。与蓟县独乐寺观音阁内栏板及大同华岩寺壁藏上栏板相同。凡此种种，莫不倾向着辽金原形而又经明清重修的表示。

平坐斗栱之下，更有间柱及壶门。间柱的位置与斗栱不相对，其上力神像当在下文讨论。壶门的形式及其起线，软弱柔圆，不必说没有丝毫六朝刚强的劲儿，就是与我们所习见的宋代扁桃式壶门也还比不上其健稳。我们的推论也以为是明清重修的结果。

至于承托这整个塔的须弥座，则上枋之下用枭混，而我们所见过的须弥座，自云冈龙门以至辽宋遗物，无一不是层层方角叠出，间或用 45° 斜角线者。枭混之用最早也过不了五代末期，若说到隋，那更是绝不可能的事。

关于雕刻，在第一主层上，夹门立天王，夹窗立菩萨，窗上有飞天，只要将中国历代雕刻遗物略看一遍，便可定其大略的年代。由北魏到隋唐的佛像飞天，到宋辽塑像画壁，到元明清塑刻，刀法笔意及布局姿势莫不清清楚楚地可以顺着源流鉴别的。若与隋唐的比较，则山东青州云门山、山西天龙山、河南龙门，都有不少的石刻。这些相距千里的约略同时的遗作，都有几个或许多个共同之点，而绝非天宁寺塔像所有。近来有人竟说塔中造像含有犍陀罗风，其实隋代石刻虽在中国佛教美术中算是较早期的作品，但已将南北朝时所含的犍陀罗风味摆脱得一干二净，而自成一种淳朴古拙的气息。而天宁寺塔上更是绝没有犍陀罗风味的。

至于平坐以下的力神、狮子和垫栱板上的卷草西番莲一类的花纹，我想勉强说它是辽金的作品，还不甚够资格，恐怕仍是经过明清照原样修补的，虽然各像衣褶仍较清全盛时单纯静美，无后代繁褥云朵及俗气逼人的飘带。但窗棂上部之飞仙已类似后来常见之童子，与隋唐那些脱尽人间烟火气的飞天，不能混作一谈。

综上所述，我们可以断定天宁寺塔绝对不是隋宏业寺的原塔。而在年代确定的砖塔中，有房山云居寺辽代南塔与之最相似，此外涿县普寿寺辽塔及确为辽金而年代未经记明的塔如云居寺北塔通州塔及辽宁境内许多的砖塔，式样手法都与之相仿佛。正定临济寺金大定二十五年的青塔也与之相似，但较之稍清秀。

与之采同式而年代较后者有安阳天宁寺八角五层砖塔，虽无正确的文献记其年代，但是各部作风纯是元明以后法式。

北平八里庄慈寿寺塔建于明万历四年，据说是仿照天宁寺塔建筑的，但是细查其各部，则斗栱、檐椽、格棂、如意头、莲瓣栏杆（望柱极密）、平坐枭混、圭脚——由顶至踵，无一不是明清官式则例。

所以天宁寺塔之年代，在这许多类似砖塔中比较起来，我们可暂时假定它与云居寺南塔时代约略相同，是辽末（12世纪初期）的作品，较之细瘦之通州塔及正定临济寺青塔稍早，而其细部则有极晚之重修。在未得到文献方面更确实证据之前，我们仅能如此鉴定了。

我们希望“从事美术”的同志们对于史料之选择及鉴别，须十分慎重，对于实物制度作风之认识尤绝不可少，单凭一座乾隆碑追述往事，便认为确实史料，则未免太不认真，以前的皇帝、考古家尽可以自由浪漫地记述，在民国二十四年以后一个老百姓、美术家说句话都得负得起责任的。

最后我们要向天宁寺塔赔罪，因为急于辨证它的建造年代，我们竟不及提到塔之现状，其美丽处，如其隆重的权衡、淳和的色斑及其他细部上许多意外的美点，不过无论如何天宁寺塔也绝不会因其建造时代之被证实，而减损其本身任何的价值的。喜欢写生者只要不以隋代古建唐人作风目之，误会宣传此塔之古，则当仍是写生的极好题材。

7

《中国建筑史》第六章 宋、辽、金（节选）*

一、北宋之宫殿、苑囿、寺观、都市

宋太祖受周禅，仍以开封为东京，累朝建设于此，故日增月异，极称繁华，洛阳为宋西京，退处屏藩，拱卫京畿，附带繁荣而已。真宗时，虽以太祖旧藩称“应天府”，建为南京（今河南省商丘市），乃即卫城为宫，奉太祖、太宗圣像，终北宋之世，未曾建殿。其正门“犹是双门，未尝改作”[1]。仁宗以大名府为北京，则因契丹声言南下，

* 原书第六章包括“五代”。按梁思成先生的说明，第六章除五代的部分为林徽因执笔撰写。——编者注。

1 见南宋叶梦得《石林燕语》卷二。

权为军略措置，建都河北，“示将亲征，以伐其谋”[1]；亦非美术或经济之动态，实少所营建。

北宋政治经济文化之力量，集中于东京建设者百数十年。汴京宫室坊市繁复增盛之状，乃最代表北宋建筑发展之趋势。

东京旧为汴州，唐建中节度使重筑，周二十里许，宋初号“里城”。新城为周显德所筑，周四十八里许，号曰“外城”[2]。宋太祖因其制，仅略广城东北隅，仿洛阳制度修大内宫殿而已。真宗以“都城之外，居民颇多，复置京新城外八厢”[3]。神宗、徽宗再缮外城，则建敌楼瓮城，又稍增广，城始周五十里余[4]。

太宗之世，城内已“比汉、唐京邑繁庶，十倍其人”[5]；继则“甲第星罗，比屋鳞次，坊无广巷，市不通骑”[6]。迄北宋盛世，再接再厉，至于“栋宇密接，略无容隙，纵得价钱，何处买地”[7]，其建筑之活跃，不言可喻，汴京因其水路交通，成为经济中枢，乃商业之雄邑，而建为国都者；加以政治原因，“乘舆之下，士庶走集”，其繁荣尤急促；官私建置均随环境展拓，非若隋、唐两京皇帝坊市之预布计划，经纬井井者也。其特殊布置，因地理限制及逐渐改善者，后代或模仿以为定制。

汴京有穿城水道四，其上桥梁之盛，为其壮观，河街桥市，景象尤为殊异。大者蔡河，自城西南隅入，至东南隅出，有桥十一。汴河

1 见清《御批历代通鉴辑览》卷七十五。

2 见明顾炎武《历代帝王宅京记》引赵德麟《侯鲭录》。

3 见清徐松《宋会要辑稿》。

4 见明李濂《汴京遗迹志》。

5 见南宋李焘《续资治通鉴长编》至道元年（995 年）张洎语。

6 见明李濂《汴京遗迹志》载《皇畿赋》。

7 见清徐松《宋会要辑稿》。

则自东水门外七里，至西水门外，共有桥十三。小者五丈河，自城东北入，有桥五。金水河从西北水门入城，夹墙遮㮰入大内，灌后苑池浦，共有桥三[1]。

桥最著者，为汴河上之州桥，正名“大汉桥”，正对丈内御街，即范成大所谓“州桥南北是大街”者也。“桥低平，不通舟船，唯西河平船可过，其下密排石柱，皆青石为之；又有石梁、石笋、楯栏。近桥两岸皆石壁，镌刻海马、水兽、飞云之状……州桥之北，御路东西，两阙楼观对耸……”[2]金、元两都之周桥，盖有意仿此，为宫前制度之一。桥以结构巧异称者，为东水门外之虹桥，“无柱，以巨木虚架，饰以丹艧，宛如飞虹”[3]。

大内本唐节度使治所，梁建都以为建昌宫，晋号“大宁宫”，周加营缮，皆未增大，“如王者之制”。太祖始“广皇城东北隅……命有司画洛阳宫殿，按图修之……皇居始壮丽……”[4]。

“宫城周五里”[5]。南三门，正门名凡数易，至仁宗明道后，始称“宣德”[6]，两侧称“左掖、右掖”。宫城东西之门，称“东华、西华”，北门曰“拱宸”。东华门北更有便门，“西与内直门相直”，成曲屈形。称“谚门”[7]。此门之设及其位置，与太祖所广皇城之东北隅，或大略有关。

宣德门又称宣德楼，“下列五门，皆金钉朱漆。壁皆砖石间甃，

1 见宋孟元老《东京梦华录》。

2 同上。

3 见宋孟元老《东京梦华录》。

4 见清徐松《宋会要辑稿》。

5 见《宋史·地理志》。

6 见南宋王应麟《玉海》卷一百七十。

7 见南宋叶梦得《石林燕语》卷一。

镌镂龙凤飞云之状……莫非雕甍画栋，峻桷层榱。覆以琉璃瓦，曲尺朵楼，朱栏彩槛。下列两阙亭相对……”自宣德门南去，“坊巷御街……约阔三百余步。两边乃御廊，旧许市人买卖其间。自政和间，官司禁止，各安立黑漆杈子，路心又安朱漆杈子两行，中心道不得人马行往。行人皆在朱杈子外。杈子内有砖石甃砌御沟水两道，尽植莲荷。近岸植桃李梨杏杂花；春夏之日，望之如绣”[1]。宣德楼建筑极壮丽，宫前布置又改缮至此，无怪金、元效法作“千步廊”之制矣。

大内正殿之大致，据史志概括所述，则“正南门（大庆门）内，正殿曰‘大庆’，正衙曰‘文德’……大庆殿北有紫宸殿，视朝之前殿也。西有垂拱殿，常日视朝之所也……次西有皇仪殿，又次西有集英殿，宴殿也，殿后有需云殿，东有升平楼，宫中观宴之所也。后宫有崇政殿，阅事之所也。殿后有景福殿，西有殿北向曰‘延和’，便坐殿也。凡殿有门者皆随殿名……”[2]

大庆殿本为梁之正衙，称崇元殿，在周为外朝，至宋太祖重修，改为乾元殿，后五十年间曾两被火灾，重建易名“大庆”。至仁宗景祐中（1034 年），始又展拓为广庭。“改为大庆殿九间，挟各五间，东西廊各六十间，有龙墀、沙墀，正值朝会册尊号御此殿……郊祀斋宿殿之后阁……”[3]。又十余年，皇祐中“飨明堂，恭谢天地，即此殿行礼”。“仁宗御篆‘明堂’二字，行礼则揭之”。[4]

秦、汉至唐叙述大殿之略者，多举其台基之高峻为其规模之要点；独宋之史志及记述无一语及于大殿之台基，仅称大庆殿有龙墀、沙墀之制。

---

1 见宋孟元老《东京梦华录》。

2 见《宋史·地理志》。

3 见南宋王应麟《玉海》卷一百六十。

4 见南宋叶梦得《石林燕语》卷六。

“文德殿在大庆殿之西少次”[1]，亦五代旧有，后唐曰“端明”，在周为中朝，宋初改“文明”。后灾重建，改名文德[2]。“紫宸殿在大庆殿之后，少西其次又为‘垂拱’……紫宸与垂拱之间有柱廊相通，每日视朝则御文德，所谓过殿也。东西阁门皆在殿后之两旁，月朔不御过殿，则御紫宸，所谓入阁也”[3]。文德殿之位置实堪注意。盖据各种记载广德、紫宸、垂拱三殿成东西约略横列之一组，文德既为“过殿”居其中轴，反不处于大庆殿之正中线上，而在其西北偏也[4]。宋殿之区布情况，即此四大殿论之，似已非绝对均称或设立一主要南北中心线者。

初，太祖营治宫殿“既成，帝坐万岁殿（福宁殿在垂拱后，国初曰万岁）[5]，洞开诸门，端直如绳，叹曰：‘此如吾心，小有私曲人皆见之矣’”[6]。对于中线引直似极感兴味。又“命怀义等凡诸门与殿顶相望，无得辄差。故垂拱、福宁、柔仪、清居四殿正重，而左右掖与左右升龙、银台等诸门皆然”[7]。福宁为帝之正寝，柔仪为其后殿，乃后寝，故垂拱之南北中心线，颇为重要。大庆殿之前为大庆门，其后为紫宸殿，再后，越东华、西华横街之北，则有崇政殿，再后更有景福殿，实亦有南北中线之成立，唯各大殿东西部位零落，相距颇远，多与日后发展之便。如皇仪在垂拱之西，集英宴殿自成一组，又在皇仪之西，似皆非有密切关系者，故福宁之两侧后又建置太后宫，如庆寿宝慈，而无困难[8]，而柔仪之西，日后又有睿思殿等[9]。

1 见南宋叶梦得《石林燕语》卷六。

2 见南宋王应麟《玉海》卷一百六十。

3 见南宋叶梦得《石林燕语》卷六。

4 见南宋王应麟《玉海》卷一百六十。

5 同上。

6 见南宋邵伯温《邵氏闻见录》卷一。

7 见南宋叶梦得《石林燕语》卷一。

8 见南宋王应麟《玉海》卷一百五十八。

9 见南宋王应麟《玉海》卷一百六十。

崇政初为太祖之简贤讲武，“有柱廊，次北为景福殿，临放生池”，规模甚壮。太宗、真宗、仁宗及神宗之世，均试进士于此，后增置东、西两阁，时设讲读，诸帝日常“观阵图，或对藩夷，及宴近臣，赐花作乐于此”，盖为宫后宏壮而又实用之常御正殿，非唯“阅事之所”而已[1]。

宋宫城以内称宫者，初有庆圣及延福，均在后苑，为真宗奉道教所置。广圣宫供奉道家神像，后示奉真宗神御，内有五殿，一阁曰“降真”；延福宫内有三殿，其中灵顾殿，亦为奉真宗圣容之所。真宗咸平中，“宰臣等言：汉制帝母所居称‘宫’，如长乐积庆……等，请命有司为皇太后李建宫立名……诏以滋福殿（即皇仪）为万安宫”[2]。母后之宫自此始，英宗以曹太后所居为慈寿宫，至神宗时曹为太皇太后，故改名庆寿（在福宁殿东）；又为高太后建宝慈宫（在福宁西）等皆是也。母后所居既尊为“宫”，内立两殿，或三殿，与宋以前所谓“宫”者规模大异。此外又有太子所居，至即帝位时改名称“宫”，如英宗之庆宁宫，神宗之睿成宫皆是[3]。

初，宋内廷藏书之所最壮丽者为太宗所置崇文院三馆，及其中秘阁，收藏天下图籍[4]，“栋宇之制皆帝亲授”，后苑又有太清楼，尤在崇政殿西北，楼“与延春、仪凤、翔鸾诸阁相接，贮四库书”。真宗常“曲宴后苑临水阁垂钓，又登太清楼，观太宗圣制御书，及亲为四库群书，宴太清楼下”[5]。作诗赐射赏花钓鱼等均在此，及祥符中，真宗“以龙图阁奉太宗御制文集及典籍、图画、宝瑞之物，并置待制学士官，自

1 见南宋王应麟《玉海》卷一百六十。

2 见南宋王应麟《玉海》卷一百五十八。

3 同上。

4 见南宋王应麟《玉海》卷一百六十三。

5 见南宋王应麟《玉海》卷一百六十四。

是每帝置一阁”[1]。天章宝文两阁（在龙图后集英殿西）[2]为真仁两帝时所自命以藏御集，神宗之显谟阁，哲宗之徽猷阁，皆后追建，唯太祖英宗无集不为阁[3]。徽宗御笔则藏敷文阁，是所谓宋“文阁”者也[4]。每阁东、西序皆有殿，龙图阁四序曰资政、崇和、宣德、述古[5]，天章阁两序曰群玉、蕊珠；宝文阁两序曰嘉德、延康[6]。内庭风雅以此为最，有宋珍视图书翰墨之风，历朝不改，至徽宗世乃臻极盛。宋代精神实多无形寓此类建筑之上。

后苑禁中诸殿、龙图等阁及太后各宫，无在崇政殿之东者。唯太子读书之资善堂在元符观，居宫之东北隅，盖宫东部为百司供应之所，如六尚局、御厨殿等及禁卫、辇官亲从等所在[7]。东华门及宫城供应入口，其外“市井最盛，盖禁中买卖所在”[8]。

所谓外诸司，供应一切燃料、食料、器具、车驾及百物之司，虽散处宫城外，亦仍在旧城外城之东部。盖此以五丈河入城及汴、蔡两河出城处两岸为依据。粮仓均沿河而设，由东水门外虹桥至陈州门里，及在五丈河上者，可五十余处。东京宫城以内布置，乃不免受汴梁全城交通趋势之影响。后苑部署偏于宫之西北者，亦缘于“金水河由西北水门入大内，灌其池浦”，地理上之便利也[9]。

---

1 见明李濂《汴京遗迹志》。

2 见南宋王应麟《玉海》卷一百六十三。

3 见南宋叶梦得《石林燕语》卷六。

4 见明李濂《汴京遗迹志》。

5 见南宋王应麟《玉海》卷一百五十八。

6 见南宋王应麟《玉海》卷一百六十三。

7 见宋孟元老《东京梦华录》。

8 同上。

9 见宋孟元老《东京梦华录》。

考宋诸帝土木之功，国初太祖朝（960—976 年）建设未尝求奢，而多豪壮，或因周庙之制，宋初视为当然，故每有建置，动辄数百间。如太祖诏“于右掖门街临汴水起大第五百间”[1]以赐蜀主孟昶；又于“朱雀门外建大第甲于辇下，名礼贤宅，以待钱俶”[2]，及“开宝寺重起缭廊、朵殿凡二百八十区”[3]，皆为豪举壮观。及太宗世（976—997 年），规模愈大。以其降生地建启圣院，“六年而功毕，殿宇凡九百余间，皆以琉璃瓦覆之”[4]。又建上清太平宫，“宫成，总千二百四十二区”[5]，实启北宋崇奉道教侈置宫殿之端。其他如崇文院、三馆、秘阁之建筑，“轮奂壮丽，冠乎内庭，近世鲜比”[6]。“端拱中，开宝寺造塔八角十三层，高三百六十尺。”塔成，“田锡上疏曰：众谓金碧荧煌，臣以为涂膏衅血，帝亦不怒”。画家郭忠恕、巧匠喻浩，皆当时建筑人材，超绝流辈者也。

真宗朝（997—1022 年）愈崇道教，趋祥异之说，盛礼缛仪，费金最多。作玉清照应宫“凡二千六百一十楹，以丁谓为修宫使，调诸州工匠为之，七年而成”，不仅工程浩大，乃尤重巧丽制作。所用木石彩色颜料均四方精选[7]。殿宇外有山池亭阁之设，环殿及廊庑皆遍绘壁画。艺术之精，冠于北宋历朝宫观。殿上梁曰“上皆亲临护……工人以文缯裹梁，金饰木，寓龙负之辂以升……修宫使以下及营缮掌事者，咸赐以衣带金帛”[8]。此宫兴作之严重，实为特殊，此后真宗

1 见南宋李攸《宋朝事实》卷二十。

2 见南宋王应麟《玉海》卷七十五。

3 见明李濂《汴京遗迹志》。

4 见南宋王应麟《玉海》卷六十八。

5 见南宋王应麟《玉海》卷一百。

6 见南宋王应麟《玉海》卷六十八。

7 见南宋李攸《宋朝事实》卷七。

8 同上。

其他建置莫能及，但“南熏门外奉五岳之会灵观，及大内南，奉圣祖之景灵宫（宫之南壁绘赵氏事迹二十八事）则皆制度华美，均以丁谓董其事。京师以外，宫观亦多宏大，且诏天下州府，皆建道观一所，即以天庆为名”[1]。

仁宗之世（1022—1063年），夏始自大，屡年构兵，国用枯竭，土木之事仍不稍衰，但多务重修。明道元年（1032年），修文德殿成，宫中又大火，延烧八殿，皆大内主要，如紫宸、垂拱、福宁、集英、延和等殿。“乃命宰相吕夷简为修葺大内使，发四路工匠给役，又出内库乘舆物及缗钱二十万助其费”[2]。先此两年（天圣七年，1029年），玉清照应宫因雷雨灾，时帝幼，太后垂帘泣告辅臣，众恐有再葺意；力言“先朝以此竭天下之力，遽为灰烬，非出人意；如因其所存，又复修葺，则民不堪命……”[3]于是宫不复修，仅葺两殿。二十五年后（至和中），始又增缮两殿，改名万寿观，仁宗末季，多修葺增建，现存之开封琉璃塔，即其中之一。名臣迭上疏乞罢修寺观[4]。欧阳修上疏《上仁宗论京师土木劳费》中云：“开先殿初因两条柱损，今所用材植物料共一万七千五有零。又有睦亲宅、神御殿……醴泉观等处物料不可悉数……军营库务合行修造者百余处……使厚地不生他物，唯产木材，亦不能供此广费。”又云：“……累年火灾，自玉清、照应，洞真、上清、鸿庆、祥源、会灵七宫，开宝、兴国两寺塔殿，并皆焚烧荡尽，足见天庆土木之华侈，为陛下惜国力民财……”[5]。终仁宗朝四十年间，焚毁旧建，与重修劳费，适成国家双重之痛也。

1 见明李濂《汴京遗迹志》。

2 见《宋史·地理志》。

3 见明李濂《汴京遗迹志》。

4 同上。

5 见明李濂《汴京遗迹志》。

英宗在位仅四年（1063—1067年），土木之事已于司马光《乞停寝京城不急修造》之疏中见其端倪[1]。盖是时宫室之修造，非为帝王一己之意，臣下有司固不时以土木之宏丽取悦上心。人君之侧，实多如温公所言，“外以希旨求知，内以营私规利”之人也。

神宗（1067—1085年）行新政，富改革精神以强国富民为目的，故“宫室弗营，池籞苟完，而府寺是崇”[2]。所作盖多衙署之建置：如东西两府[3]御史台[4]、太学[5]等皆是也。元丰中，缮葺城垣，浚治壕堑，亦皆市政之事[6]。又因各帝御容散寓宫中，及宫外诸寺观，未合礼制，故创各帝原庙之制。建六殿于景宁宫内，以奉祖宗像，又别为三殿以奉母后[7]。熙宁中，从司天监之奏，请建中太一宫，但仅就五岳观旧址为之[8]。遵故事“太一”行五宫，四十五年一易，“行度所至，国民受其福”[9]，实不得不从民意。太宗建东太一宫四十五年，至仁宗天圣建西太一宫，至是又四十五年也[10]。

哲宗（1085—1100年）制作多承神宗之训，完成御史台其一也。又于禁中神宗睿思殿后建宣和殿。末年则建景宁西宫于驰道西[11]，亦如神宗所创原庙制度，及崩，徽宗即位续成之。宫期年完工，以神宗

1 见明李濂《汴京遗迹志》卷十四。

2 见明李濂《汴京遗迹志》载曾肇《重修御史台记》。

3 见明李濂《汴京遗迹志》载陈绎《新修东府西府记》。

4 见明李濂《汴京遗迹志》载曾肇《重修御史台记》。

5 见南宋王栐《燕翼诒谋录》。

6 见明顾炎武《历代帝王宅京记》引宋敏求《东京记》。

7 见明李濂《汴京遗迹志》引李心传《朝野杂记》。

8 见清徐松《宋会要辑稿》。

9 见明李濂《汴京遗迹志》引龚明之《中吴纪闻》。

10 见清徐松《宋会要辑稿》。

11 见南宋王应麟《玉海》卷一百。

原庙为首，哲宗次之[1]。哲宗即位之初，宣仁太后垂帘，时上清太平宫已久毁于火，后重建，称上清储祥宫，以内庭物及金六千两成之[2]。苏轼承旨撰碑。碑云："……雄丽靓深，凡七百余间……"宫之规模虽不如太宗时，当尚可观。

迨徽宗立（1100—1126年），以天纵艺资，入绍大统，其好奢丽之习，出自天性。且奸邪盈朝，掊剥横赋，倡丰亨豫大之说[3]，故尤侈为营建。崇宁大观以还，大内朝寝均丽若琼瑶，官苑殿阁又增于昔矣。其著者如"政和三年（1113年）辟延福新宫于大内之北拱宸门外；悉移其他供应诸库，及两僧寺、两军营，而作焉"[4]。宫共五位，分任五人，各为制度，不务沿袭。其殿阁亭台园苑之制，已为艮岳前驱，"叠石为山，凿池为海，作石梁以升山亭，筑土冈以植杏林，又为茅亭鹤庄之属"[5]，以仿天然。此后作撷芳园，"称延福第六位，跨城之外，西自天波门东过景龙门，至封丘门"，实沿金水河横贯旧城北面之全部。"名景龙江，绝岸至龙德宫，皆奇花珍木，殿宇比比对峙"[6]。又做上清宝箓宫，"密连禁署，内列亭台馆舍，不可胜计……开景龙门，城上作复道通宫内……徽宗数从复道往来"[7]。其他如作神霄玉清万寿宫于禁中，又铸九鼎，置九成宫于五岳观后。政和以后，年年营建，皆工程浩大，缀饰繁缛之作。及造艮岳万寿山，驱役万夫，大兴土木；五六年间，穷索珍奇，纲运花石；尽天下之巧工绝技，以营假山、池

1 见明李濂《汴京遗迹志》引李心传《朝野杂记》。

2 见明李濂《汴京遗迹志》引苏轼《上清储祥宫碑》。

3 见清《御批历代通鉴辑览》卷八十一。

4 见《宋史·地理志》。

5 见《宋史·地理志》。

6 见《宋史·地理志》。

7 见《宋史·地理志》。

沼[1]，至于山周十余里，峰高九十步；怪石嶄崖，洞峡溪涧，巧夺造化；而亭台馆阁，日增月益，不可殚记[2]；其部署缔构颇越乎常轨，非建筑壮健之姿态，实失艺术真旨。时金已亡辽，宋人纳岁币于金，引狼入室，宫廷犹营建不已，后世目艮岳为亡国之孽，固非无因也。

宋初宫苑已非秦汉游猎时代林囿之规模，即与盛唐离宫园馆相较亦大不相同。北宋百余年间，御苑作风渐趋绮丽纤巧。尤以徽宗宣政以后所辟诸苑为甚。玉津园，太祖之世习射、观稼而已。乾德初，置琼林苑，太宗凿金明池于苑北[3]，于是各朝每岁驾幸观楼船水嬉，赐群臣宴射于此。后苑池名象瀛山，殿阁临水，云屋连簃，诸帝常观御书，流杯泛觞游宴于玉宸等殿[4]。"太宗雍熙三年（986年），后常以暮春召近臣赏花、钓鱼于苑中"[5]。"命群臣赋诗赏花曲宴自此始"[6]。

金明池布置情状，政和以后所记，当经徽宗增置展拓而成。"池在顺天门街北，周围约九里三十步，池东西径七里许。入池门内南岸西去百余步，有西北临水殿……又西去数百步乃仙桥，南北约数百步；桥面三虹，朱漆栏循，下排雁柱，中央隆起，谓之'骆驼虹'，若飞虹之状。桥尽处五殿正在池之中心，四岸石甃向背大殿，中坐各设御幄……殿上下回廊……桥之南立棂星门，门里对立彩楼……门相对街南有砖石甃砌高台，上有楼，观骑射百戏于此……"[7]规制之绮丽、窈窕与宋画中楼阁廊庑最为迫肖。

---

1 见明李濂《汴京遗迹志》引僧祖秀《华阳宫记》。

2 见明李濂《汴京遗迹志》引徽宗御制《艮岳记》略。

3 见南宋王应麟《玉海》卷一百七十二。

4 见南宋王应麟《玉海》卷一百七十一。

5 见南宋李攸《宋朝事实》卷十二。

6 见清《御批历代通鉴辑览》。

7 见宋孟元老《东京梦华录》。

徽宗之延福、撷芳及艮岳万寿山布置又大异；朱勔，蔡攸辈穷搜太湖、灵璧等地花石以实之，“宣和五年(1123年)，朱勔于太湖取石，高广数丈，载以大舟，挽以千夫，凿河断桥，毁堰坼闸，数月乃至……”[1]盖所着重者及峰峦崖壑之缔构；珍禽奇石，环花异木之积累；以人工造天然山水之奇巧，然后以楼阁点缀其间[2]。作风又不同于琼林苑金明池等矣。叠山之风，至南宋乃盛行于江南私园，迄元、明、清不稍衰。

真仁以后，殖货致富者愈众，巨量交易出入京师，官方管理之设备及民间商业之建筑，皆因之侈大。公卿商贾拥有资产者之园圃第宅，皆争尚靡丽，京师每岁所需木材之夥，使官民由各路市木不已，且有以此居积取利者[3]，营造之盛实普遍民间。

市街店楼之各种建筑，因汴京之富，乃登峰造极。商业区如“潘楼街……南通一巷，谓之界身，并是金银彩帛交易之所；屋宇雄壮，门面广阔，望之森然”[4]。娱乐场如所谓“瓦子”，“其中大小勾栏五十余座……中瓦莲花棚、牡丹棚；里瓦夜叉棚、象棚；最大者可容数千人”[5]。酒店则“凡京师酒店门首皆缚彩楼欢门……入门一直主廊，约百余步，南北天井，两廊皆小阁子，向晚灯烛荧煌，上下相映……白矾楼后改丰乐楼，宣和间更修三层相高，五楼相向，各有飞桥栏槛，明暗相通”[6]。其他店面如“马行街南北十几里，夹道药肆，盖多国医，咸巨富……上元夜烧灯，尤壮观”[7]。

1 见明李濂《汴京遗迹志》。

2 见明李濂《汴京遗迹志》引僧祖秀《华阳宫记》及徽宗御制《艮岳记》略。

3 见清徐松《宋会要辑稿·食货》。

4 见宋孟元老《东京梦华录》。

5 同上。

6 见宋孟元老《东京梦华录》。

7 见宋蔡绦《铁围山丛谈》卷四。

住宅则仁宗景祐中已是“士民之族，罔遵矩度，争尚纷华……室屋宏丽，交穷土木之工”[1]。“宗戚贵臣之家，第宅园圃，服饰器用，往往穷天下之珍怪……以豪华相尚，以俭陋相訾”[2]。

市政上特种设备，如“望火楼……于高处砖砌……楼上有人卓望，下有官屋数间，屯驻军兵百余人，及储藏救火用具。每坊巷三百步设有军巡铺屋一所，容铺兵五人”。新城战棚皆“旦暮修整”。“城里牙道各植榆柳，每二百步置一防城库，贮守御之器，有广固兵士二十指挥，每日修造泥饰”[3]。

工艺所在，则有绫锦院、筑院、裁造院、官窑等之产生。工商影响所及，虽远至蜀中锦官城，如神宗元丰六年（1083年），亦“作锦院于府治之东……创楼于前，以为积藏待发之所……织室吏舍出纳之府，为屋百一十七间，而后足居”[4]。

有宋一代，宫廷多崇奉道教，故宫观最盛，对佛寺唯禀续唐风，仍其既成势力，不时修建。汴京梵刹多唐之旧，及宋增修改名者。太祖开宝三年（970年），改唐封禅寺，为开宝寺“重起缭廊、朵殿凡二百八十区。太宗端拱中建塔，极其伟丽”[5]。塔八角十三层，乃木工喻浩所作，后真宗赐名“灵感”，至仁宗庆历四年（1044年）塔毁[6]，乃于其东，上方院建铁色琉璃砖塔，亦为八角十三层，俗称“铁塔”，至今犹存，为开封古迹之一[7]。又如开宝二年（969年）诏重建唐龙兴寺，

1 见南宋李攸《宋朝事实》卷十三。

2 见宋司马光《温国文正司马公文集》卷二十二《论财利疏》。

3 见宋孟元老《东京梦华录》。

4 见元费著《蜀锦谱》。

5 见明李濂《汴京遗迹志》。

6 同上。

7 见《中国营造学社汇刊》第六卷第三期，杨廷宝《汴郑古建筑游览纪录》。

太宗赐额太平兴国寺[1]。天清寺则周世宗创建于陈州门里繁台之上，塔曰“兴慈塔”，俗名“繁塔”，太宗重建。明初重建，削塔之顶，仅留三级[2]，今日俗称“婆塔”者是。宝相寺亦五代创建，内有弥勒大像、五百罗汉塑像，元末始为兵毁[3]。

规模最宏者为相国寺，寺建于北齐天保中，唐睿宗景云二年（711年）改为相国寺；玄宗天宝四年（745年）建资圣阁；宋至道二年（996年）敕建三门，制楼其上，赐额大相国寺。曹翰曾夺庐山东林寺五百罗汉北归，诏置寺中[4]。当时寺“乃瓦市也，僧房散处，而中庭两庑可容万余人，凡商旅交易皆萃其中。四方趋京师以货物求售转售他物者，必由于此”[5]。实为东京最大之商场[6]。寺内“有两琉璃塔……东西塔院。大殿两廊皆国相名公笔迹，左壁画炽盛光佛降九曜鬼百戏。右壁佛降鬼子母，建立殿庭，供献乐部马队之类。大殿朵廊皆壁隐，楼殿人物莫非精妙”[7]。

京外名刹当首推正定府（今河北省正定县）龙兴寺。寺隋开皇创建，初为龙藏寺，宋开宝四年（971年），于原有讲殿之后建大悲阁，内铸铜观音像，高与阁等。宋太祖曾幸之，像至今屹立，阁已残破不堪修葺，其周围廊庑塑壁，虽仅余鳞爪，尚有可观者。寺中宋构如摩尼殿、慈氏阁、转轮藏等，亦幸存至今[8]。

北宋道观，始于太祖，改周之太清观为建隆观，亦诏以扬州行宫

1 见清徐松《宋会要辑稿》。

2 见《中国营造学社汇刊》第六卷三期，杨廷宝《汴郑古建筑游览纪录》。

3 见明李濂《汴京遗迹志》。

4 见南宋叶梦得《石林诗话》。

5 见南宋王栐《燕翼诒谋录》。

6 见宋孟元老《东京梦华录》。

7 同上。

8 见《中国营造学社汇刊》第四卷第二期，梁思成《正定调查纪略》。

为建隆观。太宗建上清太平宫，规模始大。真宗尤溺于符谶之说，营建最多，尤侈丽无比。大中祥符元年（1008 年），即建隆观增建为玉清照应宫，凡役工日三四万[1]。“初议营宫料工须十五年，修宫使丁谓令以夜续昼，每画一壁给二烛，故七年而成……制度宏丽，屋宇稍不中程式，虽金碧已具，刘承珪必令毁而更造”[2]。又诏天下遍置天庆观，迄于徽宗，惑于道士林灵素等，作上清宝箓宫。亦诏“天下洞天福地，修建宫观，塑造圣像”[3]。宣和元年（1119 年），竟诏天下更寺院为宫观，次年始复寺院额[4]。

洛阳宋为西京，山陵在焉。“开宝初，遣王仁珪等修洛阳宫室，太祖至洛，睹其壮丽，王等并进秩。”“太祖生于洛阳，乐其土风，常有迁都之意”[5]，臣下谏而未果。宫城周九里有奇，城南三门，中曰五凤楼，伟丽之建筑也。东、西、北各有一门。曰“苍龙”，曰“金虎”，曰“拱宸”，正殿曰太极殿，前有左右龙尾道及日楼月楼[6]。宫室合九千九百九十余区[7]，规模可称宏壮。皇城周十八里有奇，各门与宫城东西诸门相直，内则诸司处之[8]。京城周五十二里余，尤大于汴京。神宗曾诏修西京大内[9]。徽宗政和元年至六年间（1111—1116 年）之重修，预为谒陵西幸之备，规模尤大。“以真漆为饰，工役甚大，为费不赀[10]。至于洛阳园林之盛，

1 见南宋李攸《宋朝事实》卷七。

2 见《宋史纪事本末》卷二十二。

3 见清《御批历代通鉴辑览》。

4 同上。

5 见南宋王应麟《玉海》卷一百五十八。

6 同上。

7 见《宋史·地理志》。

8 同上。

9 见南宋王应麟《玉海》卷一百五十八。

10 见《宋史·地理志》。

几与汴京相伯仲。重臣致仕，往往径第西洛。自富郑公至吕文穆等十九园[1]。其馆榭池台配造之巧，亦可见当时洛阳经营之劳，与财力之盛也。

徽宗崇宁二年(1103年)，李诫作《营造法式》，其中所定建筑规制，较之宋、辽早期手法，已迥然不同。盖宋初禀承唐末五代作风，结构犹硕健质朴。太宗太平兴国(976年)以后，至徽宗即位之初(1101年)，百余年间，营建旺盛，木造规制已迅速变更；崇宁所定，多去前之硕大，易以纤靡，其趋势乃刻意修饰而不重魁伟矣。徽宗末季，政和迄宣和间，锐意制作，所本风格，尤尚绮丽，正为实施《营造法式》之时期，现存山西榆次大中祥符元年（1008年）之永寿寺雨华宫与太原天圣间（1023—1032年）之晋祠等，结构秀整犹带雄劲，骨干虽已无唐制之硕建庞大，细部犹未有崇宁法式之繁琐纤弱，可称其为北宋中坚之典型风格也。

二、辽之都市及宫殿

契丹之初为东北部落，游牧射生，以给日用，故“草居野处，靡有定所”[2]。至辽太祖耶律阿保机并东西奚，统一本族八部，国势始张。其汉化创业之始，用幽州人韩延徽等，“营都邑，建宫殿，法度井井”[3]，中原所为者悉备。迨援立石晋，太宗耶律德光得晋所献燕云十六州，改元会同（938年），建号称辽，诏以皇都临潢府［今热河林西县（今内蒙古自治区赤峰市巴林左旗林东镇南郊）］为上京，升幽州为南京，

1 见北宋李格非《洛阳名园记》。

2 见《辽史·营卫志》。

3 见《辽史·韩延徽传》。

定辽阳为东京。辽势力从此侵入云、朔、幽、蓟（今山西、河北北部），危患北宋百数十年。圣宗统和二十五年（1007 年）即宋真宗大中祥符之初，以大定府为中京［今热河朝阳、平泉、赤峰等县地（今内蒙古自治区赤峰市宁城县天义镇和大明镇境内的老哈河北岸）］，又三十余年至兴宗重熙十三年（1044 年），更以大同府为西京，于是“五京”备焉。

辽东为汉旧郡，渤人居之，奚与渤海皆深受唐风之熏染。契丹部落之崛起与五代为同时，耶律氏实宗唐末边疆之文化，同化于汉族，进而承袭中原北首州县文物制度之雄者也。契丹本富于盐铁之利，其初有“回图使”[1]往来贩易，鬻其牛羊、毳、罽、驰马、皮革、金珠、药材等以市他国货物，其后辽更与北宋、西夏、高丽、女真诸国沿边所在，共置榷场市易，商业甚形发达，都市因此繁盛[2]。其都市街隅，“有楼对峙，下连市肆”。其中“邑屋市肆有绫锦之作，宦者、伎术、教坊、角抵、儒僧、尼、道皆中国人，并汾幽蓟为多”[3]。辽世重佛教，营僧寺，刊经藏，不遗余力，尝“择良工于燕蓟”。凡宫殿、佛寺主要建筑，实均与北宋相同。盖两者均上承唐制，继五代之余，下启金、元之中国传统木构也。

太祖于神册三年（918 年）治城临潢，名曰皇都；二十一年后，至太宗，改称“上京”[4]。太祖建元神册之前，所居之地曾称“西楼”。“阿保机以其所为上京，起楼其间，号‘西楼’，又于其东……起东楼，北……起北楼，南木叶山起南楼，往来射猎四楼之间”[5]。盖阿保机自

1 见北宋司马光《资治通鉴·后晋记》。

2 见《东北集刊》第一期，王家琦《辽赋税考》。

3 见明顾炎武《历代帝王宅京记》引胡峤记。

4 同上。

5 见《新五代史·四夷附录》。

立之始，创建明王楼。初未筑成，其都亦未有名称。如“以所获僧……五十人归西楼，建天雄寺以居之”“其党神速姑复劫西楼，焚明王楼”“壬戌上发自西楼”等[1]。“契丹好鬼、贵日，朔旦东向而拜日，其大会聚视国事，皆以东向为尊，四楼门屋皆东向”[2]。岂西楼时期，契丹营建乃保有汉、魏、盛唐建楼之古风；而又保留其部族东向为尊之特征欤？

辽建“殿”之事，始于太祖八年冬，建开皇殿于明王楼基，早于城皇都约四年，其方向如何，今无考。“天显元年（926年），平渤海归，乃展郛郭，建宫室，名之以天赞。起三大殿曰：开皇，安德，五銮。中有历代帝王御容……”[3]制度似略改。迨晋遣使上尊号，太宗“诏番部，并依汉制御开皇殿，辟承天门受礼，改皇都为上京”[4]。以后开皇五銮及宣政殿皆数见于太宗纪。

上京“城高二丈……幅员二十七里……其北谓之皇城……中有大内……大内南门曰‘承天’；有楼阁……东华、西华……通内出入之所”[5]。城正南街两侧为各司、衙、寺、观、国子监、孔子庙及二仓。天雄寺与八作司相对，均在大内南。“南城谓之汉城；南当横街，各有楼对峙，下列井肆”[6]。市容整备，其形制已无所异于汉族。然至圣宗开泰五年（1016年），距此时已八十年，宋人记云“承天门内有昭德、宣政二殿，与毡庐，皆东向”[7]。然则辽上京制度，殆始终留有其部族特殊尊东向之风俗。

辽阳之大部建设为辽以前渤海大氏所遗，而大氏又本唐之旧郡，“拟建宫阙”。辽初以为东丹王国，葺其城，后升为南京，又改东京。

1 见《辽史·太祖本纪》。

2 见《新五代史·四夷附录》。

3 见明顾炎武《历代帝王宅京记》引胡峤记。

4 见《辽史·地理志》。

5 见《辽史·地理志》。

6 见《辽史·地理志》。

7 见明顾炎武《历代帝王宅京记》引胡峤记。

"幅员三十里，共八门……宫城在城东北隅……南为三门，壮以楼观。四隅有角楼，相去各二里。宫壤北有让国皇帝御容殿，大内建二殿……外城谓之汉城，分南北市，中为看楼，……街西有金德寺、大悲寺、驸马寺、铁幡竿在焉"[1]。

辽南京古冀州地，唐属幽州范阳郡；唐末刘仁恭尝据以僭帝号。石晋时地入于辽。太宗立为南京，又曰燕京，是为北京奠都之始。城有八门，其四至广阔，虽屡经史家考证，仍久惑后人。地理志称"方三十六里"，其他或称二十五里及二十七里者。或言三十六里"乃并大内计度"者，其说不一。但燕城令人注意者，乃其基址与今日北京城阙之关系。其址盖在今北京宣武门迤西，越右安、广宁门郊外之地[2]。金之中都承其旧城而展拓之，非元、明、清建都之北京城也。今其址之北面有旧土城及会城门村等可考。其东南隅有古之悯忠寺（今之法源寺）可考[3]，而今郊外之"鹅房营，有土城角，作曲尺式，幸存未铲；有豁口俗呼'凤凰嘴'，当因辽城丹凤门得名"[4]，乃燕城之西南隅也。今日北京南城著名之海王村、琉璃厂等皆在燕城东壁之外。

辽太宗升幽州为南京，初无迁都之举，故不经意于营建，即以幽州子城为大内，位于大城之西南隅；宫殿门楼一仍其旧，幽州经安史之徒，暨刘仁恭父子割据僭号，已有所设施，如拱宸门、元和殿等，太宗入时均已有之[5]。太宗但于西城巅诏建一"凉殿"，特书于本纪。岂仍循其"西楼"遗意者耶？

南京初虽仍幽州之旧，未事张皇改建，但至"景宗保宁五年（973

1 见《辽史·地理志》。

2 见《燕京学报》第五期，奉宽《燕京故城考》。

3 同上。

4 见《燕京学报》第五期，奉宽《燕京故城考》。

5 见关承琳《西郊乡土记》。

年），春正月，御五凤楼观灯”，及“圣宗开泰驻跸，宴于内果园”[1]之时，当已有若干增置，“六街灯火如昼，士庶嬉游，上亦微行观之”[2]，其时市坊繁盛之概，约略可见。及兴宗重熙五年（1036年）始诏修南京宫阙府署，辽宫廷土木之功虽不侈，固亦慎重其事，佛寺浮图则多雄伟。迨金世宗二十八年（1188年）距此时已百五十余年，而金主尚谓其宰臣曰：“宫殿制度苟务华饰，必不坚固。今仁政殿，辽时所建，全无华饰，但其他处岁岁修完，唯此殿如旧。以此见虚华无实者不能经久也”[3]。辽代建筑类北宋初期形制，以雄朴为主，结构完固，不尚华饰，证之文献实物，均可征信。今日山西大同应县所幸存之重熙、清宁等辽建，实为海内遗物之尤足珍贵者也。

三、金之都市宫殿佛寺

金之先，出靺鞨，古之肃慎也。唐初，其墨水一部曾附高丽，其后渤海强盛，契丹又取渤海地，乃附属于契丹。其在南者号“熟女真”，在北者不在契丹族，号“生女真”。金太祖之先，已统一部落，修弓矢，备器械，日臻强盛，不受辽籍[4]。至太祖败辽兵，招渤海，乃建号称“大金”。收国元年（1115年）更节节进攻。数年之间尽得辽旧地，进逼宋境。

金建会宁府（今黑龙江省哈尔滨市阿城区）为上京，“初无城郭，星散而居，呼曰‘皇帝寨’‘国相寨’‘太子寨’[5]，当尚为部落帐

1 见清《日下旧闻考》卷二十九。

2 同上。

3 见《金史·世宗本纪》。

4 见《金史·太祖本纪》。

5 见明顾炎武《历代帝王宅京记》卷二十。

幕时期。及“升皇帝寨为会宁府，城邑宫室，无异于中原州县廨宇。制度极草创，居民往来，车马杂遝……略无禁制……春击土牛，父老士庶皆聚观于殿侧”[1]。至熙宗皇统六年（1146 年），始设五路工匠，撤而新之，规模虽仿汴京，然仅得十之二三而已”[2]。宣和六年(1124 年)，宋使贺金太宗登位时，所见之上京，则“去北庭十里，一望平原旷野间，有居民千余家，近阙北有阜园，绕三数顷，高丈余，云‘皇城’也。山棚之左曰桃园洞，右曰紫微洞，中作大牌曰‘翠微宫’，高五七丈，建殿七栋甚壮，榜额曰‘乾元殿’，阶高四尺，土坛方阔数丈，名‘龙墀’”[3]，类一道观所改，亦非中原州县制度。其初即此乾元殿亦不常用。“女真之初无城郭，国主屋舍、车马……与其下无异……所独享者唯一殿名曰‘乾元’。所居四处栽柳以作禁宫而已。殿宇绕壁尽置火炕，平居无事则锁之，或时开钥，则与臣下坐于炕，后妃躬侍饮食”[4]。

金初部落色彩浓厚，汉化成分甚微，破辽之时劫夺俘虏；徙辽豪族子女、部曲、人民，又括其金帛、牧马，分赐将帅诸军。燕京经此洗劫，仅余空城。既破坏辽之建设，更进而滋扰宋土，初索岁币银绢，以燕京及涿、易、檀、顺、景、蓟六州归宋。既盟复悔。乃破太原、真定，兵临汴京城下，掳徽、钦二帝北去。所经城邑荡毁，老幼流离鲜能恢复。至征江、淮诸州，焚毁屠城，所为愈酷。终金太宗之世，上京会宁草创，宫室简陋，未曾着意土木之事，首都若此，他可想见。

金以武力与中原文物接触，十余年后亦步辽之后尘，得汉人辅翼，反受影响，乃逐渐模仿中原。至熙宗继位，稍崇仪制，亲祭孔子庙，诏封衍圣公等。即位之初（1135 年），建天开殿于爻剌，此后时幸，

---

1 见明顾炎武《历代帝王宅京记》。

2 同上。

3 见宋许亢宗《宣和乙巳奉使金国行程录》。

4 见宋宇文懋昭《大金国志》。

若行宫焉。上京则于天眷元年（1138 年）四月，“命少府监……营建宫室”[1]，虽云“止从俭素”“十二月宫成”，为时过促，恐非工程全部。此后有“明德宫享太宗御容于此，太后所居”“五云楼及重明等殿成”，又有太庙，社稷等建置。皇统六年（1146 年），以“会宁府太狭，才如郡制……设五路工匠，撤而新之”[2]。天眷皇统间，北方干戈稍息，州郡亦略有增修之迹，遗物中多有天眷年号者。

自海陵王弑熙宗自立，迄其入汴南征，以暴戾遇刺，为时仅十二年，金之最大建筑活动即在此天德至正隆之时（1149—1161 年）。

海陵既跋扈狂躁，对于营建唯求侈丽，不殚工费，或“赐工匠及役夫帛”，或“杖提举营造官”，所为皆任性。[3]天德三年（1151 年），“诏广燕城，建宫室，按图兴修，规模宏大”。贞元元年（1153 年），迁入燕京，“称中都，以迁都诏中外”。以宋之汴京为南京，大定为北京，辽阳为东京，大同为西京。乃迎太后居中都寿康宫；增妃嫔以实后宫，临常武殿击鞠，登宝昌门观角抵，御宣华门观迎佛；赐诸寺僧绢。园苑则有瑶池殿之成，御宴已有泰和殿之称，生活与其营建皆息息相关。又以大房山云峰寺为山陵，建行宫其麓。正隆元年，奉迁金始祖以下梓宫葬山陵，翌年，“命会宁府毁旧宫殿，诸大族第宅，及储庆寺，仍夷其址，而耕种之”[4]。削上京号，“称为国中者，以违制论”[5]。既而慕汴京风土，急于巡幸，于正隆四年（1159 年），复诏营建宫室于南京。

汴京烽燧之余，蹂躏烬毁，至是侈其营缮，仍宋之旧，勉力恢复。“宫殿运一木之费至二千万，牵一车之力至五百人；宫殿之饰，遍傅

1 见《金史・熙宗本纪》。

2 见宋宇文懋昭《大金国志》。

3 见《金史・海陵王纪》。

4 见《金史・地理志》。

5 同上。

黄金，而后间以五采……一殿之费以亿万计；成而复毁，务极华丽”[1]。但海陵虽崇饰宫阙，民间固荒残自若。“新城内大抵皆墟，至有犁为田处。四望时见楼阁峥嵘，皆旧宫观寺宇，无不颓毁”[2]。各刹若大相国寺亦“倾檐缺吻，无复旧观”[3]。汴都此时已失其政治经济地位，绝无繁荣之可能。

中都宫殿营建既毕，又增高燕城，辟其四面十二门，广辽旧城之东壁约三里，世宗以后均都于此，与宋剖分疆宇，升平殷富将五十余载，始遭北人兵燹，其间各朝尚多增置，朝市寺观日臻繁盛。

初海陵丞相张浩等，“取真定材木营建宫室及凉位十六”[4]，制度实多取法汴京。皇城周回“九里三十步”，则几倍于汴之皇城，而与洛阳相埒。自内城南门天津桥北之宣阳门至应天楼，东西千步廊各二百余间[5]，中间驰道宏阔，两旁植柳。有东西横街三道，通左右民居及太庙三省六部[6]。宣阳门以金钉绘龙凤，“上有重楼，制度宏大，三门并立，中门常不开，唯车驾出入”[7]；应天门初名通天门，“高八丈，朱门五，饰以金钉”[8]；宫阙门户皆用青琉璃瓦[9]，两旁相去里许为左、右掖门。内城四角皆有垛楼。宣华、玉华、拱宸各门均“金碧翚飞，规制宏丽”[10]。

1 见《金史·海陵王纪》。

2 见南宋范成大《揽辔录》。

3 同上。

4 见《金史·地理志》。

5 见南宋范成大《揽辔录》。

6 见南宋楼钥《北行日录》。

7 见宋宇文懋昭《大金国志》。

8 同上。

9 见南宋范成大《揽辔录》。

10 见宋宇文懋昭《大金国志》。

“内殿凡九重，殿三十有六，楼阁倍之”[1]。其正朝曰“大安殿”，东、西亦皆有廊庑。东北为母后寿康宫及太子东宫（初称隆庆）[2]。大安殿后宣明门内为仁政殿，乃常朝之所。殿则为辽故物，其朵殿为两高楼，称东、西上阁门。“西出玉华门则为同乐园，若瑶池、蓬瀛、柳庄、杏村在焉”[3]，宫中十六位妃嫔所居略在正殿之西；宴殿如泰和、神龙等均近鱼藻池，后苑亦偏宫西，一若汴京。辽时本有楼阁球场在右掖门南[4]，经金营建，乃有常武殿等为击球、习射之所[5]。太庙标名衍庆之宫[6]，在千步廊东。金庭规制堂皇，仪卫华整，宋使范成大，虽云“前后殿屋崛起甚多，制度不经”，但亦称其“工巧无遗力”[7]。

中都外城布置，尤为特异。金初灭辽，粘罕有志都燕，为百年计，“因辽人宫阙于内城外筑四城，每城各三里，前后各一门，楼橹池堑，一如边城……穿复道与内城通……”[8]。海陵定都，欲撤其城而止，故终金之世未毁[9]。世宗之立，由于劝进，颇以省约为务，在位二十九年，始终以“大定”为年号，世称“大定之治”。即位之初，中都已宏丽，不欲扰民，故少所增建。元年（1161 年）入中都，“诏凡宫殿张设，毋得增置”[10]。三年（1163 年）又敕有司“宫中张设，毋得涂金”，有诏修辽东边堡，颇重守御政策，即位数年，与宋讲好，国内承平，

1 见宋宇文懋昭《大金国志》。

2 见清《日下旧闻考》卷二十九。

3 见宋宇文懋昭《大金国志》。

4 见《辽史・地理志》。

5 见清《日下旧闻考》卷二十九。

6 见《金图经》。

7 见南宋范成大《揽辔录》。

8 见《金国南迁录》。

9 见《燕京学报》第五期，奉宽《燕京故城考》。

10 见《金史・世宗本纪》。

土木之功渐举，重修灾后泰和神龙宴殿，六年（1166年）幸大同华严寺，观故辽诸帝铜像，诏主僧谨视；有护古物之意。大定七年（1167年），建社稷坛；十四年（1174年），增建衍庆宫，图画功臣于左右庑，如宋制。十九年（1179年），建京城北离宫，宫始称大宁（后改寿宁、寿安），即明昌后之万宁宫，章宗李妃"妆台"所在。瑶光台、琼华岛始终为明清宫苑胜地，今日北京北海团城及琼华塔所在也。二十一年（1181年），复修会宁宫殿，以甓束其城。二十六年（1186年），曾自言"朕尝自思岂能无过，所患过而不改。……省朕之过，颇喜兴土木之工，自今不复作矣"。二十八年（1188年）盛誉辽之仁政殿之不尚虚华，而能经久，叹曰："……今土木之工，灭裂尤甚，下则吏与工匠相结为奸，侵克工物；上则户、工部官支钱、度材，唯务苟办；至有工役才毕，随即欹漏者……劳民费财，莫甚于此。自今体究，重抵以罪"[1]。海陵专事虚华，急于营建，且辽、宋劫后，匠师星散，金时构造之工已逊前代巨构甚远，世宗固已知之。

大定之后，唯章宗之世（1190—1208年），略有营造，大者如卢沟石桥，增修曲阜孔庙，重修大同善化寺佛像，及重修登封中岳庙等普遍修缮之活动。赵州小石桥至今仍存，亦为明昌原物[2]。至于中都宫苑之间，章宗建置多为游幸娱乐之所。常幸南园玉泉山、香山。北苑万宁宫尤多增设[3]。瑶光殿之作，后世称章宗李妃妆台。琼华阁及绛绡、翠霄两殿，亦为大定后所增。"宸妃郑氏又尝见白石，爱而辇归，筑崖洞于芳华阁，用工二万，牛马七百"[4]，贻内侍余琬以艮岳亡国之讽。章宗末季，南与宋战，北御元军，十年之间，边事愈频，承安之后，

1 见《金史·世宗本纪》。

2 见《中国营造学社汇刊》第五卷第一期，梁思成《赵县安济桥》。

3 见《金史·章宗本纪》。

4 见宋宇文懋昭《大金国志》。

已非营建时代。卫绍王继位，政乱兵败，中都被围，“城中乏薪，折绛绡殿、翠霄殿、琼华阁材分给四城”[1]。距燕京城破之时（1215 年）已不及三年，卫绍王废，宣宗立，中都危殆，金室乃仓皇南迁。都汴之后，修城葺库，一切从简，无所谓建设。及元代之朝，日臻隆盛，金之北方疆土尽失，复南下入宋，以图自存。迄于金亡，二十年间，中原中部重遭争夺，城邑多成戎烬之余，宋、辽、金三朝文物得以幸存至今者难矣。幸辽、金素重佛法，寺院多有田产自给[2]，易朝之际，虽遭兵燹，寺之大者，尚有局部恢复，而得后代之资助增建者。今日辽宁、河北、山西佛寺殿堂及浮图，每有辽、金雄大原构渗与其中，已是我国建筑遗产重要之一部。

1 见宋宇文懋昭《大金国志》。

2 见辽《妙行大师行状碑》及《金史·食货志》。

8

现代住宅设计的参考*

住宅设计在半世纪前，除却少数例外，都是有产阶级者私人的经营，不论是为自用或为营业。自用的，除却解决实际生活需要之外，还存为着娱乐自己，或给儿孙体面的目的，所以建屋常是少数人的奢侈。

营业的则既为着利润的目标而建造，经营者常以若干面积造若干所，每所包含若干固定形式的房间来估计。他们决不枉费心思为租户的生活城市的卫生、人口或交通设想的。在贫富情形不同的区域里都有相当于那区域生活程度的普通住宅出赁。这些房屋只保守着拥挤的行列、呆板的定型及随俗的装饰标准。他们极少在美术上努力，也极少随着现代生活的进展去取得科学的便利，更没有事先按着租户的经

* 本文原载于1945年10月《中国营造学社汇刊》第七卷第二期。

济能力为他们设计最妥善的住宅单位。

现在的时代不同了，多数国家都对于人民个别或集体的住的问题极端重视，认为它是国家或社会的责任。以最新的理想与技术合作，使住宅设计，不但是美术，且成为特种的社会科学。它是全国经济的一个方面，公共卫生的一个因素，行政上一个理想，也是文化上一个表现。故建造能给予每个人民所应得的健康便利的住处，并非容易达到的目的。

它牵涉着整一个时代政治理想及经济发展的途径以及国际间之了解与和平。但如同其他我们所企望的目的一样，各国社会上总不免有许多人向着那个目标努力。

尤其是现在在两次世界大战之后，各国都企望着和平，都认为眼前必须是个建设的时代，这时代并且必须是个平民世纪，为大多数人造幸福的时期的开始。向着这个理想，解决人民健康住宅的目标前进，先需要两种努力。

一是调查现存人民生活习惯及经济能力。每城每市按着他们的工商农各业的倾向，估计着他们人口职业的特点及能量，对已有的交通、已有的公共建筑、已有的卫生工程设备，及已有的住宅，做测量调查及统计。然后检讨各方面的缺憾与完满的因素，作为实际筹划的根据。

二是培养专家，鼓励科学工程及艺术部署的精神，以技术供应最可能的经济、美丽且实用的建造，也使国家人民各方设计的途径相互呼应，综合功效，造成完美的城市。

这种努力，在英美两国也不过有极短期的历史。上次大战的前后建设倾向还是赓续 19 世纪末叶工业机器畸形发展的能力，没有经过冷静的时间，一切建设发展过分蓬勃常是顾此失彼，不但互相妨碍，又常彼此冲突。

不正常的经济压迫及无秩序的利益争夺使得合理清醒的统筹无从产生，直到城市住处——本来该是为健康幸福而设备的——反成了疾病罪恶的来源——如工业区的拥挤、贫民窟的形成，等等——最近才唤醒了英美各国普遍的注意。

因为英国是个根深蒂固的资本主义国家，不能剧烈地以社会主义的经济立场来应付这种问题，所以市政上的改善，除却一部分为交通工程的建设外，现在一部分直属于公共卫生部，以公共卫生的立场来改善住宅及区域。美国则因为是商业自由极端发达的国家，故改善市区房屋或开辟住宅新区，常以商业方法来经营。所谓房产公司的势力可以支配着许多区域的进步，也可以阻碍许多区域的改善。因此政府常要处于指导地位。故纠正错误及恶劣的街道与房屋，或由地方催促政府通过便利的法案，或由政府催促地方的协助，多数仍由经济团体来完成的。

我国的情形与英美都不相同，但在建设初期，许多都要参考他国取得经验与教训。美国虽为大富之国，但直到现时尚有一个庞大数目的人民没有适当住处，最新技术常以最便利、最经济为目的。我们在这方面仍然可以采取他们的许多实验作为参考。但因天气、环境、生活、材料、人工物价的不同，许多模范我们也还要有适当的更动始能适用。

英国近年对旧有拥挤穷苦的区域曾经不断做繁细详尽的调查。这种工作的目的在避免设计之过于理想无法切实实行，或虽实行而所害更甚于所便。我国一般人经济上皆极贫困，旧有住宅又多已不合现代卫生，如何改善，更是必须之务。我们如能效法英国在这方面的努力，必可避免许多不妥善的尝试，而采用许多简便而合理的办法。

无论如何，改善住宅的主要事项，如住宅内部的合理分配、外部的艺术形体、住区与工作地点的联络关系、住区每平方千米内的人口密度、如何取得绿荫隙地、如何设立公共设备及如何使租金与房屋造价及人民经济配合等，则是各国同样的。虽然如何能合理地解决这些问题，各国各城会有特殊的便利或困难，但互相参考办法与技术，可以裨益各地个别设施，仍是无可疑问的。

本文这里所选择的参考资料都是经过各国实验过的佳例。匆促里不及做有秩序的安排，仅凭材料来到的先后及其本身兴趣与价值逐项介绍。至于我国对于这一些建设是否有采访的可能及我国环境与每项所述他国情形有何显著的异同，在可能范围内，笔者均做简单的评论及提示附在后面。

一、美国印第安那州福特魏茵城（FORT WAYNE，INDIANA）——50所最小单位贫民住宅的实验

美国是个商业自由的国家，许多社会性的事业都用商业方式来解决，不直接将经济负担加在政府或任何慈善团体上。许多有关人民福利的建设，不单是由于伤感或慷慨，却是因市中经济与卫生的需要用最有效的实际方法来应付并长期维持。所以许多低廉租金平民住宅的试验都是由政府提倡，根据着法律，由地方协助，用商业方式来建造及处理的。

1. 一个试验

根据1938年美国联邦政府住宅管理处所发表的一个报告，清理贫民区及为最低收入的人民建筑住所，不是这管理处直接的职责，可是因为住宅管理处这机关是由于用抵押贷款营业办法来协助改善一般的住所情形，且倚借这种经营来维持它本身的经济独立，所以它不能不注意到美国各地区中最不堪的地带。

这种地带影响到房产地价，且此带贫民每年医药、燃料、衣食的救济靡费是全市税收极巨的一部分，间接成为其他住户的税额的负担，所以住所管理处开始调查恶劣的住所情形，协助任何合法团体利用管理处这抵押贷款算法来改善贫民住处。

2. 福特魏茵城

这一个试验是在印第安那州中一个小城福特魏茵实行的，用减债基金抵押贷款方法完成了 50 所，每所每周租金为 2.50 美元的住宅。他们相信虽然改善贫民住宅所遇到的问题是全国性的，其解决方式则需要各区特殊的应付。

但福特魏茵的试验得到极好的效果，大可以作为一个市镇自身努力解决这种住宅的佳例。且因其他市政府或团体对此种设施有同样的兴趣，所以管理处特别将这次福特魏茵（以下简称魏城）试验建造贫民住宅的始末，以详细描述的方法印成册子公布。

3. 人民情形

魏城是个西方中部的工业城市，人口约为 12.5 万人。城中一般住所情形比各处平均水准稍好，住宅之半数为住户自己的产业，与美国其他城市相同，只有少数——约 5%——的人民住在公寓里，大部的住宅为单门独户的，全市贫民救济费每年达 50 余万元，其中 40 余万美元为救济贫者的粮食、燃料及衣物，公共卫生费为 10 万美元，津贴贫者房租约 1 万美元，无家者之救济费约 3 万美元。

4. 住屋情形

据调查魏城 1.6 万所住处中有 900 所没有自来水，2 700 所内没有私家室内的卫生厕所，4 600 所没有沐浴设备，所以公共救济费的重负有一部分是住宅情况所使然的结果显然有它的根据。

5. 改善目标及办法

改善住所的水准是要直接减轻救济费的数目，但如果只拆去最恶劣的破屋，是不会有助于实际情形的。因为在低租金的一堆房子中本已患住户过挤的情形，如果再减去现存之若干房屋，则拥挤的情形更将增加。所以这里的改善必须添造。直至恶劣住屋中有了空出的现象时才能将这种不堪居住的房屋拆毁。

最需要改善也最可能因改善而减低地方救济负担的自然是那900所没有自来水设备的住房。其次为那2 700所没有卫生厕所的住房，再次为那4 600所没有沐浴设备的房子，但不知有若干住所单位因为漏的屋顶及漏风的墙壁直接增加了地方燃料救济费。所以在节省救济经费的立场上改善住所则必须添造温暖而严密附带着自来水及卫生设备的房屋。且租金必须是那些不能享受这些便利的家庭所能担负的。

6. 合实际的租额

据实际调查，这些家庭所费租金，最高为每月12美元，令人可注意的是这种租金并非按着房间单位计算的，而是按着住户所能出的租金总数所能交换来的房间而定，他们是不能按着他们所需要的面积或间数来租赁住处的。

针对着这问题的住宅建造的第一点，即是决定每单位住所的租金为2.50美元；不是按月而是按每周收付租金的办法，对于这些家庭更为合适。因为他们的收入本以每周计算的。

7. 房子形式间数及设备

虽然现时魏城的小房子多是单层木板住宅，并不证明集体多层住屋之不合适，不过考虑到受助的居民素来所习惯的生活是很重要的。

初步设计的考虑指示出独户的小住宅包含3个房间，及1个浴室，以租价每周2.50美元为标准，最为重要。此种住屋需要现成的电线装设，且因为利用浴室设备需要教育，有热水的供应非常重要。要达到以上目标，自然要一种非常精巧经济的设计图样。且必须根据种种使这种建造可能实现的方面。

8. 造价的预计

在租金方面如果每所造价定为900美元，用20年抵押减债基金贷款方式付出4%的利息，0.5%的保险，则每年收入，付债息外，尚能保留维持费，由魏城市政府先设立一住宅委员会，按着印第安那州的法律住宅委员会算的房屋可以免税，因为这种经营目的在于帮贫困的人民，可以减低各种救济费的负担，所以允许此种房子免税，结果并非市政府的损失。

9. 利用本地失业人工

在减省工价方面，委员会请求利用WPA（失业工人救济会）的工人，因为这种工人即为需要这种住屋最切的主顾，所以移用救济会的工人来建造贫民住宅是最合理的。事实上因为他们觉得是为自己福利努力，他们对工作加增很多踊跃。

10. 地皮的取得

为这种计划中的住宅寻觅适当的地皮时，发现大量的空地散处城中。有许多空地即在非常恶劣住宅的附近。其他的常散处在工业区旁边。它们在相当时期内绝无用途，只在将来如果遇到添造工厂时有可能之用的。这带空地的地主对这一时无用地皮每年还必须负担着地税。

这种一时无用的空地，如在有卫生水道工程的街道左边，即被视为极适当的低租住宅暂时建造的地区。住宅委员会同他们的地主的接洽协定是委员会以一个象征数目美金1元暂时购取一个单位地皮来营造一所住宅，随时地主有重新购回原地之权，重新购回原地的办法是：①如果地主在新建屋后的第一年内要求购回地皮，则由地主付出迁移那一所新住屋再建在另一地区的全部工程费用；②如果地主在建屋后的第二或第三或第四年中要求购回原地，则按借出年期之长短比例，减低负担迁移费之若干；③直至五年以后，如果地主要求收回原地时，则仍只需美金1元购还，全部迁移住屋的工费由委员会完全担负。

这种取得地皮的办法，产生三个特点，要早预计到的。①因所建新屋分散城中各处适当空地，施工时因略不便，必稍费工；②从租金收入里除却付出贷款的减债基金还本法及利息保险外因根据与地主借地之协定，必须保留若干款额，足够必要时作迁移重建住屋至其他地区的费用；③选择地点的目的有一部分必须是要使建屋之后能影响提高周围地产之价格，有利于借出空地的地主的。

这种地皮每单位包括象征之1美元购价，地契价及接引自来水与下水管的费用，总数为40美元。

11. 综合事况

综合以上情况，展在委员会前面的事实是：①委员会可以由WPA得到不必付出工价的人工；②委员会可以用40美元的代价取得每个单位的地皮；③因所决定每所每周250美元的租金，用20年典押贷款方法取得资本，所以每所住宅的工料价需定为900美元；④因住屋所供应的家庭情形，需要的是建造三个房间的住宅，附有热水浴室及电线的设备；⑤这种住屋因借用地皮的协定必须用易于迁移及重建的结构；⑥因为所用的失业人工不是专门技工，所以房屋的结构工程程序必须是预先设计极为简单，使一般普通工人均可胜任的。

12. 结构方法

这些住宅所用结构方法是根据威斯康辛省麦迪生城联邦森林出产实验室所做的研究，及普都理工大学住屋研究系所进展的试验。

这个结构方法主要是应用“板屏”的制式（by Prefabricated Panels）用固定木框两面钉上薄嵌板（Plywood，上海称夹板）制成标准大小的“板屏”（Panels），再将各屏拼聚作为墙壁。外墙与内部隔断墙所用板屏皆是5.08厘米×10.16厘米的木条作框架，屋顶所用板屏则用5.08厘米×15.24厘米之木条作框架，木板的两面都钉上且胶住Phenol-resin Plywood薄嵌板。这种板屏结构的负重力量已数倍超过一层木屋所需要的负重墙面。

13. 制造程序

为建造这些住宅，委员会先租赁一所小工厂，这个设备即为造价之一部分支出。一切结构部分均先在厂内制造，以减少工场上的工作。工厂内简单设备只是一个数人共作的锯木床（Cut-off Table），为锯出标准木条及裁断木条成必要长度之用的。又另置特种“嵌板锯”（Plywood Saw）用以锯出门上或窗边所用的小片嵌板等。此外即是各种“台桌”（Jig Tables），在那上面可以钉制木框及铺胶嵌板，制成各面板屏的。厂内全部用失业救济会的工人。

14. 定为制式

这种结构规律化之后，成了一种制式，共用四种板屏：①素壁部分（外墙或隔断墙）；②带门的墙壁部分；③带窗的墙壁部分；④屋顶部分（图8-1）。素壁部分，每面板屏高2.44米，宽1.22米。板屏木框两面嵌板夹成的空心用石棉铺满以防止外墙敏性传达户外的

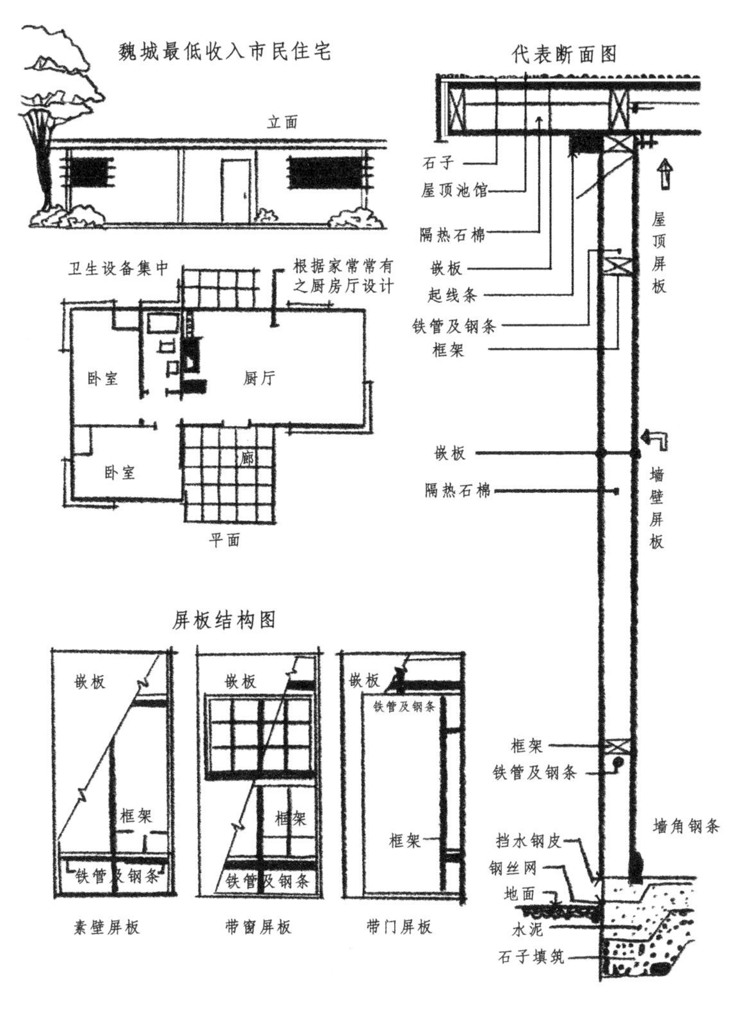

图 8-1　魏城最低收入市民住宅

冷热。屋顶板屏每面也是宽 1.22 米，但有长 4.88 米及长 7.32 米的两种，他们中间都铺上 10.16 厘米厚的隔冷热的石棉。每面板屏上都加上一层胶质的保护材料，将木缝填满。整所房子所需为 22 面素壁板屏：8 面带窗板屏、5 面带门板屏，及 6 面 7.32 米长、3 面 4.88 米长的屋顶板屏。

室内地面是用铁网水泥倒在碎石夯平的地上。这种室内地面从舒适、耐用及工料价的经济立场上估计都是最为适宜的。因为洋灰(水泥)直接铺在土地上，它可以维持与土地差不多的温度，所以冬天较暖，而夏天又较凉于架空的地板结构。自来水管及下水道的粗管，均先由最近的干线接引埋在地下。粗管头在预定地点由水泥地面伸出以备它们在上面安置室内各种卫生设备。

15. 结构程序

各面板屏都安放在水泥的地面上，一个屋角或正角的两面先准确地安置，其他板屏便可迅速地随着安放外墙及隔断墙的板屏，带窗子的及带门的板屏，都像玩具房子的部分一样聚拢起来。各面板屏之间用某种腻子使它们拼紧，并以长钢条横贯各屏中间，联络扣紧。长钢条横着由屋的一端到他端，穿过每面板屏木条处均用铁片托住(Bearing Plates)，在屋角两面板屏相接处则穿出角铁(Angle Iron)然后纠紧。

屋顶各板屏亦同样用横贯的钢条牵住，每隔1.22米用一条钢条穿出之，两端用生铁的母螺丝(Washer and Nut)纠紧。此外再在每屋角两条垂直钢条，一条由上面下来，上端钩在屋顶横条上，另一条由下面上来，底下钩在水泥地下，两钢条中间用旋紧子(Turn Buckle)，联接扣紧。这样全屋四角都紧牵在洋灰地面上。屋顶板屏上用保险17年的四层石子屋顶油毡完成。室内墙壁均有上下横条，金属装备均外露，外墙、内壁及天花顶均刷涂三重油漆，完成光滑皮面，以便于洗刷。

16. 卫生设备

一种烧油的炉子，内中带着热水盘香管，可以供给屋内取暖、烧水及煮饭之用。它的烟囱是一整条金属的烟囱由炉上直至瓦外，这是按着便于移动重新安置的办法。烟囱四周用5.08厘米木棉隔热，并留5.08厘米距离木料的空隙（AirSpace）以防火力的燃焦。

厨房的水道设备与浴室的水道，计划时即安置它们背向背的在隔壁相连之处。上下水道设备为一洗碗盆（Sink）、浴盆、面盆、茶桶及一个113升的热水储藏锅。所用水管全露在壁外，以便修理。

17. 时间

建造工程程序预定为每所住宅全体工人用一个“工作日”——即8小时——完成。结果在实际施工时，维持这个速率毫无困难。

18. 资本及经营的办法

为这50所住宅供给资本的办法，是分给3个商业团体来投资——2个银行及1个保险公司。3处贷款共计4.5万美元，以全部50所房产作抵押，利息4.5%。虽然典押定为20年减债基金法，因为预计的盈余利益可能改成60年。全部房产按美国政府《住所法案》第207条中联邦政府住宅管理处将其保险。如有地主收回原地时，则将此地退出保险，另换新区一处（表8-1、表8-2）。

表8-1　魏城五十所低租住宅资本经营办法

地价每区40象征数，上下水道地契在内 工价WPA借来的人工价值	2000 23000
共计	25000
典押贷款总数，全部料价及工厂设备用	45000
竣工后全部房产估定价值	75000
每年房租收入总数 因空闲可能损失1	65000 260
净收入共计	6240

续表

利息债务偿付 住屋维修费　每所 $32 每四年一次油漆 每十年一次换屋顶油毡 设备更换维修 保险 管理费等 总付出共计	3600 1600 500 270 150 80 600 5200
每年盈余	1040

表 8-2　百分率表

贷款为房产估定价值之百分之	64.3
利息债务偿付为总收入之百分之	55.4
利息债务偿付为净收入之百分之	57.7
维持费为净收入之百分之	25.6

如果这些住宅有了 20% 空闲时期，每所住屋每月收入可能减至 8.66 美元，但平均当以 4% 的损失计算。这 50 所房屋每年的债务偿付本来约占其收入 55% 余。计算损失则为 58%。

19. 住户的选择

最初 50 所房子建成之后，已有 600 家请求预定的住户。决定选择适当的优先住户是根据着他们在请求时本来住处的不堪，急需调济程度，及有无能力付出较 2.50 美元更高的租金而定的。能够负担较 2.50 美元更高的住户及已有相当可以居住的房屋，租价亦不比 2.50 美元更高的住户，均暂不得迁入这些新住宅。这种选择住户的工作是借力于地方社会服务团体的协助的，在某一些情形下，服务团且代住户保证房租按期的偿付。这些住屋的一切的管理事务完全由福特魏茵城住宅委员会主持。

20. 参考提示与评论

第一，我们有无注意低租住宅的必要？

这里魏城廉价住宅建造试验的报告，表示得非常清楚，美国小住宅研究已渐施于社会。这些住宅是以服务城中最低收入的市民家庭及改善市区的眼光来经营的。

战前中国“住宅设计”亦只为中产阶级以上的利益。贫困劳工人民衣食皆成问题，更无论他们的住处。八年来不仅我们知识阶级人人体验生活的困顿，对一般衣食住的安定，多了深切注意，盟邦各国为政者更是对人民生活换了一个新的眼光。提高平民生活水准，今日已成各国国家任务的大目标。故为追上建设生产时代，参与创造和平世纪，我国复员后一部努力必须注意到劳工阶级合理的建造是理之当然。

近来后方工厂均为新创，常在郊野，少有邻近住屋，故多自附工人宿舍。复员后工业在各城市郊外正常开展的时候，绝不应仅造单身工人宿食，而不顾及劳工的家庭。有眷工人脱离家庭群聚宿舍，生活极不正常。这个或加增城市罪恶因素，或妨碍个人身心健康，都必为社会严重问题。添造劳工家庭合理的低租住宅，附近工作地点必须为政府及工业家今后应负责任中之一种，亦无疑问。

第二，低租住宅建造的原则是什么？

上面的资料，低租住宅的建造是为收入最低阶级添设住宅。为给予他们合理的生活，救济他们的拥挤，改善他们的卫生。而先决条件，是租金定为他们所能负担的数目。换句话说，低租住宅最要紧的就是低租，住屋却又不能因低租而不合健康，或不适用于一个正常的贫民家庭。原则有两点，一是需要连这足够一家之用，改善卫生标准，而租额是收入最低的劳工家庭所能担负的数目。二是这种建造经费的负担不必悉数倚赖捐助（由政府团体或私人），大部分可借经常营业方式（用典押借贷办法筹到需要的资本，以租金收入来长期维持这种事业）。只在创始之时取得各方的协助（使资本的借贷部分极端减低，以节省债息的便可促成低额租金的可能）。

总的说起来，低租主要的因素有三：①为每单位地区工料等总造价本身的低廉；②借贷资本债息低；③造屋目的为服务，却不为赚利的营业，租金的最大作用只为维持这种住宅本身的可能及存在，租额可以降低到最小限度。

第三，分析魏城试验住宅总造价低廉的因素。

首先是地皮廉价的取得。这个借力于政府机构辅导的力量同时也得力于有地产者实际的协助。魏城借地协定表示并不要求无条件的捐助，保留地主在必要之时收回原地之权利，且定下具体办法。地主借出无用空地可以省了地税，地产因住宅改善可以增价都是地主所得利益。但这事本身本为社会效劳，我们相信即使利益不大，地主亦不至刁难或勒索来阻碍地方改善的政策。这个美国可以办到的，在中国以后亦不应办不到。困难在还地办法牵涉了移屋，移屋办法又影响结构条件。因高度工业化的活动结构在美国可能简便而且经济的，在中国不见得能够如此。所以地皮的取得恐必须考虑其他办法。

其次是利用政府或地方所已担负薪资的失业工人可以省掉工价。这个我国以后是否有类此组织可供应用。变通办法如利用闲着常驻的军队，或合法微调民工等，都可以研究。

最后是经济的结构方法和经济的面积分配。这两方面美国都是参考大学校及试验所专家的研究结果，且依据社会服务团体的生活调查来设计的。我国当然应该同样采取研究的方法努力多做试验。如果缺乏专家的研究，便必须鼓励产生研究的机构来配合实施设计的进行。细究魏城设计在材料结构及工程与面积分配两方面。

材料结构及工程方面：因中国之工业化程度与美国相去千里，各城市各地区亦各不相同，故欲效法某项特殊试验必有困难。必要时仅能采取它的原则，接受大略的指示，计划一种变通办法，利用当地固有工料方法加以科学调整，做类似的处置，最属可能，也极适宜。一味模仿工业化的材料及结构，在勉强情形下，只是增加造价的负担。

魏城试验所注重的一点，是用科学化的木料，不但尽量在工厂内先制成“结构的部分”且先制毕“房屋的门窗墙壁部分”，等候在工程地时简便的聚拢，以省人工。中国建墙的材料方法最经济的都是“泥作”“竹作”之类，如版筑土墙、如夹泥、如干砖墙等，都比纯用木料板壁更为经济。这种工程却需用人工在工程地筑造，绝不能在厂内预制的。且工程时间及人工数目都无法极端减省，能与现代木工相比。可能定为制式在厂内预制的只有门窗一类。至于屋顶最经济的构造，更需要试验及考虑。

面积分配方面：详究魏城住宅平面，可以提示三点中美生活之主要不同，以便明了我国不能完全采用近代英美现成设计图案之原因，分述如下。

魏城所造是包含三个房间及一浴室的单层独立的木质小住屋，这与中国生活本无不合，但主要起居室是附带炉火设备，用以做饭的大房间，此外并无厨房，便不适于我们习惯。这个大房间的设计是以欧美农舍中所谓“农家厨厅 Farm-kitchen”为蓝本的。欧美劳动阶级都习惯于在起居室里做饭，日常生活也都在这里集中。这种“厨厅”在欧洲就有几世纪的历史。它是欧美平民所习惯的居住方式，与中国生活迥然不同。

我们平民从来不以厨房为起居中心，因家族群居习惯，居处多以院落为单位，厨灶总是处于室外、室后或院中角隅的地位。生活中心的堂屋或厅，另有祭祖礼法的背景。虽然实际上亦即聚食操作的地点，堂及厅的性质总有婚丧庆贺、戚友来往的礼节意义，不是专为起居而设，更不是设灶地方。我们的烹调方式使贫户仅有一室的时候，灶火也常设在门外。

所以英美小住宅将厨厅合以为一的设计是绝对不合我国的适用。通常他们中产阶级因不常用佣工，在餐室内设新式电灶，附带备餐的简便办法，更非我们所习惯。故近代英美面积经济的各级住宅平面分配十之八九均不合中国之用。

魏城住宅如同美国一般住宅一样，有治安上的保障。四面临街之处均可不用围墙。这点在中国可是一种困难。以围墙周绕以保安全是我国住宅通常的设备。但围墙周绕，如不加增地皮的面积，便使房子狭迫，视线短促。且围墙的造价占了小住宅总造价里一个极大百分率，要维持租价与造价间一个不变的百分率时，则因围墙的造价和租价也需要增加许多。这个考虑要从市政治安上入手，根本解决。折中办法是使房子一面或两面临街以节省围墙。但如此已是与改进的分离独立住屋的倾向相背而驰，仍不能令人满意。

卫生设备问题：魏城因利用市中已有之卫生工程干线，故引接上下水道所费无多。中国许多城市小街深巷过多，可以建屋之地区可能距离大街干线甚远，如遇有这种情形，市府方面应极力协助改善，不应将接引的工料价负担加在住宅造价之上。室内浴盆、热水、恭桶等设备，因美国之工业化程度甚高，可以廉价取得，在中国这些设备以后是否仍为用外汇的奢侈品，及能以如何价格自制，一时尚无把握可以预计。如果室内卫生设备暂不可能，则代替这种设备的室外处置方法必须要附属小建筑物。如何计划这种附属廊屋，使合乎卫生实用要求而又经济，也是我国的特殊问题，需要新的解决方法。在平面的总面积上，工业化的程度愈高，面积愈小。所以中国的低租住宅的面积很难不较英美新式的略大。

第四，分析资本债息与租金的种种。

首先，这50所住宅的建造目的是为服务，不在赚利，租金的收入数目最大作用只是为偿付贷款的债息，此外仅保留若干维持费。贷款的数目愈低，租金亦可能愈低。故在资本方面，他们设法使借贷款额减少，以不用付款的许多实际便利来协助完成。同时它仍是一种正式营业用20年典押方式，用租金收入偿付债息，留出盈余维持管理。20年后归政府机构所有。政府设此集中的机构来辅导改善住宅的任务，亦便借此种合法营业，正当的盈余，长期维持它的力量。一切可不借社会偶然慈善事业。

中国以后亦应由政府倡导辅助地方进行，不在赚利，却足维持其本身的房屋经营，以便市民，且抑制市上高价的营业住屋的垄断。但为最低收入阶段建造，在中国则租金所入绝不足偿付资本，极不易成为一种“营业”，必须借义务的协助才能办理。

其次，他们取得资本的途径是由政府领导、地方协助、商业团体来投资，以商业正常方式取息，这一点我国当然亦可同样办理。但在中国，即使地皮等一切条件均相同，三间可住的房屋最低造价，在正常时期，各城市均不止900美元，而中国最低收入的劳工家庭每月可以负担的租金，在战前约为国币3元。房租每年收入数绝不足偿付资本之债务。故如何调整，必须其他办法。一部分资本恐必须由团体捐助。各工厂可能有负担工人“福利住宅”开办费之规定等帮同完成。

再次，虽然第一批50所造成时已有600家预定名单，市府秉公，不但不因此加增租价，且在定户中选择不能负担2.50美元以上租金之家庭为优先赁主，决不变动决定的租额，亦即不变为何种等级家庭解决住处的目标，此点极为重要，主持者必须注意。

最后，保留足够管理及重修的费用，如定每若干年重漆，若干年更换新屋顶一次等规定，即是维持住屋正常合用的状况。能长期维持就是不至损失住户，使住屋空闲的保证亦即收入损失的保障。中国办事常有始无终，在这种地方，极宜效法英美办理事业耐久性质的谨慎处置。

二、英国伯明罕市之住宅调查

1. 关于调查

伯明罕市（Birmingham）是伦敦之外英国第一位的大城市。市区面积达200余平方千米，人口104.8万人。它是英国市政改善最早的一城，开了捐拨地产创辟公园和清除“贫民窟”（Slum）的先例。

1941 年，当英国在世界大战里尚在吃紧阶段时，伯明罕市的波恩维尔新村信托公司住宅研究会便将他们费时三年的伯市住宅实况的调查全部发表。书名为《再建之时》（*When We Build Again*），内附表格、照片、插图，统计图解及地区图等。这个报告对全城住宅情况的各方面无所不包括无所不详细。全书用了简单清晰的分析，指出各区房屋在一切方面对于居民生活实况的适应，与矛盾程度，作为将来建设时改善的指南。这虽为伯明罕市本身的特殊情形，但一切研究与分析的方法，则是普遍可以适用于任何旧城，以和缓调整政策为前提的改善计划。

伯市虽曾自豪，且仍可以自豪，它是英国最努力进步的工业大城，在第一次大战之后至第二次大战之前约 20 年中，共添造了 104 881 所住宅，但他们却得到一个痛心的教训。用了庞大的代价，他们换得一个醒悟。他们恍然觉悟当时急于解决住处，缺乏全市之间及市郊乡之间的“统盘市镇计划”的失算。研究会坦白地承认：因当时所有计划每次之限于一地一区的过于“消极性”致使今日“损失并毁坏了许多可贵的绿郊隙地，全城发展的紊乱竟直接危害于国家应有的福利”。

换句话说 20 年来“个别改善”的努力，由今天科学化的鸟瞰看来，已大明了它的错误。筹划上缺乏总纲领产生畸形及矛盾的局面自在意中。各区各业生活及交通的要求互相抵触缺乏呼应的时候，自然只得到更大的不便，留下严重的教训，如果改善人民住处只是“个别改善”的住宅建筑活动，则所有努力不但积极地不能在全市合理组织中尽职，连消极地解决每个住户的方便也都成了失败。

调查的意义

所谓波恩维尔信托公司即是著名世界的卡德伯里可可糖果工厂主人所创设的波恩维尔住宅新村组织所扩大的建造住宅的机构，是不断对市政有贡献的私人团体。

远在 1935 年，它的住宅研究组对于伯明罕市发展趋势，就感到忧虑，决定进行一种有计划的实况调查。这调查历时三年，以劳工及低薪资市民住的状况为主要研究对象，同时审查住宅区以往与工业区及郊区的关系，如全市扩展之利弊及住户密度增消的缘由及办法。换一句话说，就是要研究住宅的问题症结所在。

这种调查是根深蒂固民主主义国家的动态：民主国对私有产业权利必须保留尊重，不肯横加统治，而同时进行又是社会性的改善计划时，则所先做的一件事，必会是详细的调查。一切实况由专家团体的调查得以大明，提供当局及社会参考，然后法律的合理制裁，科学的缜密计划，社会的踊跃合作才得以产生。这是艰难的、和缓的，但确合实际的改善的调整，目的在经由演变向着市镇的完善。这种调整的性质与受过剧烈破坏大部后重建的市镇计划不同，与在社会主义下发展新区，创立城市做崭新建造试验的自然也不同。但今日世界在建设之时，这几种趋向的努力都必须注意及明了，因为我们都有参考他们的必要。

调查的内容

波恩维尔研究组的调查，为统计的清晰起见，分伯市环绕的为3个，围城中心、内围及外围。各种住宅情况都划入这三个不同地带中互相比较。因为中心为最早旧有之市镇，街道狭迫经工业革命的突袭骤成拥挤错乱的区域，多不堪居住的房屋及突兀丑恶的工厂。内围发展在1911年前后，外围则发展在1918年以后，情况因社会的努力，各围愈后愈见良好，密度也逐渐减轻。同时因东西南北各区域的工商业情形不同，住宅调查也将住宅划在七个市区下研究（图8-2）。

这个调查除了对房屋本身的各种统计及其租金之外，社会性的资料如下：①劳工市民由家中到工作地的往返时间与费用。②百分之若干工人可以回家中餐。③市区内公园面积与人口之比率。④儿童户外活动及游戏在何种地方。⑤若干住宅前后小圃要经常整治，表示事实它们是否为住户所需要。⑥若干住户愿意保留原来住处及他们的理由，这些方面都取得正确的统计以增加事实的了解。

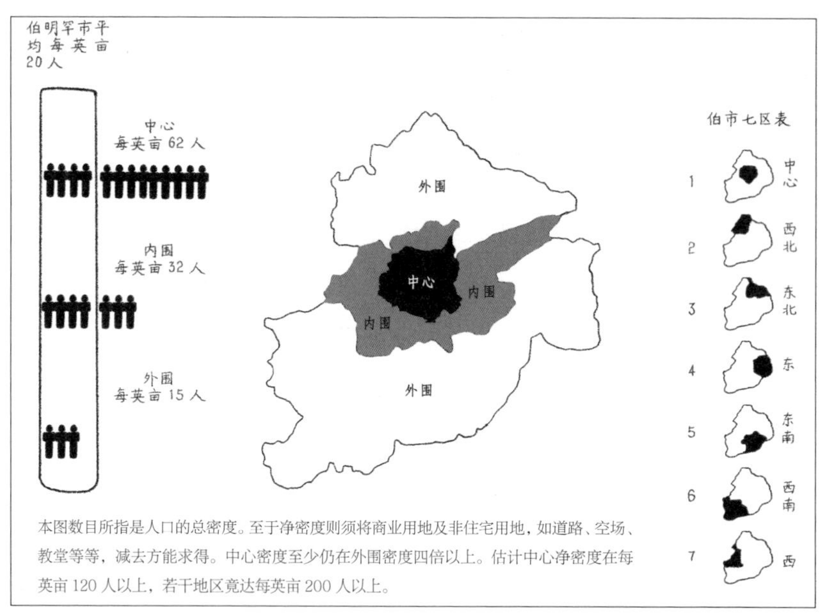

图8-2　伯明罕市人口密度图表（附伯市七区表）
注：每英亩为4046.85平方米。

同时这报告先将伯明罕市的演变历史，如各时期社会及政府对市府的态度和努力，议会各次所通过的法案，及地方上各次所实行的调查和建设都作了简单的叙述。这一段历史非常有趣，可以代表一个现代城市的传略，可以增进社会人士对市镇的了解。

调查目的

这个调查的主要目的是：

（1）现时住宅的一切状况；

（2）1919年以后所努力进行的扩展市区计划，它的结果到底如何？

（3）据实际所得材料有何结论可以指示将来设计的倾向或宗旨？

调查方法

研究组利用许多公共卫生及户口调查的统计，但主要倚借自己实际的调查。调查分两部测量及访问工作。

（1）测量

①详细的住宅及住区测量。

②普通测量，指示以伯明罕市为中心的四郊发展。

这是在 6 英寸（15.24 厘米）比例尺的地方地图上标出已经建屋的地区，现在工厂位置及永久的空隙，如公园等地区。整个面积包括 2848.99 平方千米。因为这研究计划的目的也注意“乡区”（Regional）整体的组织，不但注重“市区”而已。这部分工作着重给计划地区时做参考，预先保留各种地区的用途，为此后五十年内的新陈代谢一旦演变及发展定出有系统的途径，不至紊乱互相抵触。

（2）访问工作

注重在取例的逐户调查。他们按着公共卫生部所给予工人住址，每 25 家工人住处中巡视 1 家，29 位有经验的社会服务人员共同参观了 7161 所劳工居民的住处。访问员将预先计划好的问答表格，在参观住户时填写。调查后经手人立刻将这表格交给专家，划在 3 个围域及七个市区下综合分析，要知道伯市 80% 强为工人，所以他们的住宅是全市住宅的主要问题。调查住户时必须同住户中之主要负责人问答，（1/3 的访问必须同男主人问答）如果所访住屋空寂无人，经 3 次访问后仍然没有住户或不得接待时，则可另访距离此屋最近的 1 家，但必须与原来访问住址在街的同一旁边，以避免牵涉不正确的其他因素。改访他户必须在访问原址 3 次失败之后的原因，是免得遗漏整日必须外出工作的住户。如果房屋已改成工厂或公司办事处，访问员仍须访问看守人，因为可能看守人的住家问题就需要考虑。

在访问时最需要的是引起住户的兴趣，自动的合作。故在访问之始，先就解释访员们代表一个研究住宅的组织，在努力调查伯明罕全市住户的需要，他们希望将关于住宅的几种实况请教于选出的住户。

问答表格分为两种：一为主要问题的问答表，此表分前后两面（表 8-3）。二为愿望问答表，亦分前后两面（表 8-4）。

表 8-3　主要问题问答表（前面）

<table>
<tr><td colspan="16">BOURNVILLE 新村信托公司——研究组住宅调查表</td></tr>
<tr><td colspan="7">区4　　次区 11</td><td colspan="9">编号 3601</td></tr>
<tr><td colspan="7">市有地产　　1937 年 11 月 19 日</td><td colspan="3" rowspan="2">单独住宅</td><td colspan="3">住宅公寓</td><td colspan="3">合坊公寓</td></tr>
<tr><td colspan="6" rowspan="4">姓名 A. B. Cee.
地址 13 The Cincle</td><td rowspan="4">调查时间
始 7：30
终 7：40</td><td>市</td><td>私</td><td>公</td><td>市</td><td>私</td><td>公</td></tr>
<tr><td>市</td><td>私</td><td>公</td><td colspan="6" rowspan="2">厨厕自用
厨厕合用　　地面
地面</td></tr>
<tr><td>√</td><td></td><td></td></tr>
<tr><td></td><td></td><td></td><td colspan="6">附铺面　　否</td></tr>
<tr><td colspan="6">何时迁入？ 1928</td><td>若是房客</td><td colspan="9">每周租金　分租收入
地方租及水在内 15/2 无</td></tr>
<tr><td>房屋年龄</td><td>战前</td><td colspan="2">1921—1931
√</td><td colspan="2">1931—1937</td><td rowspan="2">若是主人</td><td colspan="9" rowspan="2">还付
年付地方税及水费
地税年付</td></tr>
<tr><td colspan="6">住宅内家庭户数　1</td></tr>
<tr><td>房间数
5</td><td>起居室
2</td><td>厨
—</td><td>杂
1</td><td>浴
1</td><td>卧
3</td><td>是否部分</td><td>分租</td><td>是</td><td>否
√</td><td colspan="3">有家具</td><td colspan="3">无家具</td></tr>
<tr><td colspan="16">庭园</td></tr>
<tr><td colspan="7">有园？　√</td><td colspan="9">无园？　　房外另置庭园</td></tr>
<tr><td colspan="2" rowspan="2">爱园？
√</td><td colspan="4" rowspan="2">不爱园？</td><td rowspan="2">情形
好 √　平　劣</td><td colspan="3">爱园？</td><td colspan="4">不爱园？</td><td rowspan="2">有</td><td rowspan="2">无
√</td></tr>
<tr><td></td><td></td><td></td><td></td><td></td><td></td><td></td></tr>
<tr><td colspan="16">六十岁以上老人详情</td></tr>
<tr><td colspan="2">配偶</td><td colspan="4">每周收入</td><td>收入性质</td><td colspan="3">小住宅？</td><td colspan="4">何处？</td><td colspan="2">何故？</td></tr>
<tr><td colspan="2"></td><td colspan="4"></td><td></td><td colspan="3"></td><td colspan="4"></td><td colspan="2"></td></tr>
<tr><td colspan="16">注意——以上各项必须亦在背面各栏中照所需填入。
附言
房客认为满意，但称潮湿为憾。</td></tr>
</table>

表 8-4　愿望表

愿望表（前面）　　　　　　　　　　　　　　　　　　　　　　　　　　总号 1650

Bournville　　新村信托公司

研究部

姓名　　Mr. X. Y. Z.

地址　　IO. the square

1. 下面是可能的十二个原因，使你住在现在的房子。哪一个是适应于你的?

（1）你离你的朋友们近。√

（2）你喜欢这房子。

（3）离丈夫的（或主要生活维持人）工作地近。

（4）房租低。√

（5）这房子是自己的产业。

（6）你喜欢一个花园。

（7）你喜欢住近市中心。

（8）你愿意住在离市中心较远处。

（9）你是当地教堂、俱乐部，或集会的会员。√

（10）你憎恶迁移的麻烦与费用。

（11）你若迁移大概需要付较高的租金。

（12）这房子以外另外找不到。√

如有其他原因亦应加入。

愿望表（背面）

2. 下面是十个可能使你迁移的原因，假使你想迁移，哪一个原因是适应于你的?

（1）你愿意离你的朋友近点。

（2）你想要一个花园。

（3）你愿意离郊外或公园近点。

（4）你愿意离丈夫（或主要生活维持人）工作地近。

（5）你愿意一所较好的房子。√

（6）现在的房租太高。

（7）你愿意得一所新房子。

（8）你愿意住在公寓。

（9）你愿意住近市中心。

（10）你愿意住远离市中心。

如有其他原因亦应加入。

3. 综合而论你是否想迁移?　是

4. 你愿意住在何处?

5. 然则是否离丈夫的（或主要生活维持人）工作地更远?

6. 车资是否会增加?　是

7. 你已否登记请求一所市营住宅?　是

8. 在何处?

9. 在何时?　1932

调查人 G. J. C

2. 伯市发展的历史

伯明罕市发展的历史极为有趣，知道它演变的梗概才能明白它现状的来源与特质，亦即可以明了这一百年中一个工业城市的形成是怎样一回事。

乡村集镇时期

英国的市镇，当时为了保护其居民中的工艺匠人立了所谓章程（Charter），可以禁止他处匠工的迁入。伯明罕市的发展，在工业革命以前，正因它是个古代的集镇（Market Town）而无章程的结果。

伯市直至1838年成为市镇才立了章程，所以一向是有技能有作为的工艺匠人的自由地。却得不到业会会员的资格。由16世纪起，这城市就吸收许多独身起家各个部门的铁匠，发展出工业城市的主要元素。

工业革命带来的大变

19世纪初，伯明罕已扩大许多，但尚是带着乡村色彩，匠工各自工作的市镇。直至19世纪的末期，方形成另一面目的大都市，旺盛活跃，但亦有几分可怕。工业革命带来黑烟，将近郊逐渐吞并了，在狭迫的小街巷中，零乱产生丑恶的工厂仓库及工作场（图8-3～8-6）。因为那时代的社会相信人人自己知道取得与自己有利的一切，人人尽可自由发展，其结果是虽然集体的市是有财力的，一切都自然发展，没有地方当局来负责。当时的社会觉到如果男女儿童，为着某种工资，自愿在缺乏阳光的狭隘区域中日夜工作，那都是那一些人民的事，不关他人。所以伯明罕市日益富有，而矛盾的丑陋愈代替了所有悦目的乡镇色彩。而贫困的工人加增，生活程度到了不堪的情形。这时期所造成可怕状态，自然也不限于伯明罕一城。

图 8-3　市中心区域一部之现状平面 a

注：上图指示 Jewellery QuarterJewellery Quarter 一部之现状——一堆无状的旧工厂及住宅。

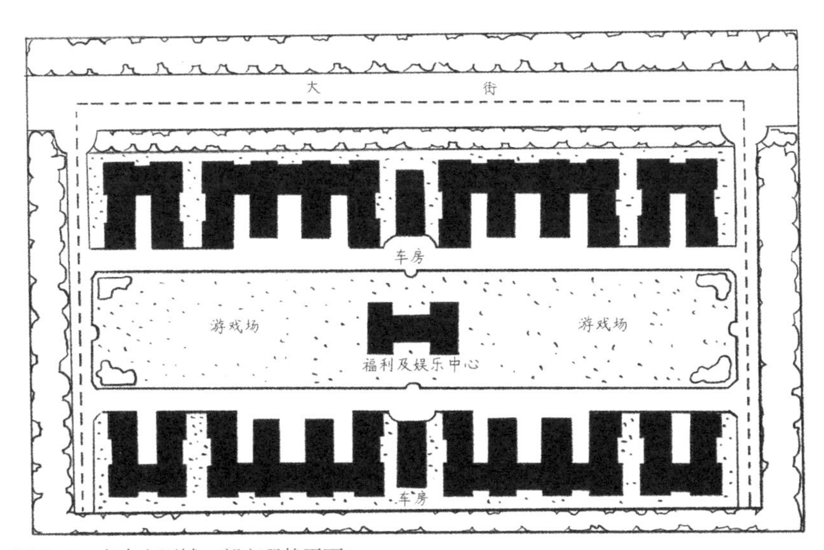

图 8-4　市中心区域一部之现状平面 b

注：上图指示同一面积可改作两排六层建筑物，周围并附有园庭空地。中央建筑并且可供给以往未有的公共便利，如女工所必需之托儿所卫生站等。

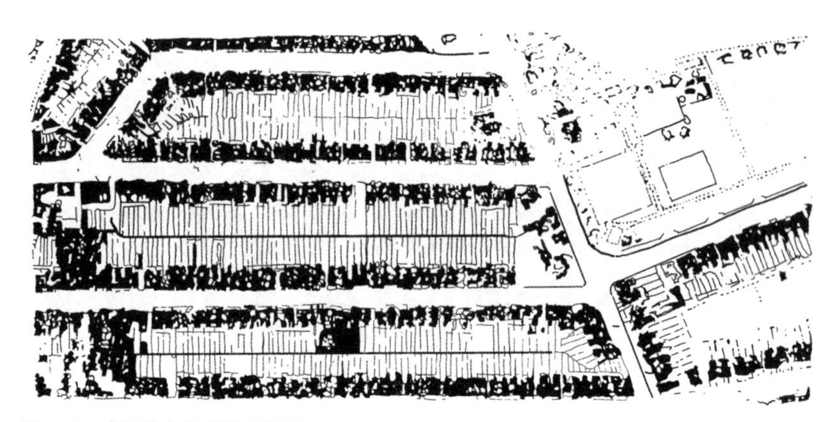

图 8-5　内围住宅区现状平面图
注：本图所示是标准的内围住宅区，一条又一条的单调的窄条后院式住宅。

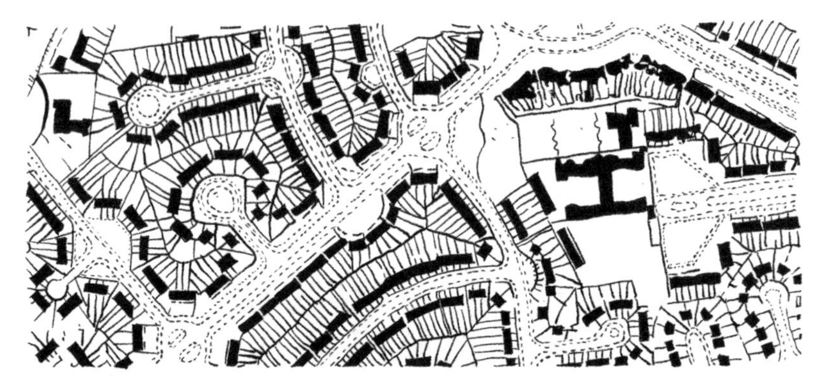

图 8-6　市营住宅区之一部平面图
注：本图所示是市营住宅区之一部，每英亩建屋十二所。

新市镇的开始

到了 1869 年以后的约瑟夫·张伯伦（Joseph Chambertain）做了多年市长产生一种新的市镇观点，他发愤改善那里的贫民窟，大胆地从事一个空前的措施。那时的市议会已有许多富于个性的杰出人物，他们筹出 15 000 000 英镑的款，将特别不堪最不卫生的一大区域扫除了，成为今日主要大道的 CorporationStreet，同时在许多抗议下，将自来水、瓦斯等由私人手中取归市府，作为公用工程的基础，一时伯市便成为英国最前进之都市。

公园的开辟

这时期中的社会意识渐高，有了种种改善住户生活的感觉，感到人民有游息及享受林木趣味的必要，故在这时所建的内围一带产生出较多的公园（图 8–7），但当时这种设备完全须倚赖捐出的私人产业，故其分配并不能平均合理。

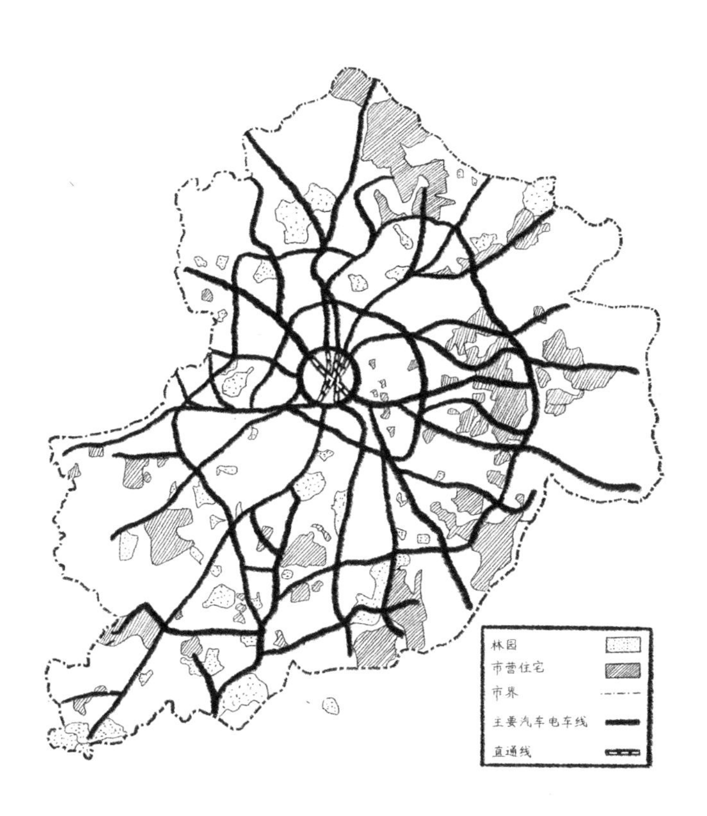

图 8–7　伯明罕市市营住宅、林园及主要交通线图
注：本图指示市营住宅与伯明罕市营电车汽车线之联系，各住宅区离散在市区外界一带，与市心区多有直达路线，需时约 25 至 30 分钟，到中区则需要增加 5 至 15 分钟的支线联络，“直通”线少也是伯市的特征，是因为市中心区近于拥挤所致。由市之一面达到另一面，往往以乘搭外围线为便利。此图也指示着再扩展则交通距离太远，将不能适应住户的便利，反成问题。

1846 年开辟了第一个公园，Adderley 公园， 占地 4.45 公顷；1857 年 Calthorpe 公园面积 12.55 公顷；又隔 7 年，1864 年开了 Aston Hall 及公园，19.83 公顷；至 1873 年的 Cannon Hall 公园，则有 32.78 公顷。这个最后的公园，至今仍认为最佳的一个。第一个空地由市府股份银行公司购买的是 3.24 公顷的 Highgate 公园，它是约瑟夫·张伯伦在 l876 年所辟，同时也是伯市“中心”唯一的真正公园。

1876 年，议会特别通过伯市府可将“中心”墓地改成公园的法案，St.Martin、St.Mary、St.Paul、St.Jhon、St.Philip 等都陆续变成公园，尤其是 St.Philip 的增辟，对于市容及卫生的改善最为重要。

1877 年第一次在已建市屋中间开辟儿童健身场，在 Burbury Street，面积为 1.82 公顷。继续又辟了几个，有的为大工业家所捐，有的为市府合作公司所购得。这种活动酿成全国性的儿童健身场的运动，成立了全国健身场协会（National Playing Fields Association）。

开辟公园的办法到了 1917 年波恩维尔卡氏之子又创立了一个新的组织，称为“公益信托公司”，目的在当市政府缺乏法律力量购买与市府计划有用而又正在出让的私人产业的时候，由公司名义可以立时购得。这些地产有时是美好的林木，有时是有历史价值的古建筑及私园，可以经过合法手续由公司再转让市府作为公园，著名的例如 Blakesley Hall 即是。这个组织极为特殊，亦是近代社会团体购买地方历史古迹名胜捐给公家的先声。

新村的初试

1879 年 Jhon Cadbury，伯明罕企业家领袖开始另一种居住情形的努力。他将他的可可糖果工厂由正在退化拥塞不适于制造食品、亦不宜于工人健康的 Bridge 街迁至波恩河边，在那里他创立了所谓“花园中之工厂”。15 年后卡氏见到纯为牟利的住宅，因他工厂的迁移纷纷投机活动颇为不满。他知道以往恶劣的住屋，正因这类似的情形曾迅速产生，故为防止这种投机的恶劣建造，他由1893年至1899年逐渐购买从前的Bournville镇旧址。他的目的是创造廉价又美好的住宅,附于工厂左近,但不直接系属于工厂。这些住宅每所有小花园一区，他的目的是将这种“新村”的试验先例献给其他调整住宅的市镇作为参考。

在这时期英国的法律还规定着整列的“窄条后院式住屋”(图8-8、图8-9)为通常定型，卡氏则援用各种形式以每两所或数所为一组独立的单位，他的新村最主要的特点是住户不限本厂的职工人员，这个开了近代市镇各种新村之先例。最后将这新村组织扩大，成立了信托公司，以经常建造及经理Bournville住屋为责任。1900年Bournville共有133.55公顷之地区，造了800所住宅。

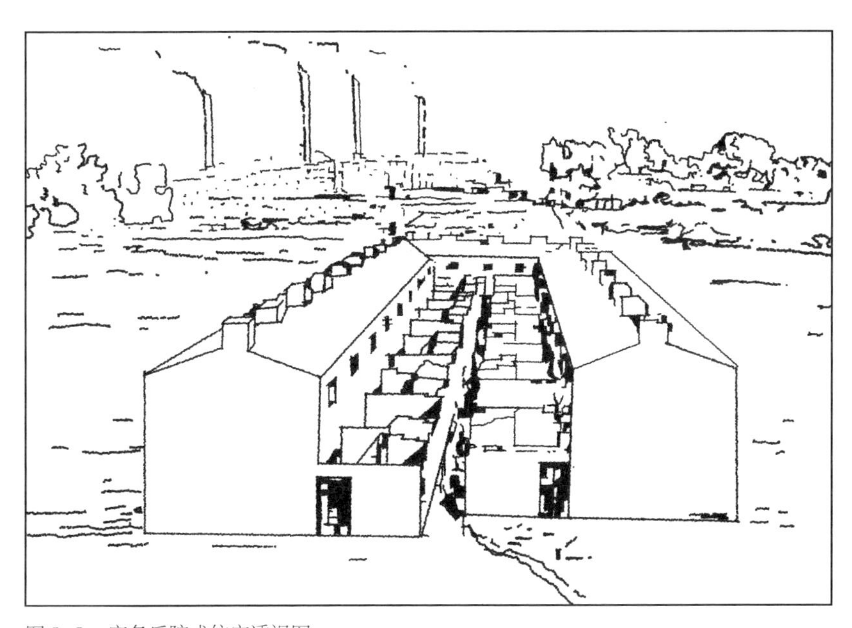

图8-8　窄条后院式住宅透视图

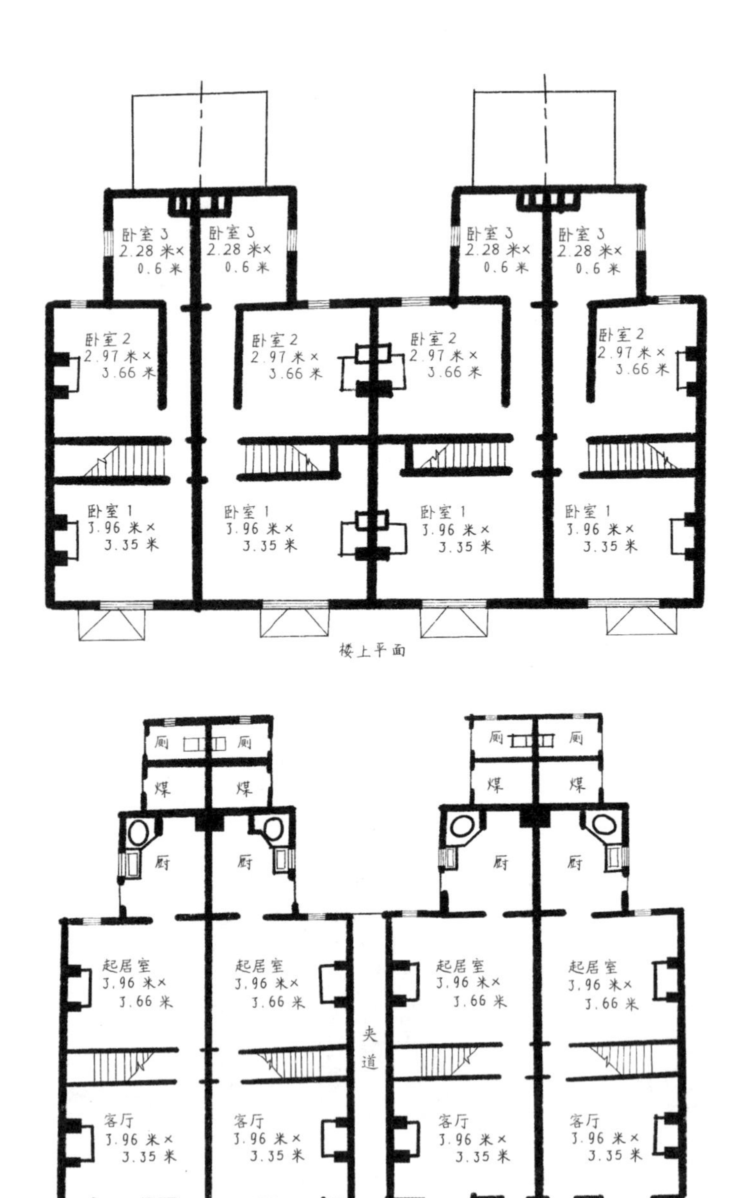

图 8-9　窄条后院式住屋平面图

议会通过“市镇计划法案”

到了1909年，改良住宅的各种努力使议会终于通过了市镇计划法案，但它只适用于未经建造的地区，开辟交通干路，约束住宅区的性质和密度，及工业区的规定。

伯明罕又是英国第一个都市，首先应进行第一个市镇计划。所计划的地区为伯市的西南部，占930余公顷，但这一年适巧为1913年，第一次大战的前夕，一切的实际进展被战争的需要所阻止，虽然对伯市整个外围的计划仍然进行筹备，且第二个计划为伯市东部，继而市之北部、南部及西南部诸计划接踵而来，终于全英20 698公顷面积中，15 584公顷是有预先干线计划的。英国议会对于市镇由放任至立法管制实由于社会舆论与努力的趋势，而不是主动的。

1913年的调查

1913年伯明罕市曾组织贫民住宅现状调查会，这一次报告在欧战开始后三月完成，报告叙述全市有5万所住屋已不适居住，且若干所中住屋过于拥挤，这等于说伯市的住宅在质与量上都发生了问题。但因军火的生产加紧，调查委员会反对彻底改建，却提议立刻购置外围地区安置卫生工程，开辟新路，划出公共建筑及公园各地，将各处地区及店面出租给营建师及私人，约束其发展性质，不使再有退化，形成日后贫民窟的趋向等。他们的希望是外围住屋租价虽较高仍可以吸引内围较优裕的住户迁至新址，市中心的经济较优住户则又可移入内围，这样向外展开的动态才可以减轻中心的拥挤，然后所空出的住屋，便可以加以彻底拆毁。委员会更提议制定旧市中心及内围的新计划，立刻毁去最恶劣的住屋，修整其余可以勉强适用者。这样和缓的调整而趋向着将来大举的建设的提议，虽极为聪明，但因战事不允许各种新建设，一切进行结果大受影响。

正在这时候，伯明罕的人口因战时工业而大增，房荒亦骤然严重。同时建设部另定工人住宅标准，规定每户睡房3间，厨厅及小客厅各1，外加浴室、冷藏、洗涤、储煤所及厕所，这标准并不算过奢，但因前此所有工人住宅情况水准过劣，骤然适应这新标准，市府在财政方面增加意外重负，无法解决。

因大战的停顿

到 1919 年，大战结束之后，伯市重新能够建造之时，房荒已达极度。正常时期，伯市每年所需新屋即为 2 500 所。因为战事这 5 年的停顿，使伯市在清除改建已不堪的住屋之外，更急迫需要 12 000 所新屋。许多因战时工业迁入的市民已在此住家，不再迁出。不但这大数目的新户口即需要住宅，那当时不克修整的贫民窟到了此时情况亦更恶劣。

市府担任建造的开始

这时期因物价的激增及房租的受约束使得营造工人住屋无利可乘，商家均不愿投资经营。战前市府本不愿承担这种事业，削弱商人营业机会，到了此时住宅由地方市府经营，却成为唯一解决的途径。

战后政府鼓励建造的经过及其结果

1919 年通过《Edison 住屋法案》，政府负担地方市府建造住屋的损失。同年又修正这住屋法案，对地方审定合格的营造商，给予财政上的补助。这个法案是有划时代的重要性的，因为这样政府才算首次责成市政当局供应解决各市住宅的需要，且政府承认财政上的协助。提议法案的议员，又组织调查委员会，调查结果报告伯明罕所需新屋数目为 194 352 所，内中 150 000 所为劳工家庭住宅，规定在三年中每年立即建造 14 500 所。当时伯市人口总数为 91 万人，80% 为工业区工员。

于是同其他城市一样，伯明罕的住宅建造立时活跃。但因战后人工及建筑材料的缺乏，又产生障碍，市府曾考虑交给营造商家包工的便利，但公私两方所经营的工程都受延搁。最后又创始一种组织，商家不但投资建造，且承领建造以后的一切管理及经营。经过如此努力，结果 4 年中本拟建造 1 万所的住屋，还只建造 3 234 所。每所的造价约 9 000 英镑至 10 000 英镑。造价日高的因素，有一部分由于政府所答应的损失补助无限制，故地方当局对于计划材料过奢，及工程效率过低都不加注意及防范。这情形到 1921 年便达到顶峰。

1923 年英国经济凋蔽政府开始财政紧缩，《Edison 住屋法案》被修改成《Chamberlain 法案》，规定每年每所住屋政府津贴 6 英镑，继续 20 年。物费骤降及民间经济能力的减退，房屋造价亦骤然减半，但这时政府补助过低已不能激起建屋的努力。所以政府对住宅的政策大体上算是失败的。

1924 年《Chamberlain 法案》又改为《Whearley 法案》，政府津贴每屋由 6 英镑增至 9 英镑，但补以地方当局也津贴 4.5 英镑的条件。同时将住屋的标准在房间面积方面都略减少，“厨厅”之外不再加小客厅，浴室与厕所合为一室，储煤及冷藏均减小。这个新法案又使建造稍稍复活，大量营建一般低薪员工可以负担的廉租住宅才有可能。

1927 年法案又修正将政府津贴减至每所 7.5 英镑，地方当局津贴减至 3 英镑 15 先令。但因物价亦在降落，故建造的进展又维持了 6 年不断。此后 8 年中（1927—1935 年）所建住屋共为 33 612 所，较之 1919 年法案后 4 年中的 3 234 所及 1923 年后 4 年中之 3 433 所，自然是大为进步。

这些大量建造及新村产生之可能，是借力于市府预先在四郊展拓未经建造的新区域。最大一次为 1911 年（1913 年大调查之前）所增辟，1928 及 1931 年两次又稍增广（图 8-10）。

1930 年 7 月市府合股公司完成它的 3 万所住宅之时，这住宅由当时卫生部长行揭幕典礼，那一年市府所建住宅达 6 715 所，至今尚为最高纪录，可算市府建造之全盛时期。

1933 以后两年因物价低私人投资营建风气又炽，政府又通过法案允许典押的优待（房价 90%）更鼓励商家营造。很多优裕工人当时曾是租赁市府住宅的主要分子，在这时期中愿意用分期付款方式自购商营住宅。故今日外围住宅 1/5 是属于此种性质的。

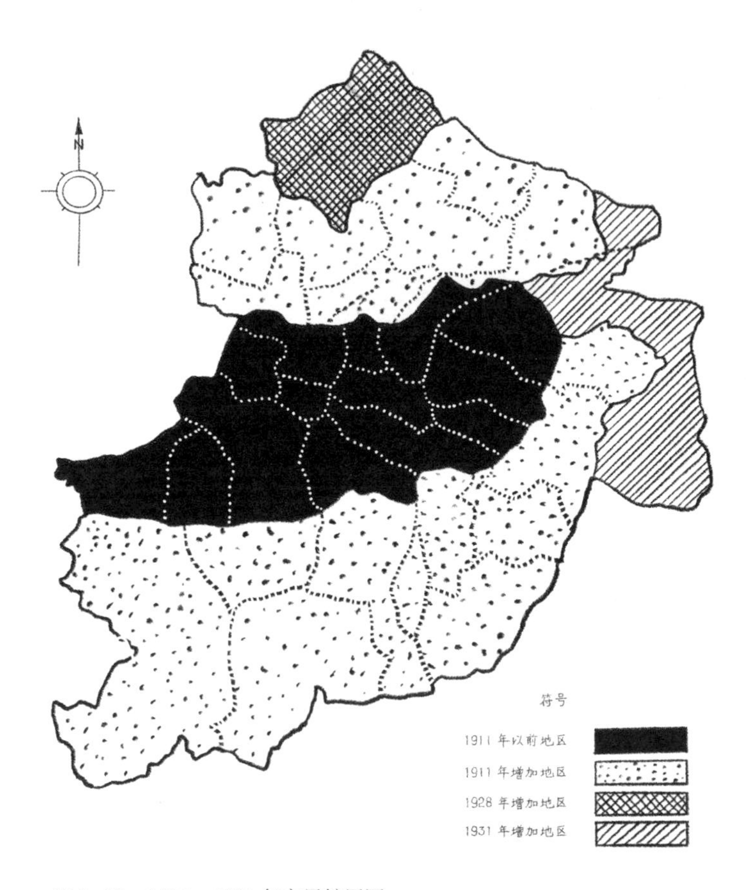

图 8-10　1911—1931 年市界扩展图

虽然住宅建造颇有进展，但中心的“贫民窟”情况除增设自来水一项外实在同 1918 年调查时无甚分别。直至 1941 年，贫民窟仍然存在，亟待解决。极少数的住屋虽曾拆去，大部分的不但没有拆除，情况且愈恶劣。4.3 万余所所谓“背向背”式住屋，至 1938 年只去了 4 500 所。5.8 万家无单独厕所的只解决了 7 000 家。仅有自来水一项有点进步，无单独龙头的由 4.2 万家降至 1.3 万余家。

至于分赁过挤的情形则更严重，添造房屋虽比人口增度高，但因“家庭”数目较“人口”大为激增，住宅的适应又产生这新的问题。社会人士的确曾不断热心及努力，但力量总嫌有限。著名的COPEC住宅改善协会曾在1928至1936年间预备了19次翻修贫民住宅的计划，355所改良住宅至今还是佳例，有极高教育上的价值。

至1930年，《住屋法案》通过，又开始发动清理贫民窟运动。但1935年以后两次清除命令仍是迟缓的机构，直至1938年只有1万所的小数目，被确定为必须拆除的，事实上确实已行拆除的才有8000所。

故虽然伯市居民已有1/3迁入1911年以后的新造的住屋，而清除贫民窟的努力同新村的滋长趋势，总是相去悬殊诚为憾事。1938年政府发起新建与清除，创立联合委员会，协商一切进行事宜，决定5年中每年最少需添造5 000所新屋，但这5年总数2.5万所住宅与1935年卫生部所调查认为改善贫民窟所需要的3万所（已不堪须即拆去的17 500所纠正分赁3 500所，及寻常需要添造的新屋1万所，共3万所[1]）相较仍缺5 000所。市府虽亦鼓励商营住宅来救济，但眼前伯市未建区之缺乏，使此问题的解决更加困难。

3. 研究所得的资料统计

将伯明罕市分作三重围城（Rings），中心——内围——外围以便研究，这三个围域的特征如下：

“中心”围域内的性质

“中心”内是许多错杂的工厂砖楼，狭迫街道及拥挤住屋。所有发展决无计划（只有1870年市长张伯伦所改辟的一条正街为例外）。

1 原文如此，此处数据似有误。——编者注。

50% 至 76% 住屋为三层楼的“背向背”式住宅排列的楼房中间夹着所谓“院场”（Court 或 yard）（图 8-11）。

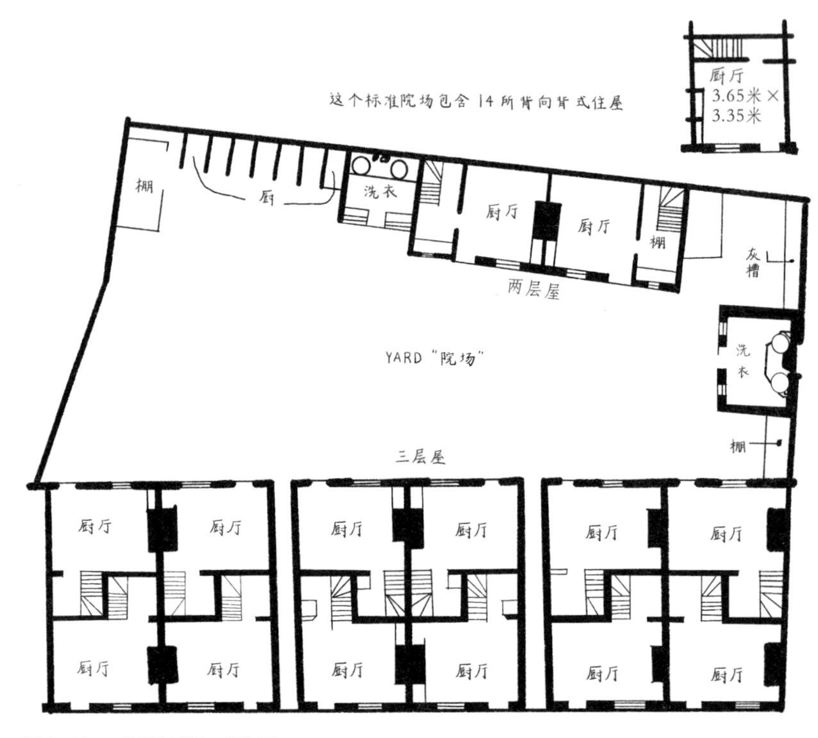

图 8-11　“背向背”式住屋

约 150 000 人住在 38 773 所这最不合卫生的住屋里。这种“背向背”式的住楼最劣之处尤在它的附属厕所等设备。因为房屋的缺乏，三个住户分租一所每层只有一间的住宅。情形至 1940 年尚未改善多少。

住宅本身之外，加重“中心”区域“贫民窟”——Slum——问题的为各种各级大小参差的工厂、仓库、机器房包围着民居，也错杂其间。公园的调剂经各种努力由墓地改成。

“内围”的性质

伯市“内围”区域受到19世纪中市政改善及社会努力的影响，较中心为进步，但发展仍不经设计，重复中心所有的错乱。特征为“窄条后院”式的住屋(Tunnel-back House)的产生。这种房屋单调到极点，绝无个性。英国建筑这时正由“乔治”（Georgian）的黄金艺术时期骤然降落，大部分住屋都为投机取利的目的，只求密度高，毫无艺术的思想。

今日过此，仍可以穿行几千米的排列成行的红砖住屋楼，不见愉快的布置。外表点缀有时更为不伦不类。较大建筑物如学校、教堂、工厂，更突兀伧俗，市容只赖商业大街两旁物品及灯光的繁盛。住宅内容在当日由“中围”区域迁来的住户看来，当然已是一种进步。但在近代标准下检查，只是不便，灌风不暖及无趣的总和。少数含有浴室，洗碗室湫隘黑暗，楼梯峻陡狭迫，但自来水已是改进的产物。第二次大战前后薪资较高的工界职工的住处以此为代表。但“内围”中Edgbaston住区则为例外。它保有“乔治”时期的风格。砖造意大利式及Polladian式的廊柱门面为富裕住户的生活表现。它们前边有宽舒的林荫，数分钟的步行即可以达到郊区或公园。Edgbaston是有计划住区的好模范。即在今日仍为美丽的市容。不过它所代表的是那种只为着富户才设备愉快环境的时代，市政理想还没有萌芽。

“外围”的性质

“外围”是伯市最后发展的围域。大部分是1913年以后的建设。各种住屋形式表面随各时期试验变动。营业投机在新村风气之后故有多种图案作租金的张本，市政府所营新村则简朴进步。“内围”的发展只是吞没了原有美丽乡镇及私家园地，一概造成红砖无趣的长排市屋，如杂乱的商区，这里外围发展则是有计划的新村、种树的街道和围堤，及美好的双层住宅楼屋。许多是1919年以后改善的建造。

“背向背”式住屋至1938年仍有3万余所，正是贫民窟的主体住屋。从外面走过的人绝不易注意到每个临街窗子代表着一个单另的住户，且只有一间房间。一家3个房间是重叠在3层楼中（但多分租）。第一层是厨房兼客厅3.66米或4.27米长，3.35米宽，2.44或2.74米高，上层有时矮至200.65厘米。

每屋只有一面向外，分临街及向内院两排，储藏室不通空气，楼梯转折黑暗，且无扶手栏杆。内院一个水管龙头供各家公用。藏煤地窖极湿，多不可用。洗衣及厕所在后院中。后院住户出入须经由两屋间窄巷。每英亩密度达60所，约200人的密度。伯市现尚有15万人住此种住宅中。1938年卫生部调查认为此中17 500所已不堪居住，宜在5年内清除。

“窄条后院”式住屋的产生在法律规定住屋须两面通气的限制以后。这种排列法巧妙的避免在一块深度地皮上有增加街道的必要，而同时不违法。重复的长列，同样的内容，密度每英亩20 ~ 30所。这密度虽已比“背向背”式减低，但仍不能有足够的阳光及良好的布署。这种房屋成为各大城市普遍形式，租金1914年每周约6.5先令至12.5先令（“背向背”式则在3先令至6先令）。此式后来略有改进，前加小圃，虽不能种多少花木，但可容一个突出窗（Bay-window）。此式带突窗的住宅当时地位大为高雅，与今日两屋相连的独立住宅差不多，为境况较丰的表示。有时内部一旁加窄长的甬道，由入口至厨房，其特征是阴暗无光，虽然法律规定的目的是在多得光线与空气。

“普遍”式住宅的产生在“花园新村”受到社会的注意以后，它们有时两所相连，有时4所或6所合成一组。标准内容是两厅三卧室，梯道、厨房、浴室厕所、小储藏冷室及煤棚。

这种房子的大体形式及内容在各城里几乎一律，所以被称为“普遍式”内容的改进极为显著，环境舒旷（图8–12）。故虽然这种住宅多在距离中心工作区更远的地带，但仍能大量吸引“内围”较优裕的住户由“窄条后院”式的住区迁来居住。

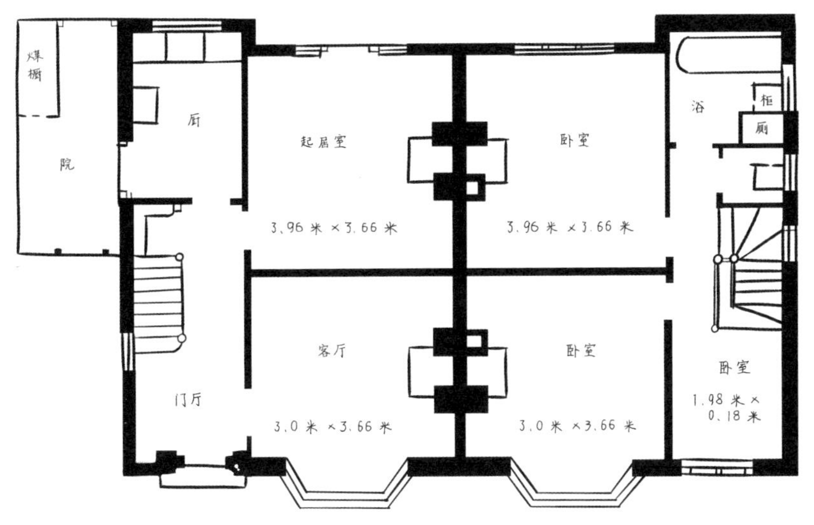

图 8-12　普遍式住屋

投机商人一面见到它们的受欢迎，一面又见到它所需要的地皮大过其旧时样式甚多，会减弱他们的利润。故商营住宅虽用这同一平面，但在形式及装饰上却出了许多花样，以求迎合赁户的虚荣心理，作为较高租金的理由。庞杂伧俗非艺术的变化成为风气。市府所建新村即在这方面加以纠正，多用简洁的风格，使整区归于典雅，以后的进步是要在材料的选择、布署得更合理、街道的林木及公共娱乐中心的各方面。

住屋总数为 28 万余所，其中 10 万所为 1920 年以后所建。调查实况，2/3 的低薪阶级仍住 1914 年以前的房屋。中心区大部房屋已过 50 年，标准落伍，在 20 年内必须完全代以新屋；卫生部报告 1.7 万余所已不堪居住。外围在 1930 年以后建（表 8-5 ~ 表 8-7）。

造数之低，指示未经建造地区已所余无多。

伯市“分租”及住公寓的习惯比他城弱；公寓除却市府的试验设计二三处外尚不多见。但这表所谓“分租”乃指将住宅内分出房间租

表 8-5　住宅数目及建造时期百分比表

围域	住宅数目（1938年10月1日）	1941 年及以前	1915—1920 年	1921—1930 年	1931—1938 年
中心	46851	98.9%	—	0.5%	0.6%
内围	79308	92.2%	—	5.6%	2.2%
外围	162677	40.5%	0.1%	31.1%	28.3%
全市	288888	66.3%	0.1%	18.1%	15.6%

表 8-6　住宅种类表

围域	（1）标准式（完整住宅独户居住）	（2）完整住宅一间以上房间分租	（3）公寓住宅厨厕公用	（4）公寓住宅厨厕自用	（5）合坊公寓（Block Flat）
中心	94.0%	2.0%	2.0%	1.1%	0.8%
内围	92.8%	3.2%	3.3%	0.7%	—
外围	95.8%	1.3%	1.8%	1.0%	0.1%
全市	94.6%	2.0%	2.2%	0.9%	0.2%

表 8-7　住宅大小表

围域	每□□□[1]				
	1 或 2	3	4	5	6 以上
中心	1.7%	49.6%	18.9%	20.3%	9.5%
内围	0.9%	15.1%	22.1%	39.9%	22.1%
外围	0.6%	4.0%	26.9%	49.6%	18.9%
全市	0.9%	15.7%	24.0%	41.2%	18.0%

与他户，不管设备及家具而言。将自己陈设的房间随时短期分租者并不包括。

由人口调查统计中得知伯市 81% 的家庭人数为 4 人及不到 4 人者，过 6 人者只有 3.8%。用种种分析研究，均以每 2 人需 1 个卧室

1 原稿字迹不清。——编者注。

计算为适当。故此点指示全市仅 1/5 的住屋需要 3 个或 3 个以上的卧房，而 4/5 只需 2 间卧室。为将来建造新屋的参考，表 8-8 意义最大，它指出今日伯市租金负担的比例，40% 在 10 先令以下，20% 在 8 先令以下，且在中心区付 10 先令以下者达 71%。今日市管住宅新村的租金虽约为 10 先令，但外围一切生活所需的价格比中心高，而市营住宅中，三卧室者租金较商营同大小者略高（市管住宅两卧室者则较商营为低），由中心迁至外围者，可能影响他整部生活费增加至 1/3，这点将来不可不顾虑到。

表 8-8 各区商营住宅最通常租金比例表

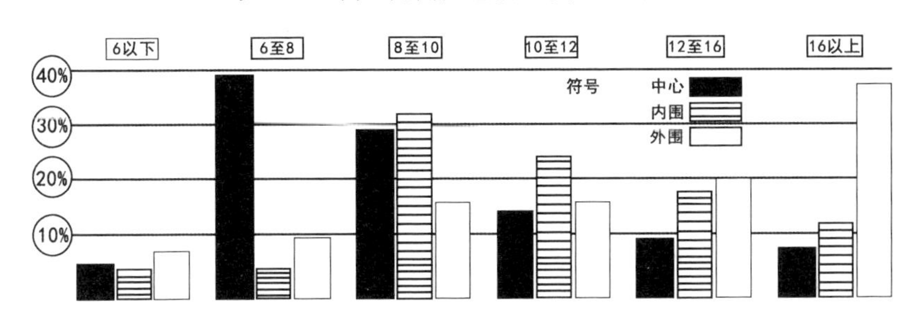

伯市自置房产的住户总数仅 14%，其中 6/10 强仍为分期偿款者或负典押债务者；绝无房金负担的住户实际上仅 5%。因为家庭增加率与人口增加率不同，伯市人口虽稍减，但因家庭数增加，在数十年内住宅的数目必不比今日低，但房间数目多的住屋则可略减。在“中心”及“内围”多单身住户，因家庭消散，所余鳏寡老者，因新住宅太大，所以没有迁移的理由。此点指示将来新屋中必须包含若干老人住宅。

黑色条指示市中心极低租金住宅百分率之高；灰色条所示者为“内围”；白色条则指示“外围”。最可注意之点在市中心住宅的租金，将近 40% 在 6 先令与 8 先令之间，而外围住宅租金乃有将近 40% 在 16 先令以上。可知最低租金住宅仍多在市中心，所以较贫穷的住户仍趋向留居在市中心。

市营住宅住户在本区工作者较其他住户少的原因是因为市营住户多近代所建在外围较远地区（表8–9）。第三及第六两区居民之所以多在本区之故因市营新村靠近几个大工厂。

表8–9　住户在所住区工作者百分比表

区域	市营住宅住户（%）	其他住宅住户（%）
1中心	*	58.2
2西北	9.0	22.8
3东北	46.6	44.8
4东	29.8	34.8
5东南	23.1	29.8
6西南	41.9	53.6
7西	*	27.9

*数目太小不足以做统计。

经统计平均全市工作人员之45%不用车费。费3先令以上者为11%强，5先令者3%。约1/8的工作人员居处距工作地点在6千米以外（表8–10）。这个情形与伦敦相较实算从容。

表8–10　每周车资费表

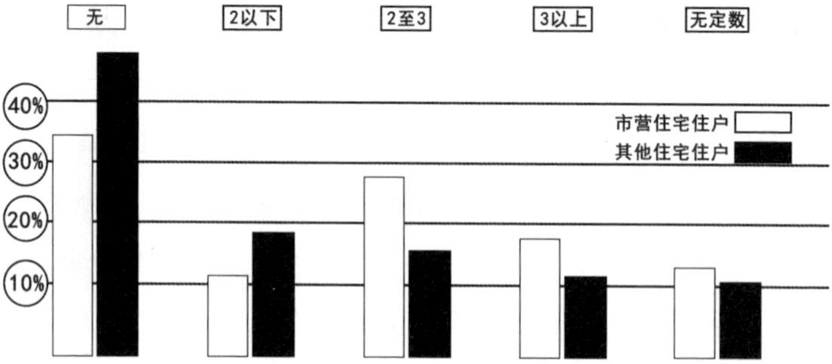

这种距离，除费用外，更可影响工人回家午餐；如果行程超过15分钟，回家午餐即不可能，这点亦即直接影响工人生活情形（表8–11～表8–14）。

表 8-11　（主要生活维持人）达到工作地所费时间表

区域	0 ~ 15 分	15 ~ 30 分	30 ~ 45 分	45 分以上	无定时
1 中心	45.4%	30.4%	7.8%	6.6%	9.9%
2 西北	26.1%	38.4%	16.0%	10.0%	9.4%
3 东北	30.7%	38.6%	14.1%	7.8%	8.7%
4 东	24.5%	41.6%	16.8%	8.6%	8.6%
5 东南	23.0%	38.3%	16.3%	9.7%	12.7%
6 西南	26.6%	35.5%	15.1%	12.3%	10.5%
7 西	35.6%	32.3%	13.7%	10.7%	7.7%

表 8-12　主要生活维持人中午回家者百分比表

围域	中午回家者	中午不回家者	中午已在家者 如夜工或午前下工者
中心	34.9%	52.1%	13.0%
内围	30.2%	57.4%	12.4%
外围	22.5%	69.2%	8.3%
全市	26.9%	62.7%	10.3%

表 8-13　空地分配表

（1） 围域	（2） 公园游戏场等地面积（公顷）	（3） 各围域总面积（公顷）	（4） （2）和（3）之比例（%）	（5） 人口	（6） 每千人所得空地面积（公顷）
中心	14	1223	1.2	187 900	0.08
内围	171	3619	4.7	288 600	0.65
外围	1352	15 856	8.5	571 500	2.3
全市	1551	20 698	7.5	1 048 000	1.5

表 8-14　英国八城市人口每千所得空地表

市名	每千人所分配面积（公顷）
Leeds	2.6
Newcastle-on-Tyne	1.7
Birmingham	1.5
Manchester	1.1
Glasgow	1.1
Liverpool	1.0
Cardiff	0.8
London	0.7

近代称公园为“市镇之肺”。伯市公园面积与英国各大城市相比，显然是充足的；但与人口比率仍为不足。全国运动协会建议标准，单算运动所需，即为每千人 2.43 公顷，为环境改善的公园尚不在内。表中数字尤指示 3 个围域中情形的悬殊。且中心区公园多半是小区只有 0.4 公顷左右，离合理标准甚远。

儿童游戏场问题与公园有相连的关系。一般人认为即使设有公园，儿童仍爱在街旁嬉戏。为研究这种言论有无事实根据得以下的统计(表 8-15、表 8-16)。结果：①证实公园并不被多用，连放假日都如此；②观察在缺乏公园的中心区，儿童在公园消遣的比例上却比较外围儿童还多。推究原因，可以明了主要原因是公园过大相距甚远，不便于幼龄儿童。故设备邻近住宅的小块游戏场极为重要；③儿童在街上游玩的较他处并不占上风；④儿童在家中游玩多因住房过小而受限制。

表 8-15　晴天儿童游戏地点百分比表（周日内）

围域	屋内（%）	院内（%）	花园（%）	街上（%）	废地（%）	学校游戏场（%）	公共游戏场（%）	公园（%）	前列各处均有（%）	他处或不游戏（%）
中心	12.4	20.3	3.8	18.9	0.2	0.3	2.4	4.3	31.9	5.5
内围	20.6	5.3	8.6	13.9	—	0.9	0.6	5.6	37.0	7.5
外围	24.3	1.1	17.3	13.9	1.1	0.3	0.5	1.8	30.9	8.8
全市	20.6	6.6	12.0	15.0	0.6	0.4	1.0	3.3	32.6	7.9

表 8-16　晴天儿童游戏地点百分比表（星期末及放假日）

围域	屋内（%）	院内（%）	花园（%）	街上（%）	废地（%）	学校游戏场（%）	公共游戏场（%）	公园（%）	前列各处均有（%）	他处或不游戏（%）
中心	3.2	20.1	3.2	16.4	—	3.2	1.6	12.2	30.0	10.1
内围	10.2	4.5	10.2	12.4	—	—	—	4.0	41.8	16.9
外围	11.7	—	18.5	8.6	0.5	—	1.6	7.0	39.0	13.1
全市	9.4	5.7	13.1	11.2	0.3	0.7	1.2	7.5	37.4	13.5

统计证实住户对园圃之爱憎恰与事实上花园之受整治与否平行（表 8-17、表 8-18）。但调查所访问的 7023 家中，6491 家表示要一个自家的花园。这表示这点在新建设上实不得不注意。

表 8-17　花园情形表

围域	爱花园者（%）			不爱花园者（%）		
	好	平	劣	好	平	劣
中心	33.4	44.6	22.0	-	24.2	75.8
内围	34.4	46.3	19.3	3.0	39.7	57.3
外围	44.5	43.4	12.1	9.7	29.1	61.2
全市	40.9	44.3	14.8	5.9	31.9	62.2

表 8-18　无花园者对于花园愿望表

围域	愿有花园者（%）	不愿有花园者（%）	无意见者（%）
中心	78.7	20.3	1.0
内围	75.3	22.1	1.6
外围	82.9	15.2	1.9
全市	78.1	20.3	1.6

关于表 8-19 至表 8-21 请参阅主要问题问答表。

表 8-19　留住现在住宅之原因

原因	中心（%）	内围（%）	外围（%）
离丈夫（或主要生活维持人）工作地近	63.6	57.1	36.4
爱住近市中心	59.3	44.5	9.2
房租低	55.8	44.2	32.4
离朋友们近	38.1	36.2	26.0
喜欢这房子	35.1	50.9	61.3
若迁移恐须多出租金	30.3	36.5	26.8
另外找不着房子	24.2	28.4	35.4
憎恶迁移的麻烦和费用	21.2	30.0	27.8
在当地教堂、俱乐部或团体的会员	19.5	18.8	10.8
喜欢花园	18.6	39.4	49.9
其他原因	5.2	5.1	5.6
愿意不住在市中心	3.0	14.2	57.1
房子是自己的产业	1.7	7.5	16.6

表 8-20　愿意迁移之原因

原因	中心（%）	内围（%）	外围（%）
愿住较佳的房子	89.9	80.1	61.8
想要个花园	66.7	45.2	22.7
愿住一所新房子	47.3	58.9	51.0
愿离郊外或公园较近	45.7	54.1	16.0
愿离市中心较远	36.4	43.1	15.5
愿离丈夫（或主要生活维持人）工作地近	18.6	24.0	36.1
愿离朋友们较近	8.5	10.9	11.8
其他原因	8.5	24.6	24.7
愿离市中心较近	7.0	6.8	19.1
愿住在公寓里	5.4	2.0	2.6
现在租金太高	4.6	17.8	24.2

表 8-21　住户希望迁移与否百分比表

项目	中心（%）	内围（%）	外围（%）	全市（%）
希望迁移的住户	55.8	39.1	27.8	36.0
不愿迁移的住户	44.2	60.9	72.2	64.0

就表 8-19 所示，住户想要迁移的原因，住在市中心者 90% 是要换所好一点的住宅，而只有 19% 是要接近工作地点。外围住户则亦有 62% 要较优的住处，而有 36% 要接近工作地。各围的问题，由于这个方面的调查，又更为明晰。

4. 原则的提议及结论

波恩维尔研究组在他们详细调查分析统计伯明罕市的住宅问题以后论点约略如下：

他们用社会调查方式来研究住宅问题，就是承认“人的因素”的重要。他们不只问房子如何，他们所需要的是住户们如何生活的。同住处相连的问题是工作地点、生活状况，关系于这两个前题上。这个立刻将庞大的工业及其所需的大量人口，及这些人工的一切生活，牵在一个问题以内。他们认为每个已发展的工业大城，今日必须选择决定它要再加扩展的政策，还是要节制展大趋向的计划。无论如何，每市为解决工业及居民需要的展动与乡郊及邻镇都有密切的牵连，因此它是普遍的为全国乡区设计问题。

故建议：宜设立负责的全国设计委员会做总的规定及计划。

地区的支配为设计的关键，如个人产业同公共福利的整体设计发生抵触时，当局必须有法律根据可以处置办理。政府如何酬偿私人牺牲出让的各种地区的细则，虽不在这研究的范围内，但应付地区分配的法律，则认为必须产生。

故建议：支配地产为公共利益的使用，必须修改现有法则。

因伯市近 30 年来所吞并的郊野已达极大面积，将建造地区展至极大限度，过此则市心与市郊距离将不能解决居住问题反而产生严重不便，加甚市区的不健康。

故提出以下建议：限制再展市境，保留“绿带”郊区。

因伯市“中心”房屋人口双重密度之高，地区有限而重工业又不能移动，工厂与工人住处两面都需要隙地，而双方寸步不能开展，故建议：①创立“附庸新镇”（Satellite Towns）。伯市工业种类极多，有可移与不可移性质的分别。选择其可移的数种配合成小组迁至“附庸新镇”以减轻中心压力腾出隙地。这种新镇距市边境 32 千米至 48 千米为最便。以特别快车联络，则在时间上可在半小时以内到达市区。②在拥挤地带创立“集合工厂大厦”（“Flatted” Factories）。伯市有 1.2 万家轻工业，每厂只需百余工人。将这些集中于五六层楼工业大厦中，虽不能减轻人口密度但可以救济地区的拥挤，增出空场集中公共卫生及福利设备。③必须留在旧地的著名的重工业工厂近旁所腾出的隙地重新做近代分配。④与重工业工厂相连，必须留在中心的住户，宜用近代数层公寓大厦，借立体扩展以补地区的不足。以近代的设备，改善住屋的供应且节省面积以留出合理的空场。

如今日已建在 Emily street 的公寓及 mansonette 集体小住宅及 Terrace House 等。为使必须拆除的旧屋与新造新屋之间和缓经常的进展。

建议：规定寻常住宅年数的限制。

伯市中心街道之不合用已不可讳认，如果对地区之分配使用，政府有正当权限，直通的交通干道与林荫大道都必须经营。

建议：建造林荫大道，在最近可能时间内以补公园之不足。

鉴于近来所建新村的缺乏公共生活兴趣的中心，住户之间失却当时集居睦邻情感的自然表现，新村住宅竟变成一种宿舍，无村镇家园的意义。

故建议：市府应协助鼓励社交福利中心的设立，如有幼稚园、卫生处、图书馆及小礼堂的集中建筑物，以便社交生活的产生及共同兴趣的增进。

由于各种实况的调查，研究组先得了三个结论：①如果不先做全市的统筹计划，并且如果对“地区的应用”没有法律来制裁和决定其适当分配时，局部的改善影响了全市系统的失败。②每个问题的解决，在市政调整的程序中，都借力于多面关联的许多因素。所以住宅整体的改善，任何个别单面的处置都不能圆满胜任。③一切提议仍只是原则上纲领，细项改善须在实行时逐步解决，与环境调整。

5. 参考提示与评论

第一，上项资料是关于一个已经过度发展的工业城里的住宅问题。经类似“社会调查”的方法，将一切居住情况作出统计。我们所得到的是经各时代发展而造成的拥挤情况及拥挤原因。

第二，这调查的价值就在于实况报告可以指示具体解决途径，避免纯粹的理论改善原则。这实况报告目的即在于改善，故供给各方面的确实数字，而同时暴露任何变动在实际上的困难。指出许多"调整"陷于事实上的矛盾，提倡不得已的解决方式，牵涉到迁移一部分工作中心的办法。因住的环境的优美条件显而易见，故他们不惜费时再加以讨论。这里许多数字都是指出住的条件与工作的连带关系。第一重要的是住与工作的距离：地区上的距离，借交通工具在时间上的距离，因交通工具每个工作人员每日车费的负担及使住与工作脱节的危机。

在理论上所应有的良好配置，今日大半因交错的既成事实之存在，难于实施，故今后彻底的改善，必须由全市统筹的计划入手：一方面用和缓分期拆移的程序，达到计划上的分配；另一方面迅速开辟新工作中心，以产生新的居住区域，逐渐疏散现存市民的密度，亦即消除贫民窟的最基本步骤。

第三，以伯市工业之盛，经济力量之雄厚，一世纪来竟无法消除拥挤及不卫生的贫民居宅区，这个事实应使我们惊讶警惕，它的原因我们应加以认识。

这调查团的结论是，以往的错误由于过分限于局部改善，改善的各种条件，因已限定的情况，竟成互相抵触的因素。如接近工作时间经济的地区，可能即成为围绕工作中心过于拥挤的地区，缺少空地林木、不合卫生的区域。如在交通上加以便利，可能因添设支线而加增复杂情形及居民负担。如发展工作厂地，使不超过现代化的合理密度，必须增加工业地区的面积，这又等于进迫本已有限的工人居住面积，更使其拥挤。如无限制的仅是使居宅向外扩展，则最外围的住宅与中心的工作距离愈增，交通与时间的经济便又成问题。故今后必须大规模的全盘筹划，加辟新中心，乃至于将工业的一部移出旧有已过密的中心。

经济不允许我国重蹈他们的覆辙。我们今后救济住宅房荒，绝不宜在市中区增设不已，以求目前及局部的救济。在旧市左近必须开辟新的、疏离的，若干工作的中心，各中心间设置交通干线。

第四，因私人地产权利之足以妨碍全市计划上合规的地区分配，这调查会认为最基本的改善需先增加政府对地区使用之法律上权限。这一点颇为重要。中国郊区多为耕地，市区内房屋简陋者居多，工业尚未正式开展。开辟新区、重划旧区及拆建移建均较简便，主要点在于地主之公益观念，及政府的地区使用权的规定。

我们一切正在开始，宜早拟研究定出计划，逐步推进，不宜失却机会。

9

谈北京的几个文物建筑 *

北京是中国——乃至全世界——文物建筑最多的城市。城中极多的建筑物或是充满了历史意义，或具有高度艺术价值。现在全国人民都热爱自己的首都，而这些文物建筑又是这首都可爱的内容之一，人人对它们有浓厚的兴趣，渴望多认识、多了解它们，自是意中的事。

北京的文物建筑实在是太多了，其中许多著名而已为一般人所熟悉的，这里不谈；现在笔者仅就一些著名而比较不受人注意的，和平时不著名而有特殊历史和艺术价值的提出来介绍，以引起人们对首都许多文物更大的兴趣。

还有一个事实值得我们注意的，笔者也要在此附笔告诉大家。

---

* 本文原载于1951年8月《新观察》第三卷第二期。

那就是：丰富的北京历代文物建筑竟是从来没有经过专家或学术团体做过有系统的全面调查研究；现在北京的文物还如同荒山丛林一样等待我们去开发。关于许许多多文物建筑和园林名胜的历史沿革、实测图说和照片、模型等可靠资料都极端缺乏。

在这种调查研究工作还不能有效地展开之前，我们所能知道的北京资料是极端散漫而不足的，笔者不但限于资料，也还限于自己知识的不足，所以所能介绍的文物仅是一鳞半爪，希望抛砖引玉，借此促进熟悉北京的许多人们将他们所知道的也写出来——大家来互相补充彼此对北京的认识。

一、天安门前广场和千步廊的制度

北京的天安门广场，这个现在中国人民最重要的广场，在前此数百年中，主要只供封建帝王一年一度祭天时出入之用。1919 年五四运动爆发，中国人民革命由这里开始，这才使这广场成了政治斗争中人民集中的地点。到了 30 年后的 10 月 1 日，中国人民伟大英明的领袖毛泽东主席在天安门城楼上向全世界昭告中华人民共和国的成立，这个广场才成了我们首都最富于意义的地点。天安门已象征着我们中华人民共和国，成为国徽中的主题，在五星下放出照耀全世界的光芒，更是全国人民所热爱的标志，永在人们眼前和心中了。

这样人人所熟悉、人人所尊敬热爱的天安门广场本来无须再来介绍，但当我们提到它体型风格这方面和它形成的来历时，还有一些我们可以亲切地谈谈的。我们叙述它的过去，也可以讨论它的将来各种增建修整的方向。

这个广场的平面是作丁字形的。“丁”字横画中间，北面就是那楼台峋峙、规模宏壮的天安门。楼是一横列九开间的大殿，上面是两层檐的黄琉璃瓦顶，檐下丹楹藻绘，这是典型的、秀丽而兼严肃的中国大建筑物的体型。上层瓦坡是用所谓“歇山造”的格式。这就是说它左右两面的瓦坡，上半截用垂直的“悬山”，下半截才用斜坡，和前后的瓦坡在斜脊处汇合。这个做法同太和殿的前后左右四个斜坡的“庑殿顶”或称“四阿顶”是不同的。“庑殿顶”气魄较雄宏，“歇山顶”则较挺秀，姿势错落有致些。天安门楼台本身壮硕高大，朴实无华，中间五洞门，本有金钉朱门，近年来常年洞开，通入宫城内端门的前庭。

广场“丁”字横画的左右两端有两座砖筑的东西长安门[1]。每座有三个券门，所以通常人们称它们为“东西三座门”。这两座建筑物是明初遗物。体形比例甚美，材质也朴实简单。明的遗物中常有纯用砖筑、饰以着色琉璃砖瓦较永远性的建筑物，这两门也就是北京明代文物中极可宝贵的。它们的体形在世界古典建筑中也应有它们的艺术地位。这两门同“丁”字直画末端中华门[2]（也是明建的）鼎足而三，是广场的三个入口，也是天安门的两个掖卫与前哨，形成“丁”字各端头上的重点。

全场周围绕着覆着黄瓦的红墙，铺着白石的板道。此外横亘广场的北端的御河上还有五道白石桥和它们上面雕刻的栏杆，桥前有一双白石狮子，一对高达 8 米的盘龙白石华表。这些很简单的点缀物，便构成了这样一个伟大的地方。全场的配色限制在红色的壁画、黄色的琉璃瓦、带米白色的石刻和沿墙一些树木。这样以纯红、纯黄、纯白的简单的基本颜色来衬托北京蔚蓝的天空，恰恰给人以无可比拟的庄严印象。

中华门以内沿着东西墙，本来有两排长廊，约略同午门前的廊子相似，但长得多。这两排廊子正式的名称叫作“千步廊”，是皇宫前

1 已于 1954 年拆除。——编者注。

2 同上。

很美丽整肃的一种附属建筑。这两列千步廊在庚子年毁于侵略军八国联军之手，后来重修的，工程恶劣，已于民国初年拆掉，所以只余现在的两道墙。如果条件成熟，将来我们整理广场东西两面建筑之时，或者还可以恢复千步廊，增建美好的两条长长的画廊，以供人民游息。廊屋内中便可布置有文化教育意义的短期变换的展览。

这所谓的千步廊是怎样产生的呢？谈起来，它的来历与发展是很有意思的。它的确是街市建设一种较晚的格式与制度，起先它是宫城同街市之间的点缀，一种小型的“绿色区”。金、元之后才被统治者拦入皇宫这一边，成为宫前禁地的一部分，而把人民拒于这区域之外。

据我们所知道的汉、唐的两京——长安和洛阳，都没有这千步廊的形制。但是至少在唐末与五代城市中商业性质的市廊却是很发展的。长列廊屋既便于存贮来往货物，前檐又可以遮蔽风雨以便行人，购售的活动便都可以得到方便。商业性质的廊屋的发展是可以理解的，它的普遍应用是由于实际作用而来，至今地名以廊为名而表示商区性质的如南京的估衣廊等是很多的。实际上以廊为一列店肆的习惯，则在今天各县城中还可以到处看到。

当汴梁（今开封）还不是北宋的首都以前，因为隋开运河，汴河为其中流，汴梁已成了南北东西交通重要的枢纽，为一个商业繁盛的城市。南方的“粮斛百货”都经由运河入汴，可达到洛阳、长安。所以是“自江淮达于河洛，舟车辐辏”而被称为雄郡。城的中心本是节度使的郡署，到了五代的梁朝将汴梁改为陪都，才创了宫殿。但这不是我们的要点，汴梁最主要的特点是有四条水道穿城而过，它的上边有许多壮美的桥梁，大的水道汴河上就有13道桥，其次蔡河上也有11道，所以那里又产生了所谓“河街桥市”的特殊布局。商业常集中在桥头一带。

上边说的汴州郡署的前门是正对着汴河上一道最大的桥，俗称“州桥”的。它的桥市当然也最大，郡署前街两列的廊子可能就是这种桥市。到北宋以汴梁为国都时，这一段路被称为“御街”，而两边廊屋也就随着被称为“御廊”，禁止人民使用了。据《东京梦华录》记载：宫门宣德门南面御街约阔三百余步，两边是御廊，本许市人买卖其间，自宋徽宗政和年号之后，官司才禁止的。并安立黑漆杈子在它前面，安朱漆杈子两行在路心，中心道不得人马通行。行人都拦在朱杈子以外，杈内有砖石砌御沟水两道，尽植莲荷，近岸植桃李梨杏杂花，“春夏之月望之如绣”。商业性质的市廊变成“御廊”的经过，在这里便都说出来了。由全市环境的方面看来，这样地改变嘈杂商业区域成为一种约略如广场的修整美丽的风景中心，不能不算是一种市政上的改善。且人民还可以在朱杈子外任意行走，所谓御街也还不是完全的禁地。到了元宵灯节，那里更是热闹。成为大家看灯娱乐的地方。宫门宣德楼前的“御街”和“御廊”对着汴河上大州桥，显然是宋东京部署上一个特色。此后历史上事实证明这样一种壮美的部署被金、元抄袭，用在北京，而由明清保持下来成为定制。

金人是文化水平远比汉族落后的游牧民族，当时以武力攻败北宋懦弱无能的皇室后，金朝的统治者便很快地要模仿宋朝的文物制度，享受中国劳动人民所累积起来的工艺美术的精华，尤其是在建筑方面。金朝是由 1149 年起开始他们建筑的活动，迁都到了燕京，称为中都，就是今天北京的前身，在宣武门以西越出广安门之地，所谓“按图兴修宫殿”“规模宏大”，制度“取法汴京”，就都是慕北宋的文物，蓄意要接受它的宝贵遗产与传统的具体表现。“千步廊”也就是他们所爱慕的一种建筑传统。

金的中都自内城南面天津桥以北的宣阳门起，到宫门的应天楼，东西各有廊二百余间，中间驰道宏阔，两边植柳。当时南宋的统治者曾不断遣使到“金庭”来，看到金的“规制堂皇，仪卫华整”，写下不少深刻的印象。他们虽然曾用优越的口气说金的建筑殿阁崛起不合制度，但也不得不承认这些建筑“工巧无遗力”。其实那一切都是我们民族的优秀劳动人民勤劳的创造，是他们以生命与血汗换来的，真正的工作是由于“役民伕八十万，兵伕四十万”，并且是“作治数年，死者不可胜计”的牺牲下做成的。当时美好的建筑都是劳动人民的果实，却被统治者所独占。北宋时期商业性的市廊改为御廊之后，还是市与宫之间的建筑，人民还可以来往其间。到了金朝，特意在宫城前东西各建二百余间，分三节，每节有一门，东向太庙，西向尚书省，北面东西转折又各有廊百余间，这样的规模已是宫前门禁森严之地，不再是老百姓所能够在其中走动享受的地方了。

到了元的大都记载上正式地说，南门内有千步廊，可七百步，建灵星门，门内二十步许有河，河上建桥三座名周桥。汴梁时的御廊和州桥，这时才固定地称作“千步廊”和“周桥”，成为宫前的一种格式和定制，将它们从人民手中掳夺过去，附属于皇宫方面。

明、清两代继续用千步廊作为宫前的附属建筑。不但午门前有千步廊到了端门，端门前东西还有千步廊两节，中间开门，通社稷坛和太庙。当 1419 年将北京城向南展拓，南面城墙由现在长安街一线南移到现在的正阳门一线上，端门之前又有天安门，它的前面才再产生规模更大而开展的两列千步廊到了中华门。这个宫前广庭的气魄更超过了宋东京的御街。

这样规模的形制当然是宫前的一种壮观，但是没有经济条件是建造不起来的，所以终南宋之世，它的首都临安的宫前再没有力量继续这个美丽的传统，而只能以细沙铺成一条御路。而御廊格式反是由金、元两代传至明、清的，且给了“千步廊”这个名称。

我们日后是可能有足够条件和力量来考虑恢复并发展我们传统中所有美好的体型的。广场的两旁也是可以建造很美丽的长廊的。当这种建筑环境不被统治者所独占时，它便是市中最可爱的建筑型类之一，有益于人民的精神生活。正如层塔的峋峙，长廊的周绕也是最代表中国建筑特征的体型，用于各种建筑物之间，它是既实用，而又美丽的。

二、团城——古代台的实例

北海琼华岛是今日北京城的基础，在元建都以前那里是金的离宫，而元代将它作为宫城的中心，称作万寿山。北海和中海为太液池。团城是其中既特殊又重要的一部分。

元的皇宫原有三部分，除正中的“大内”外，还有兴圣宫在万寿山之正西，即今北京图书馆一带。兴圣宫之前还有隆福宫。团城在当时称为“瀛洲圆殿”，也叫仪天殿，在池中一个圆坻上。换句话说，它是一个岛，在北海与中海之间，岛的北面一桥通琼华岛（今天仍然如此），东面一桥同当时的“大内”联络，西面是木桥，长四百七十尺（156.67 米），通兴圣宫，中间辟一段，立柱架梁在两条船上才将两端连接起来，所以称吊桥。当皇帝去上都（察哈尔省多伦[1]附近）时，留守官则移舟断桥，以禁往来。明以后这桥已为美丽的石造的金鳌蛛玉桥所代替，而团城东边已与东岸相连，成为今日北海公园门前三座门一带地方。所以团城本是北京城内最特殊、最秀丽的一个地点。现今的委屈地位使人不易感觉到它所曾处过的中心地位。在我们今后改善道路系统时是必须加以注意的。

团城之西，今日的金鳌玉蛛桥是一座美丽的石桥，正对团城，两头各立一牌楼，桥身宽度不大，横跨北海与中海之间，玲珑如画，还保有当时这地方的气氛。但团城以东，北海公园的前门与三座门间，曲折迫隘，必须加宽，给团城更好的布置，才能恢复它周围应有的衬托。到了条件更好的时候，北海公园的前门与围墙根本可以拆除，团城与琼华岛间的原来关系，将得以更好地呈现出来。

过了三座门，转北转东，到了三座门大街的路旁，北面微小庞杂的小店面和南面的筒子河不太相称；转南至北长街北头的路东也

1 今为内蒙古自治区锡林郭勒盟多伦县。

有小型房子阻挡风景，尤其没有道理，今后一一都应加以改善。尤其重要的，金鳌玉蛛桥虽美，它是东西城间重要交通孔道之一，桥身宽度不足以适应现代运输工具的需要条件，将来必须在桥南适当地点加一道横堤来担任车辆通行的任务，保留桥本身为行人缓步之用。堤的形式绝不能同桥梁重复，以削弱金鳌蛛玉桥驾凌湖心之感，所以必须低平，和河岸略同。将来由桥上俯瞰堤面的“车马如织”，由堤上仰望桥上行人则“有如神仙中人”，也是一种奇景。我相信很多办法都可以考虑周密计划得出来的。

此外，现在团城的格式也值得我们注意。台本是中国古代建筑中极普通的类型。从周文王的灵台和春秋秦汉的许多的台，可以知道它在古代建筑中是常有的一种，而在后代就越来越少了。古代的台大多是封建统治阶级登临游宴的地方，上面多有殿堂、廊庑、楼阁之类，曹操的铜雀台就是杰出的一例。据作者所知，现今团城已是这种建筑遗制的唯一实例，故极为珍贵。现在上面的承光殿代替了元朝的仪天殿，是 1690 年所重建。殿内著名的玉佛也是清代的雕刻。殿前大玉瓮则是元世祖忽必烈“特诏雕造”，本是琼华岛上广寒殿的“寿山大玉海”，殿毁后失而复得，才移此安置。这个小台是同琼华岛上的大台遥遥相对。它们的关系是很密切的，所以在下文中我们还要将琼华岛一起谈到的。

三、北海琼华岛白塔的前身

北海的白塔是北京最挺秀的突出点之一，为人人所常能望见的。这塔的式样属于西藏化的印度“窣堵坡”。元以后北方多建造这种式样。我们现在要谈的重点不是塔而是它的富于历史意义的地址。它同奠定北京城址的关系最大。

本来琼华岛上是一高台，上面建着大殿，还是一种古代台的形制。

相传是辽萧太后所居，称“妆台”。换句话说，就是在辽的时代还保持着的唐的传统。金朝将就这个卓越的基础和北海、中海的天然湖沼风景，在此建筑有名的离宫——大宁宫。元世祖攻入燕京时破坏城区，而注意到这个美丽的地方，便住这里大台之上的殿中。

到了元筑大都，便是依据这个宫苑为核心而设计的。就是上文中所已经谈到的那鼎足而立的三个宫；所谓“大内”兴圣宫和隆福宫，以北海、中海的湖沼（称太液池）做这三处的中心，而又以大内为全个都城的核心。忽必烈不久就命令重建岛上大殿，名为广寒殿。上面绿荫清泉，为避暑胜地。马可·波罗（意大利人）在那时到了中国，得以见到，在他的游记中曾详尽地叙述这清幽伟丽奇异的宫苑台殿，说有各处移植的奇树，殿亦作翠绿色，夏日一片清凉。

明灭元之后，曾都南京，命大臣来到北京毁元旧都。有萧洵其人随着这个“破坏使团”而来，他遍查元故宫，心里不免爱惜这样美丽的建筑精华，要遭到无情的破坏，所以一切他都记在他所著的《元故宫遗录》中。

据另一记载（《日下旧闻考》引《太岳集》），明成祖曾命勿毁广寒殿。到了万历七年（1579 年）五月“忽自倾圮，梁上有至元通宝的金钱等”。其实那时据说瓦甓已坏，只存梁架，木料早已腐朽，危在旦夕，当然容易忽自倾圮了。

现在的白塔是清初 1651 年即广寒殿倾圮后 73 年，在殿的旧址上建立的。距今又整整 300 年了。知道了这一些发展过程，当我们遥望白塔在朝阳夕照之中时，心中也有了中国悠久历史的丰富感觉，更珍视各朝代中人民血汗所造成的种种成绩。所不同的是当时都是被帝王所占有的奢侈建设，当他们对它厌倦时又任其毁去，而从今以后，一切美好的艺术果实就都属于人民自己，而我们必尽我们的力量永远加以保护。

10

我们的首都 *

一、中山堂

我们的首都是这样多方面的伟大和可爱，每次我们都可以从不同的事物来介绍和说明它，来了解和认识它。我们的首都是一个最富于文物建筑的名城，从文物建筑来介绍它，可以更深刻地感到它的伟大与罕贵。下面这个镜头就是我要在这里首先介绍的一个对象。

它是中山公园内的中山堂。你可能已在这里开过会，或因游览中山公园而认识了它；你也可能是没有来过首都而希望来的人，愿意对北京有个初步的了解。让我来介绍一下吧，这是一个愉快的任务。

这个殿堂的确不是一个寻常的建筑物，就是在这个满是文物建筑

* 本文最初连载于 1952 年《新观察》第 1 期至第 11 期。

的北京城里，它也是极其罕贵的一个。因为它是这个古老的城中最老的一座木构大殿，它的年龄已有530岁了。它是15世纪20年代的建筑，是明朝永乐由南京重回北京建都时所造的许多建筑物之一，也是明初工艺最旺盛的时代里，我们可尊敬的无名工匠们所创造的、保存到今天的一个实物。

这个殿堂过去不是帝王的宫殿，也不是佛寺的经堂。它是执行中国最原始宗教中祭祀仪节而设的坛庙中的“享殿”。中山公园过去是“社稷坛”，就是祭土地和五谷之神的地方。

凡是坛庙都用柏树林围绕，所以环境优美，成为现代公园的极好基础。社稷坛全部包括中央一广场、场内一方坛，场四面有短墙和棂星门；短墙之外，三面为神道，北面为享殿和寝殿；它们的外围又有红围墙和美丽的券洞门。正南有井亭，外围古柏参天。

中山堂的外表是个典型的大殿。白石镶嵌的台基和三道石阶、朱漆合抱的并列立柱、精致的门窗、青绿彩画的阑额、由综错木材所组成的“斗栱”和檐椽等所造成的建筑装饰，加上黄琉璃瓦巍然耸起，微曲的坡顶，都可说是典型的但也正是完整而美好的结构。它比例的稳重，尺度的恰当，也恰如它的作用和它的环境所需要的。它的内部不用天花顶棚，而将梁架斗栱结构全部外露，即所谓“露明造”的格式。我们仰头望去，就可以看见每一块结构的构材处理得有如装饰画那样美丽，同时又组成了巧妙的图案。当然，传统的青绿彩绘也更使它灿烂而华贵。但是明初遗物的特征是木材的优良（每柱必是整料，且以楠木为主）和匠工砍削榫卯的准确，这些都不是在外表上显著之点，而是属于它内在的品质的。

中国劳动人民所创造的这样一座优美的、雄伟的建筑物，过去只供封建帝王愚民之用，现在回到了人民的手里，它的效能充分地被人民使用了。1949年8月，北京市第一届人民代表会议就是在这里召开的。两年多来，这里开过各种会议百余次。这大殿是多么恰当地用作各种工作会议和报告的大礼堂！而更巧的是同社稷坛遥遥相对的太庙，也已用作首都劳动人民的文化宫了。

二、北京市劳动人民文化宫

北京市劳动人民文化宫是首都人民所熟悉的地方。它在天安门的左侧，同天安门右侧的中山公园正相对称。它所占的面积很大，南面和天安门在一条线上，北面背临着紫禁城前的护城河，西面由故宫前的东千步廊起，东面到故宫的东墙根止，东西宽度恰是紫禁城的一半。这里是408年以前（明嘉靖二十三年，1544年）劳动人民所辛苦建造起来的一所规模宏大的庙宇。它主要是由三座大殿、三进庭院所组成；此外，环绕着它的四周的，是一片蓊郁古劲的柏树林。

这里过去称作“太庙”，只是沉寂地供着一些死人牌位和一年举行几次皇族的祭祖大典的地方。1950年国际劳动节，这里的大门上挂上了毛主席亲笔题的匾额——“北京市劳动人民文化宫”，它便活跃起来了。在这里面所进行的各种文化娱乐活动经常受到首都劳动人民的热烈欢迎，以至于这里林荫下的庭院和大殿里经常挤满了人，假日和举行各种展览会的时候，等待入门的行列有时一直排到天安门前。

在这里，各种文化娱乐活动是在一个特别美丽的环境中进行的。这个环境的特点有二：

第一，它是故宫中工料特殊精美而在400多年中又丝毫未被伤毁的一个完整的建筑组群。

第二，它的平面布局是在祖国的建筑体系中，在处理空间的方法上最卓越的例子之一。不但是它的内部布局爽朗而紧凑，在虚实起伏之间构成一个整体，并且它还是故宫体系总布局的一个组成部分，同天安门、端门和午门有一定的关系。如果我们从高处下瞰，就可以看出文化宫是以一个广庭为核心，四面建筑物环抱，北面是建筑的重点。它不单是一座单独的殿堂，而是前后三殿：中殿与后殿都各有它的两厢配殿和前院；前殿特别雄大，有两重屋檐，三层石基，左右两厢是很长的廊庑，像两臂伸出抱拢着前面广庭。南面的建筑很简单，就是入口的大门。在这全组建筑物之外，环绕着两重有琉璃瓦饰的红墙，两圈红墙之间是一周苍翠的老柏树林。南面的树林是特别大的一片，造成浓荫，和北头建筑物的重点恰相呼应。它们所留出的主要空间就是那个可容万人以上的广庭，配合着两面的廊子。这样的一种空间处理，是非常适合于户外的集体活动的。这也是我们祖国建筑的优良传统之一。这种布局与中山公园中社稷坛部分完全不同，但在比重上又恰是对称的。如果说社稷坛是一个四条神道由中心向外展开的坛（仅在北面有两座不高的殿堂），文化宫则是一个由四面殿堂廊屋围拢来的庙。这两组建筑物以端门前庭为锁钥，和午门、天安门是有机地联系着的。在文化宫里，如果我们由下往上看，不但可以看到北面重檐的正殿巍然而起，并且可以看到午门上的五凤楼一角正成了它的西北面背景，早晚云霞，金瓦翚飞，气魄的雄伟，给人极深刻的印象。

三、故宫三大殿

北京城里的故宫中间，巍然崛起的三座大宫殿是整个故宫的重点，“紫禁城”内建筑的核心。以整个故宫来说，那样庄严宏伟的气魄，那样富于组织性，又富于图画美的体形风格，那样处理空间的艺术，那样的工程技术、外表轮廓和平面布局之间的统一的整体，无可否认地，它是全世界建筑艺术的绝品，它是一组伟大的建筑杰作，它也是人类劳动创造史中放出异彩的奇迹之一。我们有充足的理由，为我们这“世界第一”而骄傲。

三大殿的前面有两段作为序幕的布局是值得注意的。第一段由天安门经端门到午门，两旁长列的“千步廊”是个严肃的开端。第二段在午门与太和门之间的小广场，更是一个美丽的前奏。这里一道弧形的金水河，和河上五道白石桥，在黄瓦红墙的气氛中，北望太和门的雄劲，这个环境适当地给三殿做了心理准备。

太和、中和、保和三座殿是前后排列着同立在一个庞大而崇高的工字形白石殿基上面的。这种台基过去称“殿陛”，共高二丈（今实测为 8 米多），分三层，每层有刻石栏杆围绕，台上列铜鼎等。台前石阶三列，左右各一列，路上都有雕镂隐起的龙凤花纹。这样大尺度的一组建筑物是用更宏大尺度的庭院围绕起来的。广庭气魄之大是无法形容的。庭院四周有廊屋，太和与保和两殿的左右还有对称的楼阁和翼门，四角有小角楼。这样的布局是我国特有的传统，常见于美丽的唐宋壁画中。

三殿中太和殿最大，也是全国最大的一个木构大殿。横阔 11 间，进深 5 间，外有廊柱一列，全个殿内外立着 84 根大柱。殿顶是重檐的“庑殿式”，瓦顶全部用黄色的琉璃瓦，光泽灿烂，同蓝色天空相辉映。底下彩画的横额和斗栱、朱漆柱、金琐窗，同白石阶基也做了强烈的对比。这个殿建于康熙三十六年（1697 年），已有 255 岁，而结构整严完好如初。内部渗金盘龙柱和上部梁枋藻井上的彩画虽稍剥落，但仍然华美动人。

中和殿在工字基台的中心，平面为正方形，宋元工字殿当中的“柱廊”竟蜕变而成了今天的亭子形的方殿。屋顶是单檐“攒尖顶”，上端用渗金圆顶为结束。此殿是清初顺治三年的原物，比太和殿又早 50 余年。

保和殿立在工字形殿基的北端，东西阔九间，每间尺度又都小于太和殿，上面是“歇山式”殿顶，它是明万历的“建极殿”原物，未经破坏或重建的。至今上面童柱上还留有“建极殿”标识。它是三殿中年寿最老的，已有 337 年的历史。

三大殿中的两殿，一前一后，中间夹着略为低小的单位所造成的格局，是它美妙的特点。要用文字形容三殿是不可能的，而同时因环境之大，摄影镜头很难把握这三殿全部的雄姿。深刻的印象必须亲自进到那动人的环境中，才能体会得到。

四、北海公园

在200多万人口的城市中，尤其是在布局谨严、街道引直、建筑物主要都左右对称的北京城中，会有像北海这样一处水阔天空、风景如画的环境，据在城市的心脏地带，实在令人料想不到，使人惊喜。

初次走过横亘在北海和中海之间的金鳌玉蛛桥的时候，望见隔水的景物，真像一幅画面，给人的印象尤为深刻。耸立在水心的琼华岛，山巅白塔，林间楼台，受晨光或夕阳的渲染，景象非凡特殊，湖岸石桥上的游人或水面小船，处处也都像在画中。池沼园林是近代城市的肺腑，借以调节气候、美化环境、休息精神；北海风景区对全市人民的健康所起的作用是无法衡量的。北海在艺术和历史方面的价值都是很突出的，但更可贵的还是在它今天回到了人民手里，成为人民的公园。

我们重视北海的历史，因为它也就是北京城历史重要的一段。它是今天的北京城的发源地。远在辽代（11世纪初），琼华岛的地址就是一个著名的台，传说是“萧太后台”。到了金朝（12世纪中叶），统治者在这里奢侈地为自己建造郊外离宫：凿大池，改台为岛，移北宋名石筑山，山巅建美丽的大殿。元忽必烈攻破中都，曾住在这里。元建都时，废中都旧城，选择了这离宫地址作为他的新城、大都皇宫的核心，称北海和中海为太液池。元的三个宫分立在两岸，水中前有“瀛洲圆殿”，就是今天的团城，北面有桥通“万岁山”，就是今天的琼华岛。岛立太液池中，气势雄壮，山巅广寒殿居高临下，可以远望西山、俯瞰全城，是忽必烈的主要宫殿，也是全城最突出的重点。明毁元三宫，建造今天的故宫以后，北海和中海的地位便不同了，也不那样重要了。统治者把两海改为游宴的庭园，称作“内苑”。广寒殿废而不用，明万历时坍塌。清初开辟南海，增修许多庭园建筑，北海北岸和东岸都有个别幽静的单位。北海面貌最显著的改变是在1651年，琼华岛广寒殿旧址上，建造了今天所见的西藏式白塔。岛正南半山殿堂也改为佛寺，由石阶直升上去，遥对团城。这个景象到今天已保持整整300年了。

北海布局的艺术手法是继承宫苑创造幻想仙境的传统，所以它以琼华岛仙山楼阁的姿态为主：上面是台殿亭馆；中间有岩洞石室；北面游廊环抱，廊外有白石栏楯，长达300米；中间漪澜堂上起轩楼为远帆楼，和北岸的五龙亭隔水遥望，互见缥缈，是本着想象的仙山景物而安排的。湖心本植莲花，其间有画舫来去。北岸佛寺之外，还做小西天，又受有佛教画的影响。其他如桥亭堤岸，多少是模拟山水画意。北海的布局是有着丰富的艺术传统的。它的曲折有趣、多变化的景物，也就是它最得游人喜爱的因素。同时更因为它的水面宏阔，林岸较深，尺度大，气魄大，最适合于现代青年假期中的一切活动：划船、滑冰、登高远眺，北海都有最好的条件。

五、天坛

天坛在北京外城正中线的东边，占地差不多267公顷，围绕着有两重红色围墙。墙内茂密参天的老柏树，远望是一片苍郁的绿荫。由这树林中高高耸出深蓝色伞形的琉璃瓦顶，它是三重檐子的圆形大殿的上部，尖端上闪耀着涂金宝顶。这是祖国一个特殊的建筑物，世界闻名的天坛祈年殿。由南方到北京来的火车，进入北京城后，车上的人都可以从车窗中见到这个景物。它是许多人对北京文物建筑最先的一个印象。

天坛是过去封建主每年祭天和祈祷丰年的地方、封建的愚民政策和迷信的产物，但它也是过去辛勤的劳动人民用血汗和智慧所创造出来的一种特殊美丽的建筑类型，今天有着无比的艺术和历史价值。

天坛的全部建筑分成简单的两组，安置在平舒开朗的环境中，外周用深深的树林围护着。南面一组主要是祭天的大坛，称作“圜丘”，和一座不大的圆殿,称“皇穹宇”。北面一组就是祈年殿和它的后殿——皇乾殿、东西配殿和前面的祈年门。这两组相距约600米，由一条白石大道相连。两组之外，重要的附属建筑只有向东的“斋宫”一处。外面两周的围墙在平面上南边一半是方的，北边一半是半圆形的。这是根据古代“天圆地方”的说法而建筑的。

圜丘是祭天的大坛，平面正圆，全部白石砌成；分三层，高约一丈六尺；最上一层直径九丈，中层十五丈，底层二十一丈。[1]每层有石栏杆绕着，三层栏板共合成360块，象征“周天三百六十度”。各层四面都有九步台阶。这座坛全部尺寸和数目都用一、三、五、七、九的“天数”或它们的倍数，是最典型的封建迷信结合的要求。但在这种苛刻条件下,智慧的劳动人民却在造型方面创造出一个艺术杰作。这座洁白如雪、重叠三层的圆坛，周围环绕着玲珑像花边般的石刻栏杆，形体是这样的美丽，它永远是个可珍贵的建筑物，点缀在祖国的地面上。

圜丘北面棂星门外是皇穹宇。这座单檐的小圆殿的作用是存放神位木牌（祭天时“请”到圜丘上面受祭，祭完送回）。最特殊的是它外面周绕的围墙，平面做成圆形，只在南面开门。墙面是精美的磨砖对缝，所以靠墙内任何一点，向墙上低声细语，他人把耳朵靠近其他任何一点，都可以清晰听到。人们都喜欢在这里做这种“声学游戏”。

祈年殿是祈谷的地方，是个圆形大殿，三重蓝色琉璃瓦檐，最上一层上安金顶。殿的建筑用内外两周的柱，每周12根，里面更立四

1 圜丘实测高为5.17米，最上一层直径为23.65米，中层直径为39.31米，底层直径为54.91米。

根“龙井柱”。圆周12间都安槅扇门，没有墙壁，庄严中呈显玲珑。这殿立在三层圆坛上，坛的样式略似圜丘而稍大。

天坛部署的规模是明嘉靖年间制定的。现存建筑中，圜丘和皇穹宇是清乾隆八年（1743年）所建。祈年殿在清光绪十五年雷火焚毁后，又在第二年（1890年）重建。祈年门和皇乾殿是明嘉靖二十四年（1545年）原物。现在祈年门梁下的明代彩画是罕有的历史遗物。

六、颐和园

在中国历史中，城市近郊风景特别好的地方，封建主和贵族豪门等总要独霸或强占，然后再加以人工的经营来做他们的“禁苑”或私园。这些著名的御苑、离宫、名园，都是和劳动人民的血汗和智慧分不开的。他们凿了池或筑了山，建造亭台楼阁，栽植了树木花草，布置了回廊曲径、桥梁水榭，在许许多多巧妙的经营与加工中，才把那些离宫或名园提到了高度艺术的境地。现在，这些可宝贵的祖国文化遗产，都已回到人民手里了。

北京西郊的颐和园，在著名的圆明园被帝国主义侵略军队毁了以后，是中国4000年封建历史里保存到今天的最后的一个大“御苑”。颐和园周围6.5千米，园内有山有湖。倚山临湖的建筑单位大小数百，最有名的长廊，东西就长达几百米，共计273间。

颐和园的湖、山基础，是经过金、元、明三朝所建设的。清朝规模最大的修建开始于乾隆十五年（1750年），当时本名清漪园，山名万寿，湖名昆明。1860年，清漪园和圆明园同遭英法联军毒辣的破坏。前山和西部大半被毁，只有山巅琉璃砖造的建筑和“铜亭”得免。

前山湖岸全部是光绪十四年（1888年）所重建。那时西太后那拉氏专政，为自己做寿，竟挪用了海军造船费来修建，改名颐和园。

颐和园规模宏大，布置错杂，我们可以分成后山、前山、东宫门、南湖和西堤等四大部分来了解它。

第一部分后山，是清漪园所遗留下的艺术面貌，精华在万寿山的北坡和坡下的苏州河。东自“赤城霞起”关口起，山势起伏，石路回转，一路在半山经“景福阁”到“智慧海”，再向西到“画中游”。一路沿山下河岸，处处苍松深郁或桃树错落，是初春清明前后游园最好的地方。山下小河(或称后湖)曲折，忽狭忽阔；沿岸模仿江南风景，故称“苏州街”，河也名“苏州河”。

正中北宫门入园后，有大石桥跨苏州河上，向南上坡是“后大庙”旧址，今称“须弥灵境”。这些地方，今天虽已剥落荒凉，但环境幽静，仍是颐和园最可爱的一部分。东边“谐趣园”是仿无锡惠山园的风格，当中荷花池，四周有水殿曲廊，极为别致。西面通到前湖的小苏州河，岸上东有“买卖街”（现已不存），俨如江南小镇。更西的长堤垂柳和六桥是仿杭州西湖六桥建设的。这些都是模仿江南山水的一个系统的造园手法。

第二部分前山湖岸上的布局，主要是排云殿、长廊和石舫。排云殿在南北中轴线上。这一组由临湖一座牌坊起，上到排云殿，再上到佛香阁；倚山建筑，巍然耸起，是前山的重点。佛香阁是八角攒尖顶的多层建筑物，立在高台上，是全山最高的突出点。这一组建筑的左右还有“转轮藏”和“五方阁”等宗教建筑物。附属于前山部分的还有米山上几处别馆，如“景福阁”“画中游”等。

沿湖的长廊和中线呈丁字形；西边长廊尽头处，湖岸转北到小苏州河，傍岸处就是著名的“石舫”，名清宴舫。前山着重修大、堂皇富丽，和清漪园时代重视江南山水的曲折大不相同；前山的安排，是“仙山蓬岛”的格式，略如北海琼华岛，建筑物倚山层层上去，成一中轴线，以高耸的建筑物为结束。湖岸有石栏和游廊。对面湖心有远岛，以桥相通，也如北海团城。只是岛和岸的距离甚大，通到岛上的十七孔长桥不在中线，而由东堤伸出，成为远景。

第三部分是东宫门入口后的三大组主要建筑物：一是向东的仁寿

殿，它是理事的大殿；二是仁寿殿北边的德和园，内中有正殿、两廊和大戏台；三是乐寿堂，在德和园之西，这是那拉氏居住的地方。堂前向南临水有石台石阶，可以由此上下船。这些建筑拥挤繁复，像城内府第，堵塞入口，向后山和湖岸的合理路线被建筑物阻挡割裂。今天游园的人多不知有后山，进仁寿殿或德和园之后，更有迷惑在院落中的感觉，直到出了荣寿堂西门，到了长廊，才豁然开朗，见到前面的湖山。这一部分的建筑物为全园布局上的最大弱点。

第四部是南湖洲岛和西堤。岛有五处，最大的是月波楼一组，或称龙王庙，有长桥通东堤。其他小岛非船不能达。西堤由北而南成一弧线，分数段，上有六座桥。这些都是湖中的点缀，为北岸的远景。

七、天宁寺塔

北京广安门外的天宁寺塔，是北京城内和郊外的寺塔中完整立着的一个最古的建筑纪念物。这个塔属于一种特殊的类型：平面作八角形，砖筑实心，外表主要分成高座、单层塔身和上面的多层密檐三部分。座是重叠的两组须弥座，每组中间有一道“束腰”，用“间柱”分成格子，每格中刻一浅龛，中有浮雕，上面用一周砖刻斗栱和栏杆，故极富于装饰性。座以上只有一单层的塔身，托在仰翻的大莲瓣上，塔身四正面有拱门，四斜面有窗，还有浮雕力神像等。塔身以上是十三层密密重叠着的瓦檐。第一层檐以上，各檐中间不露塔身，只见斗栱；檐的宽度每层缩小，逐渐向上递减，使塔的轮廓成缓和的弧线。塔顶的“刹”是佛教的象征物，本有“覆钵”和很多层“相轮”，但天宁寺塔上只有宝顶，不是一个刹，而十三层密檐本身却有了相轮的效果。

这种类型的塔轮廓甚美，全部稳重而挺拔。层层密檐的支出使檐上的光和檐下的阴影构成一明一暗；重叠而上，和素面塔身起反衬作用，是最引人注意的宜于远望的处理方法。中间塔身略细，约束在檐以下、座以上，特别显得窈窕。座的轮廓也因有伸出和缩紧的部分，更美妙有趣。塔座是塔底部的重点，远望清晰伶俐；近望则见浮雕的花纹、走兽和人物，精致生动，又恰好收到最大的装饰效果。它是砖造建筑艺术中的极可宝贵的处理手法。

分析和比较祖国各时代各类型的塔，我们知道南北朝和隋的木塔的形状，但实物已不存。唐代遗物主要是砖塔，都是多层方塔，如西安的大雁塔和小雁塔。唐代虽有单层密檐塔，但平面为方形，且无须弥座和斗栱，如嵩山的永泰寺塔。中原山东等省以南、山西省以西，五代以后虽有八角塔，而非密檐，且无斗栱，如开封的“铁塔”。在江南，五代两宋虽有八角塔，却是多层塔身的，且塔身虽砖造，每层都用木造斗栱和木檩托檐，如苏州虎丘塔、罗汉院双塔等。检查天宁寺塔每一细节，我们今天可以确凿地断定它是辽代的实物，清代石碑中说它是“隋塔”是错误的。

这种单层密檐的八角塔只见于河北省和东北。最早有年月可考的都属于辽金时期（11 至 13 世纪），如房山云居寺南塔和北塔、正定青塔、通州塔、辽阳白塔寺塔等。但明清还有这形制的塔，如北京八里庄塔。从它们分布的地域和时代看来，这类型的塔显然是契丹民族（满族祖先的一支）的劳动人民和当时移居辽区的汉族匠工们所合力创造的伟绩，是他们对于祖国建筑传统的一个重大贡献。天宁寺塔经过这 900 多年的考验，仍是一座完整而美丽的纪念性建筑，它是今天北京最珍贵的艺术遗产之一。

八、北京近郊的三座“金刚宝座塔”——西直门外五塔寺塔、德胜门外西黄寺塔和香山碧云寺塔

北京西直门外五塔寺的大塔形式很特殊，它是建立在一个巨大的台子上面，由五座小塔所组成的。佛教术语称这种塔为“金刚宝

座塔”。它是模仿印度佛陀伽蓝的大塔建造的。

金刚宝座塔的图样，是1413年（明永乐时期）西番班迪达来中国时带来的。永乐帝朱棣封班迪达做大国师，建立大正觉寺——五塔寺——给他住。到了1473年（明成化九年）便在寺中仿照了中印度式样，建造了这座金刚宝座塔。

清乾隆时期又仿照这个类型，建造了另外两座。一座就是现在德胜门外的西黄寺塔，另一座是香山碧云寺塔。这三座塔虽同属于一个格式，但每座各有很大变化，和中国其他的传统风格结合而成。他们具体地表现出祖国劳动人民灵活运用外来影响的能力，他们有大胆变化、不限制于模仿的创造精神。在建筑上，这样主动地吸收外国影响和自己民族形式相结合的例子是极值得注意的。同时，介绍北京这三座塔并指出它们的显著的异同，也可以增加游览者对它们的认识和兴趣。

五塔寺在西郊公园北面约200米。它的大台高五丈（16.67米），上面立五座密檐的方塔，正中一座高13层，四角每座高11层。中塔的正南，阶梯出口的地方有一座两层檐的亭子，上层瓦顶是圆的。大台的最底层是个“须弥座”，座之上分五层，每层伸出小檐一周，下雕并列的佛龛，龛和龛之间刻菩萨立像。最上层是女儿墙，也就是大台的栏杆。这些上面都有雕刻，所谓“梵花、梵宝、梵字、梵像”。大台的正门有门洞，门内有阶梯藏在台身里，盘旋上去，通到台上。

这塔全部用汉白玉建造，密密地布满雕刻。石里所含铁质经过500年的氧化，呈现出淡淡的橙黄的颜色，非常温润而美丽。过于繁琐的雕饰本是印度建筑的弱点，中国匠人却创造了自己的适当的处理。他们智慧地结合了祖国的手法特征，努力控制了凹凸深浅的重点。每层利用小檐的伸出和佛龛的深入，做成阴影较强烈的部分，其余全是极浅的浮雕花纹。这样便纠正了一片杂乱繁缛的感觉。

西黄寺塔，也称作“班禅喇嘛净化城塔”，建于1779年。这座塔的形式和大正觉寺塔一样，也是五座小塔立在一个大台上面。所不同的，在于这五座塔本身的形式。它的中央一塔为西藏式的喇嘛塔（如北海的白塔），而它的四角小塔却是细高的八角五层的“经幢”，并且在平面上，四小塔的座基凸出于大台之外，南面还有一列石阶引至台上。中央塔的各面刻有佛像、草花和凤凰等，雕刻极为细致富丽，四个幢主要一层素面刻经，上面三层刻佛龛与莲瓣。全组呈窈窕玲珑的印象。

碧云寺塔和以上两座又都不同。它的大台共有三层，底下两层是月台，各有台阶上去。最上层做法极像五塔寺塔，刻有数层佛龛，阶梯也藏在台身内。但它上面五座塔之外，南面左右还有两座小喇嘛塔，所以共有七座塔了。

这三处仿中印度式建筑的遗物，都在北京近郊风景区内。同式样的塔，国内只有昆明官渡镇有一座，比五塔寺塔更早了几年。

九、鼓楼、钟楼和什刹海

北京城在整体布局上，一切都以城中央一条南北中轴线为依据。这条中轴线以永定门为南端起点，经过正阳门、天安门、午门、前三殿、后三殿、神武门、景山、地安门一系列的建筑重点，最北就结束在鼓楼和钟楼那里。北京的钟楼和鼓楼不是东西相对，而是在南北线上，一前、一后的两座高耸的建筑物。北面城墙正中不开城门，所以这条长达 8 千米的南北中线的北端就终止在钟楼之前。这个伟大气魄的中轴直穿城心的布局是我们祖先杰出的创造。鼓楼面向着广阔的地安门大街，地安门是它南面的“对景”，钟楼峙立在它的北面，这样 3 座建筑便合成一组庄严的单位，适当地作为这条中轴线的结束。

鼓楼是一座很大的建筑物，第一层雄厚的砖台，开着三个发券的门洞。上面横列五间重檐的木构殿楼，整体轮廓强调了横亘的体形。钟楼在鼓楼后面不远，是座直立耸起、全部砖石造的建筑物；下层高耸的台，每面只有一个发券门洞。台上钟亭也是每面一个发券的门。

全部使人有浑雄坚实的矗立的印象。钟、鼓两楼在对比中，一横一直，形成了和谐美妙的组合。明朝初年，智慧的建筑工人和当时“打图样”的师傅们就这样朴实、大胆地创造了自己市心的立体标志，充满了中华民族特征的不平凡的风格。

钟、鼓楼西面俯瞰什刹海和后海。这两个“海”是和北京历史分不开的。它们和北海、中海、南海是一个系统的5个湖沼。12世纪中建造“大都”的时候，北海和中海被划入宫苑（那时还没有南海），什刹海和后海留在市区内。当时有一条水道由什刹海经现在的北河沿、南河沿、六国饭店出城通到通州，衔接到运河。江南运到的粮食便在什刹海卸货，那里船帆桅杆十分热闹，它的重要性正相同于我们今天的前门车站。到了明朝，水源发生问题，水运只到东郊，什刹海才丧失了作为交通终点的身份。尤其难得的是它外面始终没有围墙把它同城区阻隔，正合乎近代最理想的市区公园的布局。

海的四周本有10座佛寺，因而得到“什刹”的名称。这10座寺早已荒废。满清末年，这里周围是茶楼、酒馆和杂耍场子等。但湖水逐渐淤塞，虽然夏季里香荷一片，而水质污秽、蚊虫滋生已威胁到人民的健康。后来人民自己的政府首先疏浚全城水道系统，将什刹海掏深，砌了石岸，使它成为一片清澈的活水，又将西侧小湖改为可容4000人的游泳池。两年来那里已成劳动人民夏天中最喜爱的地点。垂柳倒影，隔岸可遥望钟楼和鼓楼，它已真正地成为首都的风景区，并且这个风景区还正在不断地建设中。

在全市来说，由地安门到钟、鼓楼和什刹海是城北最好的风景区的基础。现在鼓楼上面已是人民的第一文化宫，小海已是游泳池，又紧接北海。这一个美好环境，由钟、鼓楼上远眺更为动人。不但如此，首都的风景区是以湖沼为重点的，水道的连接将成为必要。什刹海若予以发展，将来可能以金水河把它同颐和园的昆明湖结连起来。那样人们将可以在假日里从什刹海坐着小船经由美丽的西郊，直达颐和园了。

十、雍和宫

北京城内东北角的雍和宫，是二百十几年来北京最大的一座喇嘛寺院。这所寺院因为建筑的宏丽和佛像雕刻等的壮观，一向都非常著名，所以游览首都的人们时常来到这里参观。这一组庄严的大建筑群，是过去中国建筑工人以自己传统的建筑结构技术来适应喇嘛教的需要所创造的一种宗教性的建筑类型。这寺院的全部是一种符合特殊实际要求的艺术创造，在首都的文物建筑中间，它是不容忽视的一组建筑遗产。

雍和宫曾经是胤祯（清雍正帝）做王子时的府第。在 1734 年改建为喇嘛寺。

雍和宫的大布局紧凑而有秩序，全部由南北一条中轴线贯穿着。由最南头的石牌坊起到“琉璃花门”是一条“御道”——也像一个小广场。两旁十几排向南并列的僧房就是喇嘛们的宿舍。由琉璃花门到雍和门是一个前院，这个前院有古槐的幽荫，南部左右两角立着钟楼和鼓楼，北部左右有两座八角的重檐亭子，更北的正中就是雍和门；雍和门规模很大，才经过修缮油饰。由此北进共有三个大庭院、五座主要大殿阁。第一院正中的主要大殿称作雍和宫，它的前面中线上有碑亭一座和一个雕刻精美的铜香炉，两边配殿围绕到它后面一殿的两旁，规模极为宏壮。

全寺最值得注意的建筑物是第二院中的法轮殿，其次便是它后面的万佛楼。它们的格式都是很特殊的。法轮殿主体是七间大殿，但它的前后又各出五间“抱厦”，使平面成十字形。殿的瓦顶上面凸出五个小阁，一个在正脊中间，两个在前坡的左右，两个在后坡的左右。每个小阁的瓦脊中间又立着一座喇嘛塔。由于宗教上的要求，五塔寺金刚宝座塔的形式很巧妙地这样组织到纯粹中国式的殿堂上面，成了中国建筑中一个特殊例子。

万佛楼在法轮殿后面，是两层重檐的大阁。阁内部中间有一尊五丈多约16.65米高的弥勒佛大像，穿过三层楼井，佛像头部在最上一层的屋顶底下。据说这个像的全部是由一整块檀香木雕成的。更特殊的是万佛楼的左右另有两座两层的阁，从这两阁的上层用斜廊——所谓飞桥——和大阁相联系。这是敦煌唐朝画中所常见的格式，今天还有这样一座存留着，是很难得的。

雍和宫最北部的绥成殿是七间，左右楼也各是七间，都是两层的楼阁，在我们的最近建设中，我们极需要参考本国传统的楼屋风格，从这一组两层建筑物中，是可以得到许多启示的。

十一、故宫

北京的故宫现在是首都的故宫博物院。故宫建筑的本身就是这博物院中最重要的历史文物。它综合形体上的壮丽、工程上的完美和布局上的庄严秩序，成为世界上一组最优异、最辉煌的建筑纪念物。它是我们祖国多少年来劳动人民智慧和勤劳的结晶，它有无比的历史和艺术价值。全宫由“前朝”和“内廷”两大部分组成，四周有城墙围绕，墙下是一周护城河。城四角有角楼，四面各有一门：正南是午门，门楼壮丽称五凤楼；正北称神武门；东西两门称东华门、西华门，全组统称“紫禁城”。隔河遥望，红墙、黄瓦、宫阙、角楼的任何一角都是宏伟秀丽，气象万千。

前朝正中的三大殿是宫中前部的重点，阶陛三层，结构崇伟，为建筑造型的杰作。东侧是文华殿，西侧是武英殿，这两组与太和门东西并列，左右衬托，构成三殿前部的格局。

内廷是封建皇帝和他的家族居住和办公的部分。因为是所谓皇帝起居的地方，所以借重了许多严格部署的格局和外表形式上的处理来强调这独夫的“至高无上”。因此内廷的布局仍是采用左右对称的格式，并且在部署上象征天上星宿，等等。例如内廷中间，乾清、坤宁两宫就是象征天地，中间过殿名交泰，就取“天地交泰”之义。

乾清宫前面的东西两门名日精、月华，象征日月。后面御花园中最北一座大殿——钦安殿，内中还供奉着“玄天上帝”的牌位。故宫博物院称这部分作“中路”，它也就是前王殿中轴线的延续，也是全城中轴的一段。

“中路”两旁两条长夹道的东西，各列六个宫，每三个为一路，中间有南北夹道。这十二个宫象征十二星辰。它们后部每面有五个并列的院落，称东五所、西五所，也象征众星拱辰之义。十二宫是内宫眷属“妃嫔”“皇子”等的住所和中间的“后三殿”就是紫禁城后半部的核心。现在博物院称东西六宫等为“东路”和“西路”，按日轮流开放，西六宫曾经改建，储秀和翊坤两宫之间增建一殿，成了一组。长春和太极之间也添建一殿，成为一组，格局稍变。东六宫中的延禧，曾参酌西式改建“水晶宫”而未成。

三路之外的建筑是比较不规则的。主要的有两种：一种是在中轴两侧、东西两路的南头、十二宫前面的重要宫殿。西边是养心殿一组，它正在“外朝”和“内廷”之间偏东的位置上，是封建主实际上日常起居的地方。中轴东边与它约略对称的是斋宫和奉先殿。这两组与乾清宫的关系就相等于文华、武英两殿与太和殿的关系。另一类是核心外围规模较十二宫更大的宫。这些宫是建筑给封建主的母后居住的。每组都有前殿、后寝、周围廊子、配殿、宫门等。西边有慈宁、寿康、寿安等宫。其中夹着一组佛教庙宇雨花阁，规模极大。总称为“外西路”。东边的“外东路”只有直穿南北、范围巨大的宁寿宫一组。它本是玄烨(康熙帝)的母亲所居，后来弘历(乾隆帝)将政权交给儿子，自己退老住在这里，曾增建了许多繁缛巧丽的亭园建筑，所以称为“乾隆花园”。它是故宫后部核心以外最特殊也最奢侈的一个建筑组群，且是清代日趋繁琐的宫廷趣味的代表作。

故宫后部虽然“千门万户”，建筑密集，但它们仍是有秩序的布局。中轴之外，东西两侧的建筑物也是以几条南北轴线为依据的。各轴线组成的建筑群以外的街道形成了细长的南北夹道。主要的东一长街和西一长街的南头就是通到外朝的“左内门”和“右内门”，它们是内廷和前朝联系的主要交通线。

除去这些“宫”与“殿”之外，紫禁城内还有许多服务单位如上驷院、御膳房和各种库房及值班守卫之处。但威名煊赫的“南书房”和“军机处”等宰相大臣办公的地方，实际上只是乾清门旁边几间廊庑房舍。军机处还不如上驷院里一排马厩！封建帝王残酷地驱役劳动人民为他建造宫殿，养尊处优，享乐排场无所不至，而即使是对待他的军机大臣也仍如奴隶。这类事实可由故宫的建筑和布局反映出来。紫禁城全部建筑也就是最丰富的历史材料。

11

和平礼物*

在北京举行的亚洲及太平洋区域和平会议的繁重而又细致的筹备工作中，活跃着一个小小部分，那就是在准备着中国人民献给和平代表们的礼物，作为代表们回国以后的纪念品。

经过艺术工作者们热烈地讨论、设计和选择，决定了四大种类礼物：

第一类是专为这次会议而设计的特别的纪念物两种：一是华丽而轻柔的丝质彩印头巾；二是充满节日气氛的刺绣和"平金"的女子坎肩。这两种礼物都有象征和平的图案；都是以飞翔的和平白鸽为主题；图案富于东方格调，色彩鲜明，极为别致。

第二类是地道的中国手工艺品，是出产在北京的几种特种手工艺

* 本文原载于1952年10月《新观察》第18期。当年亚洲及太平洋区域和平会议在北京举行，我国文艺工作者向大会赠送艺术品，林徽因应邀撰写此文。

品，如景泰蓝、镶嵌漆器、“花丝”银饰物、细工绝技的象牙刻字和桃花手绢等。

还有两类：一是各种精印画册，二是文学创作中的名著。画册包括年画集、民间剪纸窗花、敦煌古代壁画的复制画册和老画家与新画家的创作选集等。文学名著包括获得斯大林奖金的三部荣誉作品。

这些礼物中每一件都渗透和充满着中国人民对和平的真挚的愿望。由巨大丰富的画册，到小巧玲珑的银丝的和平鸽子胸针，到必须用放大镜照着看的象牙米粒雕刻的毕加索的和平鸽子，和鸽子四周的四国文字的“和平”字样，无一不是一种和平的呼声。这呼声似乎在说：“和平代表们，珍重，珍重，纪念着你们这次团结争取和平的光荣会议，继续奋斗吧。不要忘记正在和平建设、拯救亚洲和世界和平的中国人民。看，我们辛勤劳动的一双双的手是永远愿为和平美好的生活服务的。不论我们是用笔墨写出的、颜色画出的、刀子刻出的、针线绣出的，或是用各种工艺材料制造的，它们都说明一个愿望：我们需要和平。代表们，把我们 5 亿人民保卫和平的意志传达给亚洲及太平洋各岸的你们祖国里的人民吧。”

我们选定了北京的手工艺品作为礼品的一部分，也是有原因的。中国工艺的卓越的“功夫”，在世界上古今著名，但这还不是我们选择它的主要原因。我们选择它是因为解放以后，我们新图案设计的兴起，代表了我们新社会在艺术方面一股新生的力量。它在工艺方面正是剔除封建糟粕、恢复民族传统的一支文化生力军。这些似乎平凡的工艺品，每件都确是既代表我们的艺术传统，又代表我们蓬勃气象的创作。我们有很好的理由拿它们来送给为和平而奋斗的代表们。

这些礼品中的景泰蓝图案，有出自汉代刻玉纹样，有出自敦煌北魏藻井和隋唐边饰图案，也有出自宋锦草纹，明清彩瓷的。但这些都是经过融会贯通，要求达到体形和图案的统一性的。在体形方面，我们着重轮廓线的柔和优美和实用方面相结合，如台灯，如小国盒都是经过用心处理的。在色彩方面，我们要对比活泼而设色调和，要取得华贵而安静的总效果，向敦煌传统看齐的。这些都是一反过去封建没落时期的繁琐、堆砌、不健康的工艺作风的。所以这些也说明了我们是努力发扬祖国艺术的幸福人民。我们渴望的就是和平的世界。

在景泰蓝制作期间，工人同志们的生产态度更说明了这问题。当他们知道了他们所承担的工作跟和平有关时,他们的情绪是那么高涨，他们以高度的热诚来对待他们手中那一系列繁重的掐丝、点蓝和打磨的工作。过去“慢工出细活”的思想，完全被“找窍门”的热情所代替。他们不断地缩短制作过程，又自动地加班和缩短午后的休息时间，提早完成了任务。在瑞华等五个独立作坊中，由于工人们工作的积极和认真，使珐琅质地特别匀净，图案的线纹和颜色都非常准确。工人们说：我们的生活一天比一天美满，我们要保证我们的和平幸福生活，承制和平礼品是我们最光荣的任务。当和平宾馆的工人们在一层楼一层楼地建筑上去的时候，这边制作景泰蓝的工人们也正在一个盒子、一个烟碟上点着珐琅或脚踏转轮，目不转睛地打磨着台灯座，心里也只存一个念头：是的，我们要过和平的日子。这些美丽的纪念品，无论它们是银丝胸针，还是螺钢漆盒；上面是安静的莲花，还是飞舞的鸽子；它们都是在这种酷爱和平的情绪下完成的。它们是“不简单”的，这些中国劳动人民所积累的智慧的结晶，今天为全世界人民光明的目的——和平而服务了。

礼品中还应该特别详细介绍的是丝质彩印头巾的图案和刺绣坎肩的制作过程。头巾的图案本身，就有重要的历史意义。这个彩色图案是由敦煌千佛洞内，北魏时期天花上取来应用的。我们对它的内容只加以简单的变革，将内心主题改为和平鸽子后，它就完全适合于我们这次的特殊用途了。有意义的是，它上面的花纹就是一千多年前，亚洲几个民族在文化艺术上和平交流的记录。两周北魏的“忍冬叶”草纹就是古代西域伊兰语系民族送给我们的——来自中亚细亚的影响。中间的大莲花是我们邻邦印度民族在艺术图案上宝贵的赠礼。莲瓣花纹今天在我国的雕刻图案中已极普遍地应用着，我们的亚洲国家的代表们一定都会认出它们的来历的。这些花样里还有来自更遥远的希腊的，它们是通过波斯（伊朗）和印度的犍驮罗而来到我国的。

这个图案在颜色上，比如土黄、石绿、赭红和浅灰蓝等美妙的配合，也是受过许多外来影响之后，才在中国生根的。以这个图案作为保卫亚洲和世界和平的纪念物是再巧妙、再适当没有的。三位女青年同志赶完了这个细致的图样之后，兴奋得说不出话来。她们曾愉快地做过许多临摹工作，但这次向着这样光荣的目的赶任务，使她们感到像做了和平战士一样的骄傲。

在刺绣坎肩制作过程中，由镶边到配色都是工人和艺术工作者集体创造的记录。永合成衣铺内，两位女工同志和四位男工同志，都是热情高涨地用尽一切力量，为和平礼品工作。他们用套裁方法，节省下材料，增产了 8 件成品。在 20 天的工作中。他们每天都是由早晨 7 点工作至夜深 12 点。只有一次因为等衣料，工作中断过两小时。参加这次工作的刺绣业工作者共有 17 家独立生产户，原来每日 10 小时的工作都增至 14 至 16 小时，共完成了 216 只鸽子。绣工和金线平金都做得非常整齐。这 108 件坎肩因不同绣边，不同颜色的处理，每一件都不同而又都够得上称为一件优秀的艺术品。三年来我们欢庆节日正要求有像这一类美丽服装的点缀，青年男女披上金绣彩边的坎肩会特别显出东方民族的色彩。但更有意思的是世界上许多国家的男女都用绣花坎肩，如西班牙、匈牙利与罗马尼亚等，此外在我国的西南与西北，男子们也常穿革制背心，上面也有图案。

和平战士们，请接受这份小小的和平礼品吧，这是中国劳动人民送给你们的一点小小的纪念品。

12

《中国建筑彩画图案》序*

在高大的建筑物上施以鲜明的色彩，取得豪华富丽的效果，是中国古代建筑的重要特征之一，也是建筑艺术加工方面特别卓越的成就之一。彩画图案在开始时是比较单纯的。最初是为了实用，为了适应木结构上防腐防蠹的实际需要，普遍地用矿物原料的丹或朱，以及黑漆、桐油等涂料敷饰在木结构上；后来逐渐和美术上的要求统一起来，变得复杂丰富，成为中国建筑装饰艺术中特有的一种方法。例如在建筑物外部涂饰了丹、朱、赭、黑等色的楹柱的上部，横的结构如阑额枋檩上，以及斗栱椽头等主要位置在瓦檐下的部分，画上彩色的装饰图案，巧妙地使建筑物增加了色彩丰富的感觉，和黄、丹或白垩刷粉

---

* 本文原载于北京文物整理委员会编《中国建筑彩画图案》，该书于1955年由人民美术出版社出版。这篇序文在原书中题作序，文后署名林徽因。

的墙面，白色的石基、台阶以及栏楯等物起着互相衬托的作用；又如彩画多以靛青翠绿的图案为主，用贴金的线纹、彩色互间的花朵点缀其间，使建筑物受光面最大的豪华丹朱或严肃的深赭等，得到掩映在不直接受光的檐下的青、绿、金的调节和装饰；再如在大建筑物的整体以内和它的附属建筑物之间，也利用色彩构成红绿相间或是金朱交错的效果（如朱栏碧柱、碧瓦丹楹或朱门金钉之类），使整个建筑组群看起来辉煌闪烁，借此形成更优美的风格，唤起活泼明朗的韵律感。特别是这种多色的建筑体形和优美的自然景物相结合的时候，就更加显示了建筑物美丽如画的优点，而这种优点是和彩画装饰的作用分不开的。

在中国体系的建筑艺术中，对于建筑物细致地使用多样彩色加工的装饰技术，主要有两种：一种是“玻璃瓦作”发明之后，应用各种琉璃构件和花饰的形制；另一种就是有更悠久历史的彩画制度。

中国建筑上应用彩画开始于什么年代呢？

在木结构外部刷上丹红的颜色，早在春秋时代就开始了，鲁庄公“丹桓宫之楹，而刻其桷”，是见于古书上关于鲁国的记载的。还有臧文仲“山节藻棁”之说，素来解释为讲究华美建筑在房屋构件上加上装饰彩画的意思。从楚墓出土文物上的精致纹饰看来，春秋时期建筑木构上已经有一些装饰图案，这是很可能的。

至于秦汉在建筑内外都应用华丽的装饰点缀，在文献中就有很多的记述了。《西京杂记》中提到“华榱碧珰”之类，还说“椽榱皆绘龙蛇萦绕其间”和“柱壁皆画云气花卉，山灵鬼怪”。从汉墓汉砖上所见到一些纹饰来推测，上述的龙纹和云纹都是可以得到证实的。此外记载上所提到的另一个方面应该特别注意的，就是绫锦织纹图案应用到建筑装饰上的历史。例如秦始皇咸阳宫“木衣绨绣，土被朱紫”之说，又如汉代宫殿中有“以椒涂壁，被以文绣”的例子。《汉书·贾谊传》里又说：“美者黼绣是古天子之服，今富人大贾嘉会召客者以被墙。”在柱上、壁上悬挂丝织品和在墙壁、梁柱上涂饰彩色图画，以满足建筑内部华美的要求，本来是很自然的。这两种方法在发展中合而为一时，彩画自然就会采用绫锦的花纹作为图案的一部分。在汉砖上、敦煌石窟中唐代边饰上和宋《营造法式》书中，菱形锦纹图案都极常见，到了明清的梁枋彩画上，绫锦织纹更成为极重要的题材了。

南北朝佛教流行中国之时，各处开凿石窟寺，普遍受到西域佛教艺术的影响，当时的艺人匠师不但大量地吸收外来艺术为宗教内容服务，同时还大胆地将中国原有艺术和外来的艺术相融合，加以应用。在雕刻绘塑的纹饰方面，这时产生了许多新的图案，如卷草花纹、莲瓣、宝珠和曲水万字等，就都是其中最重要的。

综合秦、汉、南北朝、隋、唐的传统，直到后代，在彩画制度方面，云气、龙凤、绫锦织纹、卷草花卉和万字、宝珠等，就始终都是“彩画作”中最主要和最典型的图案。至于设色方法，南北朝以后也结合了外来艺术的优点。《建康实录》中曾说，南朝梁时一乘寺的门上有据说是名画家张僧繇手笔的“凹凸花”，并说：“其花乃天竺遗法，朱及青绿所成，远望眼晕如凹凸，近视即平，世咸异之。”宋代所规定的彩画方法，每色分深浅，并且浅的一面加白粉，深的再压墨，所谓“退晕”的处理可能就是这种画法的发展。

我们今天所能见到的实物，最早的有乐浪郡墓中彩饰；其次就是甘肃敦煌莫高窟和甘肃天水麦积山石窟中北魏、隋、唐的洞顶、洞壁上的花纹边饰；再次就是四川成都两座五代陵墓中的建筑彩画。现存完整的建筑正面全部和内容梁枋的彩画实例，有敦煌莫高窟宋太平兴国五年（980 年）的窟廊。辽、金、元的彩画见于辽宁义县奉国寺、山西应县佛宫寺木塔、河北安平圣姑庙等处。

宋代《营造法式》中所总结的彩画方法，主要有六种：一为五彩遍装，二为碾玉装，三为青绿叠晕棱间装，四为解绿装，五为丹粉刷饰，六为杂间装。工作过程又分为四个程序：一为衬地，二为衬色，三为细色，四为贴金。此外还有“叠晕”和“剔填”的着色方法。应用于彩画中的纹饰有“华纹”“琐纹”“云纹”“飞仙”“飞禽”及“走兽”等几种。“华纹”又分为“九品”，包括“卷草”花纹在内。“琐纹”即“锦纹”，分有六品。

明代的彩画实物，有北京东城智化寺如来殿的彩画，据建筑家过去的调查报告，说是：“彩画之底甚薄，各材刨削平整，故无批麻捉灰的必要，梁枋以青绿为地，颇雅素，青色之次为绿色，两色反复间杂，一如宋、清常则；其间点缀朱金，鲜艳醒目，集中在一二处，占面积极小，不以金色作机械普通之描画，且无一处利用白色为界线，乃其优美之主因。”调查中又谈到智化寺梁枋彩画的特点，如枋心长为梁枋全长的四分之一，而不是清代的三分之一；旋花作狭长形而非整圆，虽然也是用一整二破的格式。又说枋心的两端尖头不用直线，“尚存古代萍藻波纹之习”。

明代彩画，其他如北京安定门内文丞相祠檐枋，故宫迎瑞门及永康左门琉璃门上的额枋等，过去都曾经有专家测绘过。虽然这些彩画构图规律和智化寺同属一类，但各梁上旋花本身和花心、花瓣的处理都不相同，且旋花大小和线纹布局的疏密，每处也各不相同。花纹区划有细而紧的和叶瓣大而爽朗的两种，产生极不同的效果。全部构图创造性很强，极尽自由变化之能事。

清代的彩画继承了过去的传统，在取材上和制作方法上有了新的变化，使传统的建筑彩画得到一定的提高和发展。从北京各处宫殿、庙宇、庭园遗留下来制作严谨的许多材料来看，它的特点是复杂绚烂、金碧辉煌，形成一种眩目的光彩，使建筑装饰艺术达到一个新的高峰。某些主要类型的彩画，如“和玺彩画”和“旋子彩画”等，都是规格化的彩画装饰构图，这样在装饰任何梁枋时就便于保持一定的技术水平，也便于施工，并使徒工易于掌握技术。但是，由于这种规格化十分严格地制定了构图上的分划和组合，便不免限制了彩画艺人的创造能力。虽然细节花纹可以做若干变化，但这种过分标准化的构图规定是有它的缺点的。在研究清式的建筑绘画方面，对于“和玺彩画”“旋子彩画”以及庭园建筑上的“苏式彩画”，过去已经做了不少努力，进行过整理和研究，本书的材料便是继续这种研究工作所做的较为系统的整理。但是，应该提出的是：清代的彩画是建筑装饰中很丰富的一项遗产，并不限于上面三类彩画的规制。现存清初实物中，还有不少材料有待于今后进一步的发掘和整理，特别是北京故宫保和殿的大梁、乾隆花园佛日楼的外檐、午门楼上的梁架等清代早期的彩画，都不属于上述的三大类,更值得注意。因此,这种整理工作仅是一个开始，一方面，为今后的整理工作提供了材料；另一方面，许多工作还等待继续进行。

本书是由北京文物整理委员会聘请北京彩画界老艺人刘醒民同志等负责绘制的，他们以长期的实践经验，按照清代乾隆时期以后流行的三大类彩画规制所允许的自由变化，把熟练的花纹做不同的错综，组合成许多种的新样式。细部花纹包括了清代建筑彩画图案的各种典型主题，如夔龙、夔凤、卷草、西番莲、升龙、坐龙，及各种云纹、草纹，保存了丰富的清代彩画图案中可宝贵的材料。有些花纹组织得十分繁密匀称,尤其难得。但在色彩上,因为受到近代常用颜料的限制,色度强烈，有一些和所预期的效果不符，如刺激性过大或白粉量太多之处。也有些在同一处额枋上纹饰过于繁复，在总体上表现一致性不强的缺点。

总之，这一部彩画图案给建筑界提供了学习资料，但在实际应用时，必须分析它的构图、布局、用色、设计和纹饰线路的特点，结合具体的用途变化应用；并且需要在原有的基础上，从现实生活的需要出发，逐渐创作出新的彩画图案。因此，务必避免抄袭或是把它生硬地搬用到新的建筑物上，不然便会局限了艺术的思想性和创造性。

本集彩画中各种图案，可说都是来自历史上很早的时期，如云气、龙纹、卷草、西番莲等，在长久的创作实践中都曾经过不断的变化、不断的发展。美术界和建筑界应当深刻地体会彩画艺术的传统，根据这种优良的传统，进一步地灵活应用、变化提高，这就是我们的创作任务。这本集子正是在这方面给我们提供了珍贵的与必要的参考。

13

关于《中国建筑彩画图案》的意见*

纹样的尺度粗细的分配因为在缩尺的图样中没有按原来的比例缩减，而随了毛笔的粗细描出，全梁彩画“构图”的完整性，常常受到很大的损失。

青绿的变调和各彩色的应用改动的结果，在全梁彩色组合上，把主要的对比搅乱了。例如将那天你社留给我的那张印好的彩画样子和清宫中太和门中梁上彩画［庚子年（1900年）日军侵入北京时由东京帝国大学建筑专家所测绘的一图］正是同一规格，详细核对、比着一起看时就很明显。原来的构图是以较暗青绿为两端箍头藻头的主调来衬托第一条梁中段以朱为底、以彩色“吉祥草”为纹样的枋心，和第二条梁靠近枋心的左右梁，红地吉祥草的两段藻头。两层梁架上就

* 本文为作者手写未完稿。——编者注。

只点出三块红色的主题，当中再隔开一道长而细的红色垫板，全梁绿线和朱的对比就清清楚楚明明白白，一点也不乱［从花纹比例上看，纹样细微像丝织品上的纹路，不是和这次所印的那样粗，在效果上有极不同的表现，细密如锦的感觉（触觉）非常美，青绿调更是安静调。和它们是中国颜料的特色，当中白线路带蜜黄调不跳也细得更多，箍头两旁纹样更像少数民族的花边在尺度上比例上都细微如织纹］。而这次刘同志等所画真是“五彩缤纷”，有人说是“八仙过海各显其能”颜色上宾主不分，噪聒喧腾一片热闹而不知所云。

写到这里，接到来信，将稿件看一遍（另附），知道贵编辑的为难，要在序文中强调优点。而我在此正分析其没落“走样”的现象。不得已，已在抄稿中做了一点很轻微的，但是负责的修正。语气上和实事求是的问题，讨论上好像是应该如此的，盼望可以通过。

从花纹比例上看，纹样细致如丝织品上纹路产生细密如锦的感觉非常安静，不像这次所印的那样粗圆，大线路被金和白搅得热闹嘈杂异常的效果。绿线两色调和相处，它们都是中国的矿质颜料的色调，不暗也不跳，白色略带蜜黄不太宽也不突出。在另外一张彩画上看到箍头两旁所用的（图样）纹样和刘同志所画的效果上也大不相同，它们是细密的如少数民族的边锦织纹。大约是在比例上被艺人们放大了，所以效果那样不同。总而言之，我曾留下的那一张的确是“走了样的”和玺椀花结带与太和门中梁上一样格式的彩画图案。因为上述各种的差异结果变成五彩缤纷，宾主不分，有人说是“八仙过海，各显其能”，聒噪喧腾，一片热闹而不知所云。艺术效果上确是失败的“走样”的例子。

写到这里，接到来信，将稿件看过一遍，知道你们编辑的为难，要在序文中强调强调优点。而我却在此正做分析，指出“走样”的现象。□□我已在抄稿中接受提出优点的原则下，做了一点很轻微的，但是负责的修正。语气上绝不能一味夸张这些清代彩画的变体，在实事求是的讨论□□口□严正一点，盼望修正可以通过。

14

敦煌边饰初步研究（稿）*

中国佛教初期的艺术是划时代的产品，分了在此以前的，和在此以后的中国艺术作风，它显然是吸收了许多外来的所谓西域的种种艺术上新鲜因素，却又更显然地是承前启后一脉贯通，表现着中国素来独有的、出类拔萃的艺术特质。所以研究中国艺术史里一个重要关键就在了解外来的佛教传入后的作品。（中国的无名英雄的匠师们为了这宗教的活动，所努力的各种艺术创造，在题材、技术和风格的几个方面掌握着什么基本的民族的传统；融合了什么样崭新的因素；引起了什么样的变革和发展了什么样的艺术程度的新创造。）

佛教既是经由西域许多繁杂民族的传播而输入的原发源于印度的宗教思想，它所带来的宗教艺术的题材大部分都不是中国原有所曾有

* 本文为作者手写未完稿。——编者注。

的。但是表现这宗教的艺术形式、风格、工具与手法，使在传达内容的任务中可达到激动情感的效果的，在来到中国以后必不可能同在印度或在西域时完全相同。佛教初入之时中国的佛教信徒在艺术表现上要倚赖什么呢？是完全靠异国许多不同民族的僧侣艺匠，依了他们的民族生活状况、工具条件和情调所创出的佛教的雕塑、绘画、建筑、文字经典和附属于这一切艺术的装饰图案，输入到中国来替中国人民表现传播宗教热诚和思想吗？一定不是的。那么是由中国人民工匠接受各种民族传播进来的异国艺术的一切表现和作风，无条件的或盲目呆板的来模仿吗？还是由教义内容到表现方法，到艺术类型与作风，都是通过了自己民族的情感和理解、物质条件、习惯要求和传统的技术基础吸收融化许多种类的外来养料，逐步地创造出自己宗教热诚所要求的艺术呢？这问题的答案便是中国艺术史中重要的一页。

国内在敦煌之外，在雕刻方面和在建筑方面，我们已能证实，为了宗教，中国创造出自己的佛教艺术。以雕刻为例，佛教初期的创造见于各个著名的摩崖石窟和造像上，如云冈、龙门、天龙山、南北响堂山、济南千佛山、神通寺以及许多南北朝造像，都充分证明了，为了佛教热诚，我们在石刻方面的手艺匠工确实都经过最奇刻的考验，通过自己所能掌握的技巧手法和作风来处理各种崭新的宗教题材，而创造出无比可爱、天真、纯朴、洒脱雄劲的摩崖大佛、佛龛、窟寺、浮雕，各种大小的造像雕刻和许多杰出的边饰图案，无论是在主体风格、细部花纹、阳刻雕形和阴纹线条方面手法的掌握、变化与创造，都确确实实地保存了在汉石刻上已充分发达的旧有优良传统，配合了佛教题材的新情况,吸收到由西域进来的许多新鲜影响而丰富了自己。南北朝与隋唐之初的作品每一件都有力地证明我们在适应新的要求和吸取新的养料的过程中最主要的是没有失掉主动立场而能迅速发展起来，且发展得非常璀璨，智慧地运用旧基础，从没有做不加变革的模仿。一方面创造性极强，另一方面丰富而更巩固了中国原有优良的传统。

但在有色彩的绘画艺术方面，一向总为了缺乏实物资料，不能确凿地研讨许多技术上的问题。无论是关于处理写实人物或幻想神像，组织画面、背景或图案花纹，或是着色渲染、勾描轮廓的技术，我们都没有足够研究的资料可以分合较比进行详尽的讨论过，我们知道只有从敦煌丰富的画壁中才能有这条件。它们是那样的丰富，有那样多不同年代的作品，敦煌在地理上又是那样的接近输入佛教的西域，同许多不同民族有过长期密切的交流，所以只有分析理解敦煌画壁的手法作风，在画题、布局、配色和笔触方面的表现，观察它们不自觉的和自觉的变化和异同，才真能帮助我们认识中国绘画源流中一个大时代。确实明白当时中国画匠怎样运用民族传统画像绘色描线等的技术，来处理新输入的佛教母题，尤其重要的是因为佛教艺术为中国艺术老树上所发出的新枝。因为相信宗教可以解救苦难，所以佛教艺术曾是无数被压迫的劳苦人民和辛勤的匠人们所热烈参加的群众运动，因此它曾发展得特别蓬勃而普遍，不是宫廷艺术而是深深在人民中间的，逐渐形成一支艺术的主干。了解当它在萌芽时期和发展成长阶段对于今天的我们更是重要知识。

中国画匠怎样融会贯通各种民族杰出的各自不同的题材手法加以种种变革来发展自己，而不是亦步亦趋，一味的模仿或被任何异国情调所兼并吞没,如过去四五十年里中国工艺美术所遭受的破坏与迫害，正是我们今天应该学习和作为我们的借鉴的。

在敦煌这批极丰富且罕贵的艺术资料里，以绘画技术为对象来研究时就牵涉很多方面。首先就有题材的处理、画面的整个布局和每个画面在色彩上的主要格调。其次如关于佛像菩萨和飞仙的体裁服饰及画法作风。再次还有各种画中的景物衬托，如云、山、水、石、树木、花草和各种动物，尤其是人的动作、马的驰骋等表现方法。再次还有画的背景所附带的建筑、舟车和器物。末后才是围绕着画幅或佛像背光，装饰在人物衣缘或沿着洞窟本身各部分的图案花纹的问题。但这新萌芽的图案花纹和老天的关系，同其他许多问题一样的有着重大价值。尤其是这新枝，由南北朝到隋唐，迅速地生长繁殖，充满活力而流行全国，丰富了我国千余年来的工艺美术，并且它们还流传到朝鲜、日本、越南，变化发展得非常茂盛，一直影响到欧洲18世纪早期和近代的工艺。

现在为了要认识在图案花纹方面本土的传统的根底和新进来的养料如何结合，当时工匠们如何以自己娴熟的优良的手法来处理新的方面，而又将许多异国的新因素部分地吸收进来，我们就必须先能分别辨认各种单独特征的来龙去脉，发现各种系统与典型规律。有了把握分别辨认，我们才有把握发现各种不同因素综合交流的证例，找出新旧的关系。分别辨认是研究各种民族艺术作风与型式的必要步骤，别的任何驾空的理论都不能解决这认识的问题。

因此我们要了解敦煌画壁中的图案花纹，我们除了需要殷周、战国、秦、汉、三国、两晋一切金石漆陶器上纹样和在中国其他地区中的南北朝、隋、唐遗物来同敦煌的作比较，而同时还必须探讨佛教艺术在印度时本身的特征和构成因素。如最初大月氏种族占领的贵霜朝所兴起的佛教艺术的特点、犍驮罗地方艺术作风中的希腊因素与波斯影响、中印度和南方原有的表现、鞠多王朝全盛的早期和颓废繁琐的后期与末期等。更重要的是佛教传入中国沿途所经过的各地方混居复杂民族的艺术作风以及他们同西方的波斯、远方的希腊、南方的印度和我们之间的种族文化上的关系。在库车（龟兹）为中心与以哈拉和卓（高昌）吐鲁番为中心的许多洞窟壁画的题材、色彩、手法和情调的根源，和在和阗（和田）附近及尼雅、楼兰等遗址中所发现的古代艺术残迹资料，便都要是我们重要的观察对象。先做了一番所谓分别辨认的准备工作，然后观察敦煌资料中最典型的类型，寻出何者为中国原有的生命与性质，何者为西域僧侣艺匠所输入的波斯、印度、希腊殖民地东罗马，何者又是经过自己匠师将外族输入的因素加以变革来适合自己民族的情调和风格，便比较地有把握了。

在集中讨论图案之前对于敦煌绘画的其他方面，我们可以说最先引人注意的，就是有许多显著地是当时中国民族传统风格很奇异而大胆地同佛教题材结合在一起。如画的布局，北魏洞窟中横幅正类似汉石祠石刻画壁，画的处理亦很接近晋代石棺，还是以二十四孝为题材的那种刻石。盛唐洞壁上净土经变的布局组织都以一座殿堂（所谓宝楼）为主要背景，佛教菩萨则列坐其间或其前，前阶台上和两旁对称的廊庑之间则安置各种舞蹈、作乐或听法的菩萨，这种部署还依稀是汉石祠正中主题的布局。印度佛教画如阿姜他洞窟壁画的布局就同以上所举，敦煌的两种都不同，佛的坐处如小型建筑物的很多，也有菩萨很大的头肩由云中飘忽出现俯瞰底下尘世王子后妃作乐，所谓王子观舞等场面。佛经故事在画幅中的组织，敦煌的也同西域不同。库车附近，洞中有一例将画面用不同的两三色，主要青和绿，画成许多棱形叶子，分几个排列，每个叶子中画一故事。

敦煌北魏窟中的经变将不同时间的题材组织在一个横幅之中如舍身饲虎图等。唐窟则皆以主要净土经变放在壁画当中，两旁和下端分成若干方格或长方形画框，每框一事一题。四川大足县摩崖石刻布局也是如此。又如在敦煌所画的北魏隋唐飞仙，正同云冈龙门，天龙山石刻浮雕上所见到的一样，是中国自己独创的民族型式，同西域的、印度的或葱岭西边通印度的巴米安谷中的佛龛上，波斯印度希腊混合型的，都不一样，在气质上尤其不同。敦煌北魏的佛像菩萨塑像残毁或重建之后不易见到在他处石刻上所有的流畅俊美的刀刻手法，但在绘画上的局部衣纹都保持有汉晋意味，衣褶裙裾末端或折角处锐利劲瘦的笔法仍是那种洒脱豪放随笔起落而产生的风格。尤其是飞仙的姿势生动，披肩和飘带迎风飞舞，最能令人见到下笔时腕力和笔触的练达遒劲，真是气韵生动、痛快淋漓、无比可爱、无比可贵的民族作风。

敦煌画壁上许多衬托的景物，如树木云山，马的动作和建筑物的描写也都富于传统精神，或从汉画脱胎而出，或同我们所仅有的一些晋画（包括石棺画石）都极为神似，同时又开了后代铁线细描系统的基本作风。凡以种种显而易见的都只能说是笔者的大略印象，没有专家的分析阐明之前当然不能据此作何结论，这里只是指出敦煌早期的画壁上有一望而见到的民族作风雄厚的根底和在此上面所发展创造出来的佛教画。

但当我们转到洞窟的装饰花纹这一方面时，可引起显著的注意的恰恰相反。初见之时只见到新的题材手法来得异常大量，也异常突兀，花纹绘饰的色彩既殊特，手法又混淆变化，简直有点无法理喻它们的根源系统。而同时凡是我们所熟识的认为是周秦汉晋的金石的刻纹、陶漆器物上的彩饰、秦砖汉瓦的典型图案，在这里至少初步的印象下，都像是突然隐没毫无踪影。主要的如秦铜器上的饕餮、夔龙、盘蛇走兽、雷纹波纹，战国的铜器上，楚漆上，汉镜上，各种约略如几何形的许多花纹和兽类人物、云气浪花、斜线如意钩等，或是瓦当上、墓壁上、石阙上所见的四神：青龙、白虎、朱雀、玄武等形式，在敦煌都显著地不见了！一切似乎都不再被采用，竟使我们疑问到这里的图案是否统统为异族所输入的，但我们再冷静地一看，在绘饰方面除却塑型的莲座外，不但印度的图案没有，希腊波斯系的也不见有多少，所谓西域的如在库车附近许多洞窟画壁所见和它们同样式的也没有的。那么这许多璀璨动人的图案都从哪里来的呢？它们是怎样产生的呢？

当我们仔细思考一下，第一个重要的原因，当然是图案同器物的体型和制造材料及功用是分不开的。第二个原因，则是同所在地方的民族工艺的传统也是分不开的。从立体器物方面讲，敦煌洞窟原是一种建筑物。所以如果我们要了解它的装饰图案，我们必须由了解建筑装饰物的立场下手。从这个出发点来检查敦煌图案的系统，我们就会很快发现一条很好的线索指出我们可以理解它们的途径。在地方民族工艺传统方面讲，敦煌是中国的地方，洞窟也部分的是中国木构，大多数的画匠又是汉族的人民。他们有着的是根深蒂固的中国传统，而且是汉全盛时代的工艺方面的培养。

因为敦煌洞窟原是一种建筑物，在传入中国及西域之前这种窟寺在印度是石造的佛教建筑物，在建筑结构细部上面的装饰所以便是以石刻为主的花纹。最早创始于印度佛教艺术的犍驮罗地区的居民中是有过。在公元前，就随亚历山大大帝经由波斯而进入印度的希腊的兵卒和殖民，稍南的西海岸上，则有从小亚细亚等地，在第1世纪以后经由波斯湾沿海而来的各种商贾人民，所以艺术中带着很明显的直接或间接希腊的影响，尤其是在人像雕刻和建筑细部图案方面的发展最为显著。这种印度的佛教的“石窟寺”，在传到敦煌之前先传到塔里木盆地中无数伊兰语系的西域民族的居留地，如天山南麓龟兹马耆、吐鲁番一带造窟都极盛行，但它们同在敦煌一样因为石质松软洞窟不宜于石刻，所以一切装饰都是以彩色绘画的。因此也以彩画代替窟内应有的结构部分和上面的雕刻装饰的。所以西域就有多种彩绘的边饰图案都是模仿建筑物上的藻井柱额石楣、椽头、叠涩等雕刻部分与其上的浮雕花纹。在敦煌这种外来的以彩绘来摹拟建筑雕刻的图案也是很显著的，最典型的就有用“凹凸画法”的椽头，万字纹和以成列的忍冬草为母题的建筑边饰，用在洞顶下部墙壁上部的横楣梁额等位置上、龛措券门上和槛墙上端的横带上。

但是敦煌的石窟寺仍然为中国本土的建筑物，它不可能完全脱离中国建筑的因素。在敦煌边饰中有许多正画在洞顶藻井方格的支条上的，和人字坡下并列的椽子上的，和其他许多长条边饰显然不是由于模拟雕刻的花纹而来，就因为中国建筑是木构的系统，屋顶以下许多构材上面自古就常有藻饰彩画的点缀。《三辅黄图》述汉未央宫前殿，就提到“华榱壁趟”，《西京杂记》则更清楚地说“椽榱皆绘龙蛇萦绕其间”，又说“柱壁皆画云气，花卉，山灵，鬼怪”。所以这就使我们必须注意到敦煌边饰的两个方面，一是起源于石造建筑的雕刻部分的外来花纹，主要的如忍冬叶等；二是继续自己木构上彩画的传说，所谓“云气龙蛇萦绕的体系”。我们在山东武氏石祠肇壁上、祁祢明书像石上、孝堂山石祠壁上、磁县古坟的石门楣上都见到一种变化的云纹，这种云纹也常见于楚漆和汉代陶质加彩的器物上。在汉墓的砖柱上则确有“龙蛇萦绕”的图案。这两种图案在敦煌边饰中虽然少也都可找到原样。如朱雀形类的祥鸟也有一些例子。唐以后的卷草气势极近似云纹，卷草正如云的波动，卷头又留有云状的叶端的极多。和火焰纹混合似火而又似云的也有,都可以从中追寻那发展的来踪去迹。所谓“云气花卉山灵鬼怪”的作风则渗入壁画的上部，龛以上或洞顶斜面中，组成壁画的一部分。

当雕刻型与彩绘型两种图案体系都是以粉彩颜料绘出成为边饰时区别当然很少，但有一个本来基本上不同之处经过后来的渗合相混才不显著，我们必须加以注意。就是靛刻型的图案在画法上有模仿凹凸雕刻的倾向，要做成浮雕起伏的效果，组织上多呆板的排列，而绘画型的图案则是以线纹笔意为主的绘画系统，随笔做豪放的自由处置。

我们不知道《建康实录》中所说南朝梁时的一乘寺的寺门上所画“凹凸花称张僧繇手迹者”是什么，但如所说“其花乃天竺遗法朱及青绿所成，远望眼晕如凹凸近视即平，世成异之”，则当时确有这种故意仿浮雕的画法且是由印度传入的。在敦煌边饰中我们所见到的画法在敷色方面确是以青绿及朱的系统所成，主要是分成深浅的处理方法。底色多深赭，花纹色则鲜艳，青、绿、黄、紫都有，每色分两道或三道逐层加深，一边加重白粉几乎成白色，并描一条白粉线，做成花或叶受光一面的效果，另一边则加深颜色再用一道灰色或暗褐色，略如受影一面的效果。目的当然是为仿雕刻所产生的凹凸。在沿用中这个方法较机械地使用久了便迷失了目的，讹误为纯粹装饰的色彩分配时大半没有了凹凸效果而产生了后代彩画所称的“退晕”法，即每色都分成平行于其轮廓的等距离线，由深到浅或由浅到深，称退晕。几个颜色的退晕交织在一个图案中，混合了对比与和谐的最微妙的图案上作用。这种彩画和写实有绝对的距离，非常妍丽而能使彩色交互之间融洽安静没有唐突错杂之感。以线纹为主的中国传统的虽然有色的图案仍然是老老实实着重于线条的萦绕的，如龙蛇纹或如漆器、铜器上的饰纹等，但两线间可有“面”，这种“面”上还加线可受不同颜色的支配，使主要图案显露在底色以上，但图案仍以线和面相辅而成所谓纹。这个“纹”和“地”的关系便做成装饰效果，所以最有力的是线纹的组织变化、萦绕或波动。作图时也以此为重点，便养成画工眼与手对连续线纹的控制所谓一笔到底、一气呵成的成分，而喜欢萦回盘绕。中国风图案的高度成就重点也就在此。这里还牵涉到技术方面工具的因素，中国传统的笔的制法和用笔的方法，下文便还要讨论到。其次是着色的面，所以对于明暗法的凹凸没有兴趣而将它改变成退晕法的装饰效果。

很显然的这两种图案，至少在敦煌，起源虽不同，而在沿用中边饰的处理方法和柱壁上飞仙、云气、草叶互相影响混而为一，很快的就结合成一个统一的手法不易分出彼此，如忍冬草叶的变化。上文所说我们的匠师能将新因素加以变革纳入自己系统之中,这里就是一例。萦绕线条的气势再加以“退晕”着色的处理，云气、山灵、鬼怪、龙蛇萦绕等主题上又增加了藤蔓、卷草、宝花枝条的丰富变化，就无比大胆而聪明地发展开来。

敦煌边饰中还有一个第三种因素，就是它受到编织物花纹影响的方面，乃至于可说是绫锦图案的应用。除用在椽楣枋等部分外，更多用在区隔墙上各画幅的框格边缘上。这不是没有原因的。上文已提到过敦煌洞窟是建筑物，尽管它的来源是印度和西域，它同时还是在中国本土上的建筑物，不可能完全脱离中国建筑中许多构成因素。中国建筑装饰的传统里有同丝织物密切的关系的一面，所以敦煌洞窟的装饰图案必然地也会有绫锦花纹这一方面的表现。

更早的我们尚缺资料，只说远在秦汉，我们所知道的一些零星记录。秦始皇的咸阳宫是“木衣绨绣，土被朱紫”，便是足够说明当时的建筑物的土壁上有画，而木构部分则披有锦绣。在汉代的许多殿内则是“以椒涂壁，被以文绣”，或是“屋不呈材，墙不露形，褒以藻绣，络以纶连”。所谓“褒”据文选李善注“褒缠也”，“纶，纠青丝绶也”。这些“文绣”和“藻绣”起初当然是真的丝织缠着挂着的，后来便影响到以锦绣织文为图案描到壁上的木构部分，如我们在汉砖柱和汉石祠壁上横楣横带上所见。

最初壁上的藻绣同当时我们衣服上的丝织绫锦又有没有关系呢？有的，《汉书·贾谊传》里："美者黼绣是古天子之服，今富人大贾嘉会召客者以被墙！"又如"今庶人屋壁得为帝服"，及"富人墙屋被文绣，天子之后以缘其领，庶人孽妾缘其履"，都说出了做衣服的丝织竟滥用到墙上去，且壁上的文绣的图案也可以用到衣领和鞋的边缘上来。在敦煌画中，盛唐人物的衣袖领口边饰图案的确同用在墙上画幅周围的最多是相同的。

记载资料中如唐张彦远的《历代名画记》中论，"装背裱轴"就说明六朝已有裱褙字画的办法。那么绫锦和画幅自然又有密切关系，在唐时丝织花纹又发展到壁画的框沿上自是意中事。汉武氏祠石刻画壁上横隔的壁带上用的是以斜方形为装饰的图案。汉画像砖的边缘不但用菱形方格，也多用上下锐角的波纹，都可由于丝织物的编纹而来的图样。在敦煌早期窟中椽上和藻井支条上也多用斜方格图案。这种斜方格或菱形图案亦多见于人物衣上，更无疑的是丝织物所常用的织纹。汉称锦为织文，《太平御览》曾引《西京杂记》，汉宣帝将其幼时臂上所带宝镜"以琥珀筒盛之，缄以斜文织成"。在这方面我们还有两处宋代的资料。一是宋代所编的《营造法式》一书里论"彩笔作"的一篇中称菱形图案为"方胜合罗"，"方胜"本为斜方形的称呼，"罗"字指明其为丝织。又一处是宋庄绰《鸡肋篇》中说"锥小儿能燃茸毛为线织方胜花"，可见斜方形花是最易编织的花纹图案，在唐大历六年（771年），关于丝织花纹的禁令上所提到的名称，如盘龙、对凤、孔雀、芝草、万字等中间也有"双胜"之名，当是重叠的菱形图案。菱形普遍地作为丝织物图案当无疑问。敦煌中菱形花也在早期洞中用于椽和支条上，更可注意，它是继续原来传统如在汉砖柱、砖楣上所见。

敦煌边饰除卷草外，最常见的是画幅周沿的"文绣"文，而文绣文中除菱形外就是"圆窠"。这两者之外就是半个略约如菱形的花纹的对错和半个"圆窠"花纹的对错，此外就是"一整两破"的菱形或图案。这些图案也都最常见于衣缘，证明其为文绣绫锦的正常图案。唐绫锦的名称中就有“小圆窠”“窠文锦”“独窠”“四窠”“镜花绫”等，都是表示文绣中的团花纹的。而其中的“独窠”当是近代所谓大团花。内中花纹加对雁、对鹰、对麒麟、对狮子、对虎、对豹，在唐武则天时曾是表示官职荣誉的，而在唐开元十九年（731 年）玄宗时又曾敕六品以下“不得着独窠绣绫，妇人服饰各依夫子”等语，如此严重当已成为阶级制度的标志了。

几何纹的图案中还有一种龟甲锦文，也是唐的典型称龟背锦的，常见于人物衣袍上面。此外在唐以前，北魏、西魏和隋的洞窟边饰中还有多种非中国的丝织物花纹，显著的表现着萨珊波斯的来源，如新月形飞马大圆窠孔雀翎等。这些图案多用小白粉点、小圆圈或连珠圆点等点缀其间，疑为蜡染手法所产生的处理方法，但这些图案不多见于建筑物上，而是描于人像衣服上的。显为当时西域传入的波斯系之丝织物，不属于中国的锦文类内。

总之，敦煌图案花纹有主要的三种来源。一是伊兰系的石刻浮雕上的图案花纹，代表这种的是各种并列的忍冬叶纹。二是秦汉建筑物上的云气龙纹系统的图案，这种图案在敦煌多散见于壁画上或人字坡下木椽之间等。三是“文绣”锦文的系统，多见于画幅周沿亦见于人物衣领上者。这三种来源基本都是发展在建筑结构上的装饰同建筑结合在一起的。第一、第二两种来源性质虽不相同，但在敦煌的条件下它们都是以粉彩画装饰建筑中的虚构的结构部分，既非石造也非木构，只是画在泥壁上的长条边饰，所以很快的就彼此混合产生如云又如龙的长条草叶装饰图案。唐卷草就是最成熟的花样。以上的三种图案在敦煌的洞窟外木造建筑部分中，也被应用在梁柱门楣藻井支条上。后代所常用的丰富的中国建筑彩画的主要源流都可以追溯至此。同时在敦煌之外的地区里，凡是金属和木作的器物、玉作石刻的装饰也都可以应用这些为刻镂的图案。唐宋所发展的彩缯锦绣丝织上的纹样也同这里建筑上所见的彩画系统始终保持着密切关系，互相影响。唐宋绫锦无疑的也常用卷草，所谓盘条缭锦不知是否。此外今日所知织锦名称中，唐宋以来只有“瑞草”一名提到草的图案，其他如“偏地杂花”“重莲” “红细花盘雕”等则无一指示其为卷草，而都着重于卷在它们的当中的花。在实物方面和画中人物的衣上所见到若干证例，也是以草卷花而名称，当然便随花了。在建筑上后代用菱形龟背鳞甲锦文的彩画则极普遍，宋《营造法式》的彩画作中就详画各种锦文的规格名称，锦文在彩画中始终占重要位置。

这一切都不足为怪，事实上佛教绘画中的一切图案都发展到整个工艺范围以内的装饰方面。或绘，或雕、镶嵌、刻镂，或织，或绣，陶瓷、五金，各依材质都可以灵活处理，普遍地应用起来。各地发掘唐墓中遗物，和日本皇室所保存的唐代器物都可供参证。当中国佛教艺术兴盛之时，造像同工艺美术也随着佛教的传播流入朝鲜和日本。现在从朝鲜三国时期和日本推古宁古天平、平安的遗物里都看得清清楚楚南北朝和唐的影响。日本至今对北魏型或唐代卷草都称作“唐草“，尤为有趣。

敦煌图案中最引人注意的是北魏洞中四瓣侧面的忍冬草的图案类型，和唐卷草纹的多种变化和生动；再次则为忍冬以外手法和题材上显然为各种外来新鲜因素的渗入；如白粉线和小散花的运用，题材中的飞马连珠等，末后则是绫锦纹的种类和变化。今分述如下：

在全世界里的各种图案体系中追寻草叶纹的根源，发现古代植物花纹是极少而且极简单的。埃及的确有过花草类图案，它有过包蕊水莲和芦苇花等典型的几种，但这些传到希腊体系的图案时已演成“卵和箭镞”的图案，原样已变得不可辨认，在小亚细亚一带这一类“卵和箭镞”和尖头小叶瓣都还保持使用，至传入印度北部的犍驮罗雕刻时，这两种的混合却变成了印度佛教像座或背光上最常用的莲瓣。后来随佛像传入中国便极普遍地为我们所吸引，我们的南北朝时期的仰莲覆莲、莲瓣纹都有极丰富的发展，是各种像座和须弥座上最主要的图案，而且唐宋以来还应普遍地应用到我们的柱础上。

第二种可以称为植物花样的只有巴比伦——亚速系统的一种“一束草叶”的图案，和极简单的圆形多瓣单朵的花。除此之外，说也奇怪，世界上早期的图案中，就没有再找到确为花或草的纹样。原始时期的民族和游牧狩猎时代产生了复杂的几何纹和虫蛇鸟兽，对于花草似乎没有兴趣。就是这“一束草”也还不是花叶，只不过是一把草叶捆在一起的样子。“一束草”图案是七个叶瓣束紧了，上段散开，底下托着的梗子有两个卷头底下分左右两股横着牵去，联上左右两旁同样的图案，做成一种横的边饰。这种边饰最初见于亚速的釉墙上面。这个式样传到小亚细亚西部，传到古希腊的伊恩尼亚，便成了后来希腊建筑雕刻上的一种重要图案。上面发展出鸡爪形状的叶瓣，端尖向内，底下两个卷头扩大了成为那种典型的伊恩尼亚卷头。

在希腊系中这两个卷头底下又产生出一种很写实的草叶，带着锯齿边的一类，寻常译为忍冬草的，这种草叶，愈来愈大包在卷头的梗上，梗逐渐细小变成圈状的缠绕的藤梗。这种锯齿忍冬叶和圈状梗成了雕刻上主要图案，普遍盛行于希腊。最初的正面鸡爪形状叶反逐渐缩小，或成侧置的半个，成为不重要部分。另外一种保持在小亚细亚一带，亦用于希腊古代红陶器上的，是以单纯黑色如绘影的办法将“一束草”倒转斜置，而以它的卷头梗绕它的外周。这也可说是最早的“卷草纹”，这图案亦见于意大利发掘的古代伊托拉斯甘的陶棺上。这种图案梗圈以内的组织仍然是同原来简单的“一束草”没有两样。

锯齿边的忍冬草在伊恩尼亚卷下逐渐发展得很大，也很繁复成为，希腊艺术中著名的叶子。叶名为“亚甘瑟斯”，历来中国称“忍冬叶”，想是由于日本译文。亚甘瑟斯叶子产于南欧在哥林斯亚的柱头上所用的最为典型。每一叶分若干瓣，每一瓣再分若干锯齿，瓣和瓣之间相连不断，仅作皱纹，纹凸起若脉络。另一种特征是这种叶子的脉络不是从中心一梗支分左右，而是从叶座开始略平行于中间主脉，如白菜叶的形状。

这种写实的“亚甘瑟斯”叶子发展到成熟时，典型的图案是以数个相抱的叶子做个座,从它们中间长出又向左右分开的两个圈状的梗，两梗分向左右回绕，但每梗又分两支，一支向内缠卷围绕，一朵圆形花在它圈中，另一支必翻转相反的方向又自作一圈。沿梗必有侧面的亚甘瑟斯叶包裹在上面，叶端向外自由翻卷做成种种式样。这个图案在罗马全盛时代在雕刻中最普遍，始终极其变化写实的能事。它的画法规则很严格，在文艺复兴后更是被建筑重视而刻意模仿。所以这种亚甘瑟斯或忍冬卷草是西方系统古典希罗艺术主要特征之一。凡是叶形的图案，几乎无例外的都属于这个系统。

但在敦煌北魏洞中所见是西域传入的“忍冬草叶”图案，不属于希罗系统。它们是属于西亚细亚伊兰系的。这种叶子的典型图案是简单的侧面五瓣或四瓣，正面为三瓣的叶子，形状还像最初的一束草，正像是从小亚细亚陶器上的卷草纹发展出来的。这个叶子由一束分散的草瓣发展到约略如亚甘瑟斯的写实叶子。主要是将瓣与瓣连在一起成了一整片的叶子。它不是写实的亚甘瑟斯而是一种图案中产生的幻想叶子。它上面并没有写实的凸起的筋络，也不分那繁复的锯齿，自然规则大小相间而分瓣等。这种叶多半附于波状长梗上左右生出，左旋右转地做成卷草纹边饰图案的。

这种叶瓣较西方的亚甘瑟斯叶为简单而不写实,但极富于装饰性。叶子分成主要的数瓣，瓣端或尖或卷按着旋转的姿势伸出或翻转。侧面放置时较为常见都是分成两三个短瓣一个长瓣，接近梗的地方常另有一瓣从对面翻出，变化也很多。如果是正面安置时，正中一瓣最长，两旁强调最下一瓣向外地卷出，整个印象还保持着“一束草”雏型时的特征，底下的两卷则变化较大，改成种种的不同的图案。这种的忍冬卷草叶纹是东罗马帝国时代拜占庭雕刻的特点。这种叶子所组织成的卷纹图案也曾受一些西罗马系的影响，所以有一些略近于亚甘瑟斯卷纹。但在大体上是固执的伊兰系的幻想的忍冬叶。罗马帝国灭亡之后，由基督教再传入欧洲时最普遍地见于中世纪早期的基督教雕刻与绘画上，更多见于地木雕板和象牙雕刻上。这就是著名的罗曼尼斯克的草纹，当时完全代替了古典的罗马写实卷草，不但盛行于西欧各处中世纪教堂中，也普遍地出现于北欧和东欧的雕刻图案上。

在敦煌早期洞窟中所见的忍冬叶有极不同的两种。一种就是这里所提到的地道的伊兰系的忍冬叶。组织成雕刻型的边饰，以粉彩用凹凸法画出的。这种画案很多是将侧面叶子两两相对，或颠倒相间排列成横条边饰，如在几个北魏洞的壁带上，墙头上和佛龛券沿上所见。这种图案显然是由西域输入的。但很多凹凸法已因色彩的分配只有装饰效果没有起伏。另一种是画在墙壁上段壁画中的。在一列画出的幕沿和垂带底下，一整组的叶子和一个飞仙约略做成—个单位，成列地横飞在空中，飘荡地驾在云上。幕和垂带、飞仙的飘带、披肩、衣裙、周边忍冬叶都像随着大风吹偏在一面。这种运用腕力自由地在壁上以伶俐洒脱的手笔画出的装饰图案，是完全属于汉代两晋画风的。这种同飞仙云气一起回荡的忍冬叶不组织成为边饰，只是单个的忍冬叶子的式样是属于上面所说的伊兰系统的图案。两两相对雕刻型的忍冬叶边饰中叶子和这一种作风和处理方法如此之不同，却同见于一个早期的洞内，说明雕刻型的保持着西域输入的原状，且装饰在石造建筑物原有这种雕刻的位置上，而绘画型的则是完全以自己民族型式的手法当作画壁来处理，老实不客气地运用所谓“柱壁皆画云气，花卉，山灵，鬼怪的”作风，将忍冬叶也附带地吸收进去。这样的忍冬草虽来自西域，但经中国画师之手和飞仙组织在一起，叶瓣也像凭风吹动，羽化登仙，气韵生动飘洒自然完全地民族形式化了，洞壁上部所见就是一例。前边所提出当时画工是否能吸收新鲜养料，而保持原有优良体系而更加丰富起来，这种忍冬叶的汉化就给我们以最肯定的回答。

更可惊异的是这完全以汉画手法来处理的忍冬叶，和含有雕刻性质的伊兰系的忍冬叶图案，并不从此分道扬镳，各行其是，很迅速地它们又互相影响。绘画型的豪放生动的叶子竟再组织到边饰的范围内且还影响到真正石刻上的忍冬叶图案，使每个叶子的姿势脱离了原来的伊兰系的呆板而大为活泼。南北响堂山石窟寺石楣上忍冬草纹的浮雕实可算雕刻图案的杰作，尤其是浮雕极薄也是出于传统手法，刻工精美而简练，更产生特殊的效果。这种经过汉风变革过的伊兰系忍冬草纹也是当时传入朝鲜、日本的最典型的图案之一，且是唐以前的一种特征。因为它同盛唐的卷草纹又极为不同。唐初所发展的草叶另属一个系统，彼此之间仅有微妙的关系，当在唐卷草一节中再详细讨论了。

北魏到隋的洞窟中有极明显的外来因素还没有经过自己体系的融化收纳的，这外来的手法特征仅有某一些是所谓犍驮罗风，由于发掘资料知道佛像在西域多采用模型翻制，所以相当保有浓重的犍驮罗中希腊意味，情形同画壁显著受波斯风手法的不同。在敦煌洞中塑像曾几经重装很难指出原来的特点，但在佛座上所刻莲瓣而论，犍驮罗风是充足的。除此之外在画壁上多处所见的不是汉晋的手法就是浓重的波斯型的西域作风。在装饰上使我们最注意的是用白粉描线和打小点子等手法，尤其是龛壁底色是深色的。这种白粉线的应用同库车附近各窟中的画壁上的很近似，白粉很显明的是当时龟兹、伊兰语系民族索格特的画工所常用的画料。在中国白粉从汉代起就曾应用于彩画的陶器上面。但汉宫典质里提到："以胡粉……[1]

1 本篇文章未完，但其余文字尚未找到。

1927 年林徽因在美国宾夕法尼亚大学毕业照
（图片来源：宾夕法尼亚大学档案馆）